FRONTIERS OF MATERIALS RESEARCH:
A DECADAL SURVEY

材料研究前沿十年回顾

2010–2020

[美]美国国家科学院、工程院和医学院
工程和物理科学部 国家材料和制造委员会 编
物理和天文学委员会 材料研究前沿十年回顾委员会
全栋梁 等 译

北京理工大学出版社
BEIJING INSTITUTE OF TECHNOLOGY PRESS

北京市版权局著作权合同登记号　图字：01－2024－2238

图书在版编目（CIP）数据

材料研究前沿十年回顾：2010－2020／美国国家科学院等编；全栋梁，张宇鹏，赵雄涛译．－－北京：北京理工大学出版社，2024．8．
ISBN 978－7－5763－4420－2

Ⅰ．TB3

中国国家版本馆CIP数据核字第20240F6M86号

责任编辑：谢钰姝　　**文案编辑**：李思雨
责任校对：周瑞红　　**责任印制**：李志强

出版发行／北京理工大学出版社有限责任公司
社　　址／北京市丰台区四合庄路6号
邮　　编／100070
电　　话／（010）68944439（学术售后服务热线）
网　　址／http://www.bitpress.com.cn

版 印 次／2024年8月第1版第1次印刷
印　　刷／廊坊市印艺阁数字科技有限公司
开　　本／710 mm×1000 mm　1/16
印　　张／14.5
字　　数／260千字
定　　价／92.00元

图书出现印装质量问题，请拨打售后服务热线，负责调换

PREFACE

译者序

材料科学与技术的发展水平体现了一个国家的综合实力。世界各国高度重视材料研究的创新发展，将先进材料的研发列入国家战略性产业和优先发展的高技术领域。材料技术的发展日新月异，因此深入了解国际前沿发展动态，准确研判材料科技发展趋势，对于我们做好先进材料的谋篇布局、实现创新超越具有重要意义。

美国材料研究前沿调查委员会联合美国国家材料和制造委员会、美国物理学和天文学委员会、美国工程和物理科学司、美国国家科学工程和医学研究院出版的《材料研究前沿十年回顾 2010—2020》正是这样一本书。全书共分5章，第1章简要介绍了过去十年的材料研究进展；第2、3章详细介绍了金属、陶瓷/玻璃/复合材料/杂化材料、半导体材料、量子材料、聚合物/生物材料/软物质、超材料、能源/极端环境材料、热管理材料重要的进展、取得的成果以及面临的机遇；第4章介绍了表征手段、合成与加工工具、仿真与计算方法、集成合成表征与建模以及基础研究设施等方面的进展；第5章介绍了欧盟、芬兰、法国、德国、英国、中国、韩国、日本等的材料研究政策和投资情况，并基于案例分析了商业、国防安全等诸多因素对材料研究的重要影响。其中各章均由活跃在基础研究和工程应用专业领域研究一线的专家执笔，集成了美国在材料研究领域重要的研究进展和宝贵的发展建议。

先进物质与能源研究团队组织进行了《材料研究前沿十年回顾 2010—2020》的翻译，本书的出版得到了国内众多方面的大力支持，在翻译过程中注重译著的专业性，也考虑了科普性，使它能够被更多的读者接受和喜爱。

译、校者虽在译文、专业内容、名词术语等方面进行了反复斟酌，并向有关专业人员请教，但由于译、校者的水平和对新知识的理解程度以及时间有限，书中难免有不当之处，恳请读者批评指正。

翻译组

PREFACE

前 言

美国国家科学基金会（NSF）和美国能源部（DOE）要求美国科学、工程和医学研究院进行深入、广泛的研究，给出材料研究的现状和具有发展前景的方向。这是截至目前的第三次材料研究领域十年调查，第一次为1990年《材料科学与工程20世纪90年代：在材料时代保持竞争力》，第二次为2010年《凝聚态物质和材料物理学：我们周围世界的科学》。

该项调查任务覆盖广泛的材料类型、政府政策以及投资情况，并涉及材料研究的实验、理论、计算、建模、合成、表征等完整领域。其中特别关注以下内容：

- 评估过去十年材料研究工作的进展和成就；
- 确定过去十年美国和国际上材料研究领域发生的主要变化，以及这些变化对材料研究的影响；
- 确定2020—2030年期间能够提供重大投资机会的方向或存在重大科学意义的材料研究领域；
- 确定材料研究领域中可以过渡转化由其他学科、应用研究与开发赞助商或行业进行投资发展的技术方向；
- 确定材料研究已经或有望对新兴技术、国家和科学产生的影响；
- 确定材料研究在未来十年可能面临的挑战，并为材料研究界解决这些瓶颈挑战提供指导；
- 相对于国际上的同类研究，通过分析美国最近已经产生重大增长或预期产生增长的材料领域研究案例，评估美国材料领域投资的最新趋势，给出建议美国政府采取的措施，以确保美国在相关材料研究领域的领先地位。

除了五次全体委员会会议外，委员会还将进行广泛的数据收集。该项目的数据收集包括：

1. 相关已发表文献综述；
2. 获邀出席委员会公开会议的人员；
3. 与材料研究领域的持续合作；
4. 如果委员会作出决定，委托撰写论文。

本次调查将对与上述要解决的问题的相关资料进行综述，其中包括过去十年中其他非营利组织、社团和国家所做的工作。

本次调查将持续努力征求有关方面的广泛投入。这些外联工作将包括在美国各地分散的会议，可能包括市政厅、专业会议、征求白皮书以及积极使用电子通信和网络。

委员会密切关注任务说明，但存在以下微弱偏差：

- “过渡”不是简单的一个交接，因为即使一个基本研究发现似乎看起来已经具备应用条件，但当涉及复杂问题时，其成功落地仍需要回归充分的沟通。
- 员工授权不在声明的任务中，但委员会的研究和社会的大量投入表明，必须提到这一点。
- 材料研究和经济学本质上是交织在一起的。但委员会认为，对经济政策的讨论超出了委员会的范围，因此不在此讨论。

在研究的过程中，材料研究前沿十年调查委员会一致认为美国的材料研究已经到了悬崖边上——无论是独立研发还是与大学、国家实验室和工业领域的协作，在材料合成、表征和计算方面几乎在材料研究的所有领域都取得了非凡的进展。文中给出了许多突破的例子，一些是直接预测到的，也有一些是尚未预料到的，这些突破将在全球范围内对我们的日常生活产生重大的影响。与此同时，如果美国不能保持其作为材料研究领域世界领袖的地位，它将面临失去重要地位的风险。

最后，需要声明的是，从基本制造领域到极具破坏力的制造领域，该评估任务的内容是极其广泛的，委员会不能涵盖材料研究的每一个方面，有些方面只简短提及，但这并不表明委员会认为这些领域不那么重要或不那么关键。

目　录
CONTENTS

摘　要

现代材料科学建立在物理、化学、生物、数学、计算机和数据科学以及工程科学的知识基础上，使我们能够理解、控制和拓展物质世界。尽管材料学研究立足于基础科学的探究，但它也非常专注于发现和生产具有高可靠性、高利润性的材料，例如，从超级合金到聚合物复合材料，这些材料已经成为当今社会生活和经济生产中必需的原材料。

本报告汇总了由美国国家科学基金会（NSF）和美国能源部（DOE）发起并支持的一项深入研究的结果，以此记录在全球材料学领域的共同努力下，美国在材料学领域内的研究现状和未来发展方向。这已经是对材料学领域进行的第二次广泛的调查。第一次是 1990 年出版的《材料科学与工程 20 世纪 90 年代：在材料时代保持竞争力》（美国国家科学院出版社，华盛顿特区）。2010 年，一项重点研究（《凝聚态物质和材料物理学：我们周围世界的科学》，美国国家科学院出版社，华盛顿特区）发表。本报告总结了过去十年来材料研究的进展和成就以及材料研究领域的变化；2020—2030 年期间值得进行深入研究的领域；材料研究对新兴技术、国家需求和科学已经产生和预期产生的影响；以及企业在未来十年可能面临的挑战。

在过去的十年中，材料研究取得了大量改变范式的进展，而且发现的步伐正在加快。此外，支持研究的工具——包括材料表征、合成和加工以及计算建模的能力——已经有了相当大的进步，使以前无法实现的想法成为可能。材料科学与工程研究创造、控制新材料的发展前景和应用是十分值得期待的，但是可以预见的是，取得相应进步所需要的一些基础资源和条件缺乏保障。当前面临着严峻的国际竞争形势，亚洲尤其是中国的发展正在威胁美国材料研究领域的领导地位。

从本次调查中可以发现，材料学研究的某些领域特别重要，其中计算材料科学与工程就是这样一个领域。将计算方法（包括数据科学、机器学习和信息学）与材料表征、合成和制备方法相结合，加速了新材料的发现及其在实际产品中的应用。这一势头已经延伸到数字制造等领域，其中，增材制造技术和其他工艺将材料合成直接与生产联系起来。量子信息科学（QIS）材料已经成为下一个十年非常重要的发展方向。量子信息科学技术不仅包括量子计算，还涉及存储、量子传感和通信技术，并引领了超导体、半导体、磁体以及二维（2D）材料和拓扑材料的发展。

涵盖完整材料谱的材料科学与技术具有影响地球环境质量和可持续发展的巨大潜力。最近取得重大进展的一个领域就是通过设计新材料来催化一系列重要的化学反应。例如，研究人员已经了解很多关于表面条件对高效催化的影响机理，如可以通过等离子体辅助热电子催化。未来的研究定会提高材料的可持续发展水平，如原材料的选择、节能制造方法和材料的可回收性。这特别需要大学、国家实验室和工业界之间的合作，这一需求在本报告中多次出现。

向各级研究基础设施的持续投资对美国材料科学领域的长久发展至关重要。这包括从大学实验室的仪器设备到国家实验室的大型设施。这些基础设施是美国材料研究的宝贵财富，为了该领域的持续健康发展，其必须保持在世界领先水平。

过去十年的进展

在过去的十年中，材料研究取得了非凡的进步，这些进步跨越了所有的材料类别。例如，石墨烯——在该学科过去十年的调查中只受到了不太多的关注——后来却催生了另一个激动人心的 2D 材料领域。也许更重要的是，基于石墨烯材料的研究激发了人们对新物理现象的探究，所得研究成果在许多电子领域内具有诱人的应用潜力，如太阳能电池、晶体管、相机传感器、数字屏幕和半导体等。过去十年的另一个突破是增材制造（AM）的发展，虽然增材制造技术已经存在了几十年，但其现在已经成为一种重要的工艺，既可用于大规模生产，也可用于一次性按需制造。在过去的十年中，其他的一些主要材料进步还包括成本极低的发光二极管（LED）照明系统、平板显示器和高性能电池。

有些重要的科技进步属于纯粹的发现驱动性技术产物，如拓扑绝缘体，而另一些则是通过技术协同的努力而产生的，如强化玻璃，还有一些则是两者相结合的技术，如增材制造和非晶合金。这里，两项主要的政府倡议计划——材料基因组计划（MGI）和国家纳米技术计划（NNI）——在促进美国材料研究方面发挥了重要作用。

在过去的十年中，金属、金属玻璃、高性能合金、陶瓷和玻璃等领域的研究取得了重大的进展。复合材料和杂化材料由于具有较好的耐久性而得到广泛应用。涂层材料的进步提高了结构的可靠性，并且在热防护系统中得到了很重要的应用。在越来越多的应用中，层合材料系统正在取代先进的单层材料系统，其中每一层的独特性能和功能显著提高了结构整体的性能，延长了其寿命。除此之外，在聚合物和多种生物材料以及胶体和液晶等软物质方面，我们已经取得了巨大的进展。

超导材料的研究一直都是一个研究土壤肥沃的领域，而量子材料领域，包括量子自旋液体、强关联薄膜和异质结构、新型磁体、石墨烯和其他超薄材料以及拓扑材料等也正在快速发展。

具有研究潜力的材料方向

在这些最新进展的基础上，本报告还发现了未来十年内一些值得研究的材料学领域。这些令人兴奋的研究机遇涵盖了所有材料类别，并有望得到更多有价值的应用。

对金属和合金最基本的认识将通过不断实验和计算建模共同推进，并随着材料状态和行为的变化对其进行实时表征。未来的创新点将来源于先进的材料制造能力、材料组分的设计、对加工和制造方法的改进这几个方面。未来十年，高熵合金（内含五种或更多元素）仍然具有可观的研究前景。这类材料克服了传统合金的缺点，如材料强度和延展性的协调。此外，另一个有望取得进展的非传统领域是纳米结构金属合金，其形态和复杂结构在纳米尺度上得到控制，如纳米孪晶金属。

半导体和其他电子材料的许多研究将继续受到信息和计算技术行业的推动，并朝着日益复杂的单片集成设备、功能更强大的微处理器和充分利用三维（3D）布局的芯片方向发展。其中包括将存储和逻辑功能结合在一起的新器件，以及具有执行机器学习算法和其他算法能力的节能/低功耗架构，这些架构与传统的计算机逻辑和架构有很大不同。在多功率和电压范围内实现更高效的电源管理研究也将继续成为主要研究焦点。

石墨烯这类 2D 材料为探索表面电子态的本质提供了机会。通过对这种材料进行分层，层间弱相互作用和设计缺陷的存在为研究人员提供了广阔的研究空间，同时也为其在电子和光学领域的应用提供了潜在的机会。拓扑材料的性质是由其激发光谱的拓扑性质决定的，它将继续提供广泛的探索可能性，具有大量应用的潜力。

陶瓷生产最具前景的研究领域是生产过程的节能工艺，这将使大规模生产密度更高的超高温陶瓷成为可能。同时，表征和制备能力的提高为玻璃研究带来了新的机遇，可能会使其用于能量储存固体电解质和非线性光学器件。

复合材料将越来越在更加先进的领域得到应用，这将远远超出其传统的结构作用范围，并使其有希望成为生物材料的重要组成部分，开发能在所需和可预测的范围内改变特性的材料。在杂化材料领域，钙钛矿仍然是人们关注的焦点，主要是因为其在单结太阳能电池方面的潜在优势。杂化纳米复合材料由于其组成颗粒具有良好的光学特性和较高的载流子迁移率，在光电子学和光电转换技术中具有广泛的应用前景。

结构材料和超材料之所以受到关注，主要是因为它们的设计结构通常在微米或纳米级别，这为它们集成的器件提供了明显的增强功能。通过对复合结构内部材料基元的分布设计，实现结构的轻量化，为航空航天、交通运输和能源生产等领域的一系列技术创新提供了可能。又如，那些既提供结构又提供热管理、增强通信或传感能力的多功能材料，也成为结构材料中越来越重要的组成部分。超材料是另一类重要的材料类别，其微结构设计为整体结构提供了特定的功能响应，并且能应用于许多不同的技术领域，如节能光源、传感应用、热工程和微波技术等，更多信息请见报告。

虽然对新兴的聚合物、生物材料和其他形式的软物质以及电子、光子和杂化材料的研究有了众多令人瞩目的研究成果，但需要明确的是，传统的材料研究领域也具有广泛的研究前景。在此应当指出，文中的关键发现和关键建议旨在表示这些内容比发现和建议内容更高的普遍性，但绝不是具有更高的重要性。

关键发现 1：对金属、合金和陶瓷的研究加深了人们对原子尺度过程的基本理解，这些过程决定了多种材料的合成－微结构－特性/性能关系。有了这种理解与最先进的合成、表征和计算工具，科学家可以制备出具有非凡性能的新型合金和微/纳米结构。材料研究的传统领域，如在多组分、高熵合金和无机玻璃方面，也可以实现令人惊讶的新发展。

重要建议 1：联邦资助机构（NSF、DOE、国防部）应维持强有力的资助计划，支持并在某些情况下扩展金属、合金和陶瓷等具有长周期的基础研究领域。

关键发现 2：量子材料科学与工程方面的研究，如超导体、半导体、磁体、2D 材料和拓扑材料等，代表了一个充满活力的基础研究领域。这些领域内的新发现和新成果有望在计算机科学、数据存储、通信、传感和其他新兴技术领域实现未来的转型应用。摩尔定律之外的新计算科学方向，如量子计算和神经形态计算，将成为传统高能耗处理器的替代品。NSF 的"十大理念"中有两个明确指出了对量子材料的支持（见《量子飞跃：引领下一次量子革命》和《中型研究基础设施》）。

重要建议 2：NSF、DOE、美国国家标准与技术研究院（NIST）、国防部（DOD）以及情报高级研究项目的重大投资和合作将加速量子材料科学与工程的进展，这对美国未来的经济和国土安全至关重要。与先进计算技术有关的美国机构，在美国能源部科学办公室、国家核安全管理局实验室和国防部研究实验室（陆军研究实验室、海军研究实验室和空军研究实验室）的领导下，应在未来十年内支持新的计划，以研究基于新计算模式下的基础材料科学。美国材料研究界必须在这些领域继续深耕和发展，以保持国际竞争力。

用户的应用需求

广泛的材料研究内容与工业部门的需求和利益之间存在着根本的联系。以国家安全为例，材料研究已经开发出能够提供轻质高强装甲的新材料、可以为战场上的作战人员提供更多能量的电池，以及能更好地承受极端条件的材料，如用于高超音速飞行和在 2 000 ℃以上运行的推进系统超高温材料。

在能源相关行业中，对能够在各种极端工作环境下工作的高性能材料的需求不断增长。高要求应用的两个例子是用于航空航天和陆地运输应用的轻质、高强度、高韧性材料，以及用于先进裂变或聚变能源系统的结构材料和燃料系统，这些系统中的材料必须能够非常好地抵抗高辐射剂量。一般来说，能源领域内面临的挑战涉及生产、分配、转换和利用。改进的光伏和先进的电池等材料从根本上为能源的发展做出了贡献。我们也可以通过开发更好的催化材料等新型材料来提高对能源利用的效率。

对新材料的另一个广泛需求是移动、存储、输运和热管理等方面的需求。人类用于电力、供暖和制冷以及运输的90%以上的能量来自加热过程。因此，在控制和转换热能的能力方面，即使是很小的效率改进，也会对世界能源使用产生重大影响。

在整个材料研究领域，人们热衷于加强高校、私营企业和国家实验室之间的合作。这些具有创新活力的机构之间的简化合作和信息流动将会为材料科学领域注入新的活力。人们应利用一切机会，加强基础科学与实际进步的联系，促进新的基础研究与技术挑战之间可持续的相互作用。美国需要确保将基础发现转化为实用技术。这一系列的因素导致我们建议建立一种新的资助机制，旨在激励教师、学生、企业科学家和工程师发展更为密切的团队合作关系。

关键发现 1：材料研究中的许多现实挑战和机遇发生在传统学科之间的交叉点和基础研究与应用研究之间的边缘区域。纯理论科学研究因接近应用研究而受到激励。不同学科之间以及学术界、企业界和政府实验室之间的合作与信息传递大大增加了成功应对这些挑战和利用这些机遇的可能性。

重要建议 1－1：在科学和技术政策办公室的领导下，政府机构应通过支持跨学科研究和发展大学、私营企业（包括初创企业）和国家实验室之间更自由流动的互动模式来优先促进材料研究利益相关者之间的交流。

重要建议 1－2：白宫科技政策办公室应在制定奖项方面发挥领导作用，使不同的资助机构能够在需要时共同努力，以促进高校和企业研究人员之间的密切合作。

重要建议 1－3：NSF 应该成立一个新的研究中心，激励学生、教师、企业科学家和工程师并肩工作。这样一个材料研究发现转化中心将创造一个独特的学习和研究环境。这一努力应得到 NSF 理事会的支持，并至少持续十年。

材料研究发现转化中心将与 NSF 在促进基础研究的材料科学与工程方面形成互补，并以前所未有的方式协同。我们应将基础材料研究与应用技术研究更好地结合起来，且应得到广泛的支持，这一点是至关重要的。

关键发现 2：涵盖整个材料体系的材料学研究对地球环境质量和可持续发展有着巨大的影响。这将是大学、国家实验室和行业合作的另一个重要机遇。

重要建议 2：我们迫切需要在多个方向进行研究，以改善材料的可持续制造性，包括原料的选择、能源效率、可回收性等。NSF、DOE 和其他机构应开发出创造性的方法为材料研究注入资金，以实现可持续发展的目标。

基础研究设施需求

在过去的十年中，材料领域的许多成果都得益于对该领域持续不断的研发投资以及对研究工具进行的改进。为了激发材料领域更多的新兴潜力，本次调查确定了一些必要的设施需求，以促进美国材料领域研究的发展。

过去十年，材料研究人员在表征、合成和加工以及计算能力方面取得了重大进展，实现了以前无法实现的材料设想。结合诸如透射电子显微镜、原子探针断层扫描（APT）、扫描探针显微镜、超快探针以及 3D 和 4D 表征能力（其中 3D 是常见的具有长度、宽度和深度的三维空间，而 4D 增加了时间的维度）等工具，表征已取得进展。精准合成有望以革命性的方式改变材料科学，大量研究方法和工具正在实现精准合成这一新功能。现有的技术水平已经使研究人员能够精确地控制原子、分子和缺陷的位置与排列——这是非常重要的，因为它们通常控制着材料的性质。

在计算能力领域，研究人员已经在多个长度尺度上对材料建模进行了显著的改进，以能够高保真地进行材料属性的计算。这些计算得出的结果正被用于预测许多类型材料的结构 - 性能关系，并发现新的结构，同时又能增强对实验数据的解释。除了基于物理的模型探究方法，基于数据驱动的机器学习也已被用于探索材料组成空间、识别新结构、发现量子相以及识别相位和相变。

另一个主要的进展是将材料特性的计算设计与从纳米到微米控制的制造工艺以及具有同样精细分辨率的实验表征方法进行融合。这些能力的集成使通过适当调控来创造根本上性能优越的新型材料成为可能。在过去的几个世纪里，拱门、柱子、横梁和壁板材料使建筑物、塔楼和桥梁的构造发生了革命性的变化，同样，材料领域正在开发材料构型，以在多个维度上扩展材料设计空间，独立地调控材料属性，并开发出性能比现有固体材料更优越的材料。大量涌现的研究结果使美国一些研究机构对实验与建模和模拟能力相结合的这一研究方向产生了浓厚的兴趣。一些机构已经开发了先进的计算设备，这些设备在功能材料的预测建模以及在多尺度上有效理解材料性能等方面发挥着重要作用。

评估和表征材料、加工和合成这些材料以及建模和模拟其特性的能力是材料研究的核心。为研究人员提供从中型仪器设施、科学研究中心到国家设施进行各类研究的仪器和设施网络/体系是支持整个材料研究的基础。

对研究基础设施的巨大需求存在于材料研究的各个方面。在过去的十年中，获取和维护最先进研究基础设施的成本不断上升，再加上缺乏足够的仪器资金渠道，最终导致美国目前在材料科学和工程领域面临严峻形势。

在大多数情况下，这些为许多大学研究提供资助的联邦机构、私人基金会和企业并没有为开展这项工作所需的仪器设备提供资金。NSF 是一个例外，因为该基金会通过其设立的主要研究仪器（MRI）计划为各个大学以及各个研究机构赞助仪器。但该计划的规模不足以满足当前材料研究和工程的需求。DOD 的国防大学研究仪器计划（DURIP）原则上可以提供帮助，但其有限的拨款能力对材料科学和工程中使用的大部分仪器来说太低了。DOE 有着非常好的散射扫描设备，这些设备与材料研究中好几个领域息息相关，正如 NIST 中子研究中心和美国国家航空航天局（NASA）的国际空间站（ISS）为一些关键材料研究提供支持一样。然而，这些国家设施虽然对我们在材料研究方面的持续进步至关重要，却无法满足大学对研究基础设施的需求，而许多国家的前沿材料研究都是在大学进行的。在许多情况下，在校园内配备仪器是至关重要的——例如，涉及新材料合成的研究项目通常需要在合成、结构和性能测量之间建立持续和即时的反馈系统，这可能会在短时间内经历多次循环。依靠远程设施开展这项研究是不可行的。大多数材料研究都是如此。

由于缺乏资金，支持研究的重担已大部分转移到各个大学身上。最典型的结果就是，大学以支持新的研究仪器为由吸引年轻的研究人员。但这种模式治标不治本，随着时间的推移，仍然缺乏资金来维持和升级仪器。这种模式也导致了年轻研究人员招聘的下行压力。

关键发现 1：各级基础设施，从高校和国家实验室购买成本为 400 万至 1 亿美元的材料表征、合成和加工的中型仪器，再到大型研究中心，如同步加速器光源、自由电子激光器、中子散射源、高场磁体和超导体，这对美国材料科学事业的发展至关重要。尤其是中型基础设施，近年来被严重忽视，维护和专门技术人员的成本大幅增加。

重要建议 1：所有对材料研究感兴趣的美国政府机构都应实施这项国家战略，以确保高校研究团队和国家实验室能够在当地发展，并持续支持使用最先进的中型仪器，同时推进材料研究必不可少的实验室基础设施建设。这些基础设施包括材料生长和合成设备、氦液化器和回收系统、无致冷剂冷却系统和先进的测量仪器。除此之外，这些机构还应继续支持大型设施的建设，如橡树岭国家实验室、劳伦斯伯克利国家实验室、阿贡国家实验室、SLAC 国家加速器实验室、国家同步加速器光源Ⅱ（布鲁克海文国家实验室）以及国家标准与技术研究院等机构的大型设施，这些机构需要参与和投资现有设施的升级和更换的长期规划。

关键发现 2：3D 表征、计算材料科学以及先进制造和加工方面的进展使材料研究的跨学科数字化程度不断提高，并在某些情况下大大加快和压缩了从材料新发现到纳入新产品的时间。

重要建议 2：联邦机构（包括 NSF 和 DOE）需要与增材制造和其他数字控制制造模式的步调相一致。到 2020 年，联邦机构应扩大对自动化材料制造的研究投资。增加的投资应跨越自动化材料合成和制造的多个学科。这些学科从最基础的研究到产品的实现，包括计算技术的进步带来的实验和建模能力，以实现到 2030 年美国成为该领域领导者的目标。

关键发现 3：MGI 和早期的集成计算材料工程方法（Integrated Computational Materials Engineering Approach）认识到整合协调计算方法、信息学、材料表征以及合成和加工方法的潜力，以加速在产品中设计材料。将这些方法转化到特定行业已经产生许多成功的应用，这些应用缩短了开发时间，并相应地节约了成本。

重要建议 3：美国政府应与 NSF、DOD 和 DOE 协调，支持开发新的计算方法和先进的数据分析方法，发明新的实验工具来探索材料特性，并设计新的合成和加工方法。我们应通过明智的机构投资，在目前的水平上加快努力，并在未来十年内持续投资，以保持美国的核心竞争力。

美国材料研究的国家竞争力

材料研究对一个国家的经济水平和十分重要，现在这已是公认的事实，世界各国都在推行国家计划，以支持材料研究并促进该研究向市场的过渡。作为材料研究进展的一部分，我们考察了材料研究对世界经济的贡献和一些国家的材料学研究计划与投资。调查的一个突出结果就是，许多国家的计划比美国更集中，更能直接地与经济发展联系在一起。亚洲国家，尤其是中国和韩国，目前在材料研究方面的投资占其国内生产总值（GDP）的比例高于美国和欧洲国家。

关键发现 1：未来十年，发达国家和发展中国家为争夺现代经济驱动力（包括智能制造和材料科学）领导地位而展开的竞争将更加激烈。

重要建议 1：美国政府在支持材料研究的所有机构的投入下，应从 2020 年开始采取协调措施，全面评估全球竞争加剧对其在材料科学和先进智能制造领域领导地位的威胁。美国政府还应建立永久的评估方案，并在 2022 年之前制定一项战略来应对这一威胁。

材料研究是经济增长、国家竞争力、财富和贸易、健康以及国防的重要支柱。迄今为止，材料研究对新兴技术、国家需求和科学的影响一直很重要。随着美国进入数字信息时代，并面临来自当前和未来的全球挑战，预计这种影响将变得更加重要。世界上许多较大的国家和经济体都已经认识到这个问题。最近的趋势表明，许多国家已经制定了国家投资战略，以确保在材料研究方面取得强劲进展，从而提高国家在全球的经济竞争力。

第1章
十年发展回顾

对材料科学这样一个巨大且重要的领域进行十年发展情况的调查，并形成一份有助于推进该领域发展的报告是一项复杂而艰巨的任务。与大多数科学领域一样，由于新工具和新见解的出现，材料研究（MR）的变革步伐正在加快。通过对过去几十年的研究情况和报告的阅读汇总，研究人员可以预测一些意想不到的研究成果，这正是科学的魅力所在。

在过去的十年中，确实有一些令人惊讶的事情，产生了卓越的研究成果。这里值得对几例重要事件进行梳理。例如，虽然石墨烯在2004年首次被报道，但在2010年的上一次十年研究中却很少被提及。从那时起，石墨烯催生了一个令人振奋的二维（2D）材料领域，也许更重要的是，它激发了人们对新物理现象的研究，并在许多电子领域内得到广泛应用，如太阳能电池、晶体管、相机传感器、数字屏幕和半导体。在石墨烯被发现后不久，理论学家就预言了现在所谓的拓扑绝缘体的存在，这种材料在内部是绝缘的，因为费米能级落在体带隙内，但其表面包含导电态，从而导致电子仅沿着这种材料的表面移动（见图1.1）。

此外，流过拓扑绝缘体表面的电子都以特定方式对齐：它们的自旋与它们的运动方向成直角锁定。最初的理论建议以石墨烯为例，但石墨烯中的自旋-轨道相互作用对实际实现来说太弱了。2008年，基于锑化铋和相关材料的结构，使用晶体合成了具有预测性能的材料。对称保护的拓扑序现在已经被证明也出现在了三维（3D）材料中。2016年，诺贝尔物理学奖表彰了索利斯（Thouless）、科斯特利茨（Kosterlitz）和霍尔丹（Haldane）在相变和输运方面的早期工作，其中拓扑起着至关重要的作用。这是过去十年工作的一个重要的里程碑节点，这在十年前是不可想象的。本报告的后续章节更详细地讨论了这些发现以及这些发现为材料学研究带来的机遇。

过去十年的另一个突破则是增材制造（AM）技术的发展，它已经存在了几十年，最初被称为立体光刻或快速成型。在过去的十年里，增材制造已经

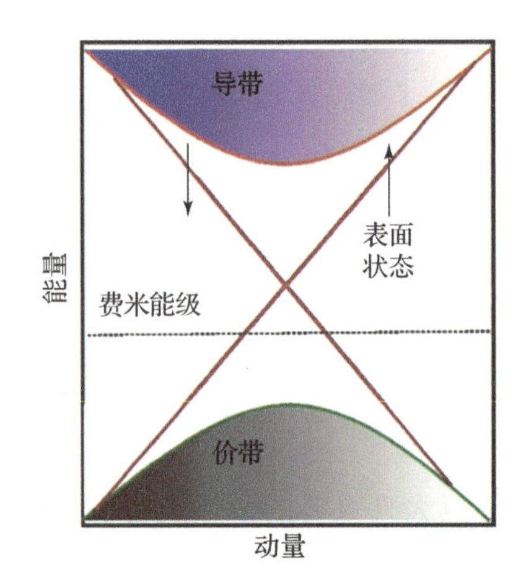

图 1.1　拓扑绝缘体的能量与动量示意图，该图展示了具有体带隙的表面状态，来源：Azimatu, "Band Structure of a Topological Insulator," image, July 27, 2018, https://en.wikipedia.org/wiki/File:Topology_azeema.jpg, Creative Commons Attribution – Share Alike 4.0 International License, https://creativecommons.org/licenses/by – sa/4.0/deed.en.

成为一种重要的工艺，它不仅可以用于大规模生产，还可以用于按需一次性制造①。上一份十年报告中没有提到这一新方法，这也是可以理解的。早期的增材制造技术局限于 2D 打印。将增材制造技术与计算机辅助设计（CAD）相结合，这对于从医疗设备的生产到复杂形状零件的构建都非常有用。

早期的增材制造几乎只使用聚合材料。2010 年起至之后的十年，大多增材制造开始生产铝和钛等金属部件。现在，在许多行业，特别是航空航天行业，增材制造技术都发挥着重要作用。(见图 1.2 和第 5.3 节的案例 2。) 随着在过程中应用光和其他领域改变材料，增材制造实际上不再是 3D 打印，而是使用空间控制聚合（聚合物）或融合（金属和陶瓷）。凭借增材制造的 CAD 优势，很明显还有更多的事情要做，这将在后面的章节中讨论。

虽然过去十年中的一些发展是完全出乎意料的，但另一些发展则是针对以前未实现但渴望实现的科学或技术目标而努力突破的产物。自修复聚合物就属于后一类，因为它们多年来一直是研究人员想要实现的科学目标。有机软物质通常具有与人体组织相似的机械性能，所以研究人员纷纷在分级自组装产生的不通过内部共价键结合的软物质材料领域中探索材料自修复的可能。虽然这样的材料具有各种用途，但是它们在物理上并不坚固。除此之外，研

① S. Saunders, "3D Printing at the Pentagon: US Navy Hosts 3D Print-a-thon to Showcase Latest Innovations and Technology," 3DPRINT.com, March 20, 2017.

图 1.2　通用电气公司的工程师正在使用一种被称为直接金属激光熔化的先进增材制造技术制造一种新的涡轮螺旋桨发动机。这种技术正在为众多行业生产越来越多的零件，以更少的材料浪费制造更坚固的部件，这是使用传统加工技术无法实现的。以 GE Catalyst Advanced 涡轮螺旋桨发动机为例，该设计将 855 个独立部件减少到 12 个。因此，超过三分之一的发动机是增材制造的。来源：GE Aviation，“GE93 Rendering，” image，https://en.wikipedia.org/wiki/General_Electric_Catalyst#/media/File:General_ Electric_GE93.jpg.

究人员还可以通过加热或溶剂引起的扩散互穿来焊接聚合物，不过其使用具有一定的局限性。在过去的十年中，其他主要材料的进步包括发光二极管（LED）照明、平板显示器和改进的电池。在这次调研中，虽然我们只列举了几个例子，但所有这些例子都对社会产生了深远影响。

随着具有动态可重构共价键的聚合物的发展，聚合物的自修复实现了一个新的范式。其中最引人注目的新型聚合物的发展现在被称为玻璃质聚合物，这在十年前是没有预料到的。玻璃质聚合物表现出类似二氧化硅玻璃的性质，但其中共价键网络拓扑结构可以通过交换反应重排而不解聚。它们保持不溶，但仍可作为大块材料加工。玻璃质聚合物和其他具有动态共价键聚合物的发展催生了新的合成和加工研究，这将在第二章中进行讨论。

智能手机触摸屏技术在十年前出现，为玻璃创造了全新的角色。这种玻璃有三个功能：它使用户能够输入，保护其下方的显示器，并将显示器上的信息传输给用户。即使在使用多年之后，它还能防止因意外跌落而造成的损坏。所以该材料具备耐磨、薄、硬、稳定性好、光滑平坦、不透水等特点，并且对可见光和无线电波具有良好的通透性。通过对玻璃成分和制造技术的深入了解，康宁公司能够在很短的时间内克服所有这些挑战，并掌握较为成熟的玻璃技术和制造设施。通过对处理条件、气泡形成技术的改进以及对颜色沉淀问题的解决，我们可以生产钢化玻璃①，这些在上一次十年调查中没有提及，但现在康宁每年的市场规模接近 4 亿美元。

举这么多例子是为了说明以下几点。第一，这些革故鼎新的技术进步在十年前是不可想象的。过去十年中，这些特别显著的进步建立在以前的成就之上，如石墨烯为拓扑绝缘体奠定了基础。聚合物的多次 2D 打印技术赋予增材制造更广泛的应用领域。对坚固自修复材料的探索突破了玻璃质材料和其他具有动态可重构共价键的聚合物材料的发展。新兴智能手机技术大大刺激了钢化玻璃的发展。

第二，一些重大的科学进展是纯粹的科学发现（拓扑绝缘体），而另一些则是技术应用需求的牵引（钢化玻璃），还有一些是两者的结合（增材制造和陶瓷）。这是支持材料科学实现技术成熟度跨越式发展的有力证据，也是创造出基础研究和应用研究以及学术研究和工业研究密切互动良好环境的有力论据。

第三，这些例子中两个来自工业界，两个来自学术机构（一个来自美国，一个来自国际），这也说明现代先进材料科学的研究机构在全球分布广泛。

1.1 工业前景

当前进行的十年调查特别注重工业领域反馈的意见，因为将大学和国家实验室的基础研究转化为工业应用是从基础材料学研究中获得社会效益最大化的最有效途径。为了评估各行业如何看待材料科学和材料工程对实际工程应用的影响和作用，这里需要选择来自不同行业的公司，通过回答以下四个问题来提供答案。

1. 确定过去十年中在材料研究领域取得的科学成就，包括材料合成和加工，这些成就使您的行业在产品开发方面取得重大突破。

2. 确定您所在行业必须解决的科学材料或新材料的瓶颈问题，以便在技术或产品开发方面取得下一次重大突破。

3. 是否有实现这些突破所需的技术手段（例如，先进的表征、计算、合成和数据处理手段）？

4. 就贵组织内的材料研发而言，它是在美国内部还是在全球范围内进行，是与美国高校还是与美国以外的高校合作进行？它是否需要进行国际合

① 见 M. S. Pambiachi，M. Dejneka，T. Gross，A. Ellison，S. Gomez，J. Price，Y. Fang，P. Tandon，D. Bookbinder，and M. -J. Li，2016，“Corning Incorporated：Designing a New Future with Glass and Optics，” pp. 1-38，in *Materials Research for Manufacturing：An Industrial Perspective of Turning Materials into New Products*（L. D. Madsen and E. B. Svedberg，eds.），Springer。

作，为什么？

16 家不同规模和技术领域的公司对这四个问题做出了回答。以下内容概括了不同行业部门普遍面临的挑战和机遇。调查委员会认为，工业界的反馈对评估材料研究带来的整体社会效益非常重要。

对第一个问题的回答突出显示了材料性能的进步、新材料和新涂层的开发、材料耐久性的提高和材料重量减轻这些方面的重要性。材料合成加工、沉积加工、机器人技术和高通量技术的进步，以及用于低容量小批量组件的增材制造技术的发展，被视为促进技术整体发展的要素。在集成计算材料工程（ICME）[①] 和材料基因组计划（MGI）等计划的支持下，计算方法、统计分析和数据分析方法已被用于降低新材料开发成本。这些方法的结合不仅影响了材料的开发方式，还影响了组件功能和耐用性的测试方法。

第二个问题旨在确定新模型、新计算方法或新实验工具在材料特性与性能方面的改进，以解决阻碍各个领域内下一次重大技术进步的障碍。工业界确定了几个技术进步会产生重大影响的领域。我们认为未来能够在加速新材料的发现与优化，超越 ICME“设计材料”的方法等方面实现突破。

例如，在信息技术中，需要“超越硅”的新材料来增加功率、频率或提高能效；通过新型涂层或清洁储能技术扩展材料性能；以及创造传感器中所需要的嵌入式和集成组件的材料，这都被视为通过利用集成计算材料科学和工程方法[②]来实现创新的领域。其他人则看到了采用集成计算材料科学和工程方法对其行业的潜在影响，因为这种方法尚未在其行业内实施。合成、加工、沉积技术和连接技术的改进，特别是不同材料之间连接技术的改进，被视为还有待发展的领域。人们还注意到，需要能够将高校研究实验室中用于小批量的合成和加工方法扩大到工业规模的可制造性。可扩展性科学被视为在生产更大数量的新材料时实现重大收益的机会领域。有人指出，为挖掘增材制造技术的潜力，迫切需要了解增材制造技术本身的特性，在多个尺度上对生产过程以及材料性能进行优化控制，并加快成分的研究进展。最后，人们认识到，迫切需要转变学生的教育理念，急需培养一支熟练运用数据分析软件、材料信息学和高效计算方法的科研队伍，从而真正实现材料研究的理论重大突破和应用的创新。

对于第三个问题，几种新技术的发展被认为能够回答第二条提出的问题。在理论、建模和模拟领域，计算机建模和模拟技术的突破已经应用于晶体的

---

① National Research Council, 2008, *Integrated Computational Materials Engineering: A Transformational Discipline for Improved Competitiveness and National Security*, The National Academies Press, Washington, D. C., p. 132.

② 其定义为 ICME。

合成和加工过程，特别是在增材制造领域。通过计算机模拟来加速材料设计和合成，以及更快地生产新材料，这是一种持续的需求。需要新的计算化学工具来改进对化学反应及其产物的预测。对于描述暴露于恶劣环境的材料性质的演变预测模型，需要根据所使用的环境约束和应用背景来改进。模型和模拟必须预测材料在特定环境中的长期性能演化规律，因为新材料正准备应用在设计寿命为 50 年及以上的应用中。最后，需要开发能够快速探索研究加工材料和加工空间的工具，以发现新的材料和成分，并优化合成和加工路径，使其具有所需的性能。

随着合成和加工方法的进步，需要发展新的原位诊断能力，以了解新的物理和化学反应。为了使这一技术能带来具有深远意义的影响，这些诊断工具需要与计算工具相结合，以分析和询问数据并做出决策。有人指出，机器学习算法和数据分析的引入有可能加快这一领域的了解和进步。结合使用理论、建模和模拟来识别材料的潜在新性质、新结构和新成分是开发高通量筛选和测试方法的需要。

第四个也是最后一个问题旨在评估美国产业如何、在何处开展研究，以及它们如何与美国高校进行实质合作。根据行业的性质，各家公司的回答各不相同，有些公司的研究都是在内部进行的，因为他们的产品具有专有性，需要保护先前的知识产权（IP），而与美国高校谈判知识产权协议这一过程往往很复杂。其他一些公司在自己的机构中心进行研究，也与全球其他行业和高校合作，但是其与世界各地的各个研究机构进行合作研究的原因各不相同，如需要获得多样化的人才库、与其全球业务所在的地理位置相关，同时也有这些机构可能在美国本土无法获得特定的研究专业知识，但在海外可以获得独有的设施等原因。对个体研究机构而言，当涉及特种设施或高昂成本设施时，后一种情况（指前文中提到的跨国合作设施共享）尤其显著。在这里，由能源部（DOE）和美国国家科学基金会（NSF）运营的主要科学设施值得这些公司来考虑是否进行相应的合作。有人指出，在某些方面，美国在特定领域放弃了在材料研究方面的领导地位，要求公司必须在美国境外进行研究。工业界的回应引发了美国高校正在进行的对工业相关或工业赞助研究状况的担忧。一些工业界的回答暗示，由于很难和美国高校达成 IP 协议，并且在美国高校进行研究的成本昂贵，这些最终导致了在美国以外的高校进行工业研究的项目正在增加。

1.2 国防与国家安全前景

当前十年调查的这一部分总结了一些材料科学在国防和国家安全领域的

应用情况。材料研究在美国国防中发挥着重要作用。我们很容易看出，新材料性能的改进如何能够制造出重量更轻、性能更优的装甲，为战场上的作战人员提供更强的动力系统，以及能够承受极端条件的材料，制造出更高效的航空航天部件，从而在使用更少燃料的情况下实现更快的飞行。新系统的新材料不仅对美国国防很重要，而且今天还有许多正在服役的系统，其中的备用部件越来越难以获得，另外在很多情况下无法使用过旧材料。最近的一个例子是防腐蚀六价铬涂层，它虽然在功能上并没有问题，但是其本身具有很强的毒性。很明显，先进材料是国防部战略投资的重点和未来作战计划的关键。包括空军、海军和陆军在内的主要机构在 2017 年 11 月的委员会会议上向国防部委员会做了介绍。讨论的一个关键问题就是现在迫切需要厘清材料在极端条件下使用时如何发生失效的问题，以及在未来如何避免这种失效。损伤失效问题表征需要大量的数据，因此更加准确的表征技术是关键，特别是在极端条件下工作的原位方法。如今，许多失效过程往往不能被完全理解，从而妨碍了用于预测材料行为的理论模型的建立。显然，材料研究不仅有机会在多个长度尺度的仿真预测上取得突破，而且有机会在原位表征方面取得进展。尽管出于不同的目的，但是商业公司和国防部门的优先事项有很大的一致性，即需要大力推进计算和数据科学，并需要开发功能越来越丰富的表征技术工具，包括那些可以在极端工作环境和实时工艺条件等挑战性条件下工作的工具。

国家安全在国际合作领域制定方针方面也发挥着重要作用。本报告中后续的章节讨论了在国际空间站、欧洲核研究组织、中东实验科学和应用同步加速器和激光干涉引力波天文台等设施的合作，以及第 5.4 节强调了在国际层面上参与的价值，但所面临的障碍也正在出现并增加。尽管我们需要严肃地考虑这些障碍，但我们也必须尊重存在的这些障碍。如果美国不鼓励以合理的方式进行合作交流和探讨基础科学信息，那么美国的材料学研究将会受到阻碍。即使面对竞争和政治冲突，合作也是美国的长期优良传统，这可以追溯到冷战时期甚至更早。

1.3　结论

从本章提供的信息中可以得出三个重要结论。第一，由于基础性研究和探索性研究没有精准的路线规划图，往往到后期才会产生一些重要的成果。第二，对该行业前景的调查揭示了许多有用的信息，但最重要的莫过于将计算材料科学、数据科学和机器学习高度集成，从而发挥更重要的功能。这一点在后续章节对高校、企业和国家实验室的能力建设中将重点强调。第三个结论是，应进一步优化企业与高校之间的关系，使所有参与者都能从中获得更直接的回报。

以前的报告中不太关注的一些方面在本文中得到了重点关注，并提出了一些对材料研究在国际经济竞争力和国家安全中所发挥的作用更广泛和更深刻的见解。第五章部分基于 2016 年出版的《先进材料创新，21 世纪全球技术管理》[①] 一书，表明了未来几十年超过四分之三的经济增长将归功于先进材料的开发和应用，以及对材料学研究的投资与国家竞争力和经济繁荣息息相关。这是一个重要的新视角，研究人员必须通过它来评估材料研究的重要性。材料研究已经在许多经济领域产生了重要的影响，包括计算机和信息技术、能源、生物技术和医疗保健、运输、建筑业和制造业。要了解材料研究在未来十年对社会的重要影响，一种方法是考虑材料研究在推进美国国家工程院所设立的 14 项工程大挑战中可以做些什么，这些挑战涵盖了从改善人类健康到防止气候变化的各个方面[②]。委员会鼓励本调查的读者考虑在提供清洁用水、改善城市基础设施、设计更好的药物、对大脑进行逆向工程以及使用清洁能源等方面存在的机会，这只是众多挑战中的一小部分。在国际方面，委员会认识到一些经济体，特别是中国，目前显著增加了研发支出。2010 年，拥有世界第二大科学基地的中国，研发支出总额约为 2 120 亿美元（政府和企业），低于美国（4 080 亿美元）。到 2015 年，中国的支出几乎翻了一番，达到4 090 亿美元，而美国的支出仅增加到 4 966 亿美元[③]。材料研究对经济的影响已成既定重要事实。

1.4 关键发现和建议

关键发现 1：先进材料对日常生产和生活越来越重要。新型材料主要是广泛的跨学科领域发展的产物。目前，基础科学、实际工程以及计算机和数据科学（算法、大数据、人工智能、机器学习）等领域以其特殊视角，越来越关注材料学领域的发展。材料研究的健康发展及其服务社会的能力，关键取决于其利益相关者的合作交流，主要包括高校研究人员、企业工程师以及政府实验室。

---

① S. L. Moskowitz, 2016, *Advanced Materials Innovation: Managing Global Technology in the 21st Century*, Wiley, Hoboken, N. J.

② 见 National Academy of Engineering, "NAE Grand Challenges for Engineering," http://www.engineeringchallenges.org/, 2018.

③ National Science Foundation, 2018, *Science and Engineering Indicators* 2018, NSB-2018-1, Digest NSB-2018-2, National Science Board, National Center for Science and Engineering Statistics, Alexandria, Va., January.

重要建议 1：在科学和技术政策办公室的领导下，政府机构应大力支持跨学科研究和发展高校、私营企业（包括初创企业）和国家实验室之间更自由流动的互动模式，优先促进材料研究领域内各个相关机构之间的交流。

关键发现 2：材料研究中的许多现实挑战和机遇发生在传统学科之间的交叉点和基础研究与应用研究之间的边缘区域。纯理论科学研究因接近应用研究而受到激励。不同学科之间以及学术界、企业界和政府实验室之间的协作与信息传递大大增加了成功应对这些挑战和利用这些机遇的可能性。

重要建议 2－1：白宫科技政策办公室应在制定奖项方面发挥领导作用，使不同的资助机构能够在需要时共同努力，以促进高校和企业研究人员之间的密切合作。

重要建议 2－2：NSF 应该成立一个新的研究中心，激励学生、教师、企业科学家和工程师并肩工作。这样一个材料学的发现转化中心将创造一个独特的学习和研究环境。这一努力应得到 NSF 理事会的支持，并至少持续十年。

关键发现 3：委员会通过工业投入了解到，集成计算材料科学和工程方法对特定行业的产品开发具有重大影响。通过将综合数据科学纳入所有长度尺度和材料类型的研究，有可能对未来的材料研究产生深远的影响。

重要建议 3：所有资助材料研究的政府机构应鼓励在其资助的研究中酌情使用计算方法、数据分析、机器学习和深度学习。它们还应鼓励高校在 2022 年之前为理工科学生提供学习这些新方法的机会。

关键发现 4：不计成本的基础科学研究既满足了我们对整个世界的认识，又推动了现代世界的技术进步。它为材料科学以及其他科技领域的未来发展奠定了基础。虽然它并不能带来明显的经济效应，但是其通常代表着一项急需巨大突破的技术（如高 TC 超导、碳纳米管），这一突破通常会在未来几年带来非常重要成果。

重要建议 4：最为关键的是，基础研究仍然是支持材料研究的政府机构资金组合的核心组成部分。改变范式的进步往往来自意想不到的工作领域。

第2章
材料领域过去十年的进展和成果

本章重点介绍了自2008年以来在材料科学和材料工程等广义领域取得的进展中的一些例子。由于不可能记录所有已经取得的进展，本章着重强调了材料性能的基础理解和性能增强以及使用计算模拟技术加速材料开发与性能优化的一些典型成就。本章未涉及的方面有算法改进、实验设备、工具和能力的发展以及应用于材料界的材料合成、处理方法。这些方法在过去十年中取得了重大进展，足以单独作为章节论述。

这一时期的一个重大进展是巴拉克·奥巴马总统于2011年宣布了材料基因组计划（MGI）。MGI的最终目标是“以原有两倍的速度发现、制造和应用先进材料，而成本只是原来的若干分之一”①。该倡议的关键是材料创新基础建设，通过在计算材料科学与工程、材料信息学、合成和加工以及材料表征和性能评估的交叉领域开展工作，可以加快材料研究的进展。结合三个领域的框架旨在使材料开发流程的所有七个组成部分协同运作——发现、开发、性能优化、系统设计和集成、认证、制造、应用（包括可持续性和可修复性）。设想通过将当前材料开发过程中的线性方式替换为每个阶段与所有其他阶段持续相互影响的方式，来压缩从发现到应用的时间以及全过程开发成本。这些不同的设计概念如图2.1所示。为了使设想的开发变得有效，从事材料工程工作的不同部门需要了解这种方法的效率，并愿意使用通过这种方法开发的材料。专栏2.1给出了从许多可能性中选出的一个例子，说明如何在工业中应用这种方法。这一举措对联邦资助机构产生了影响，其结果是材料数据库激增，组成了包含实验学家、计算材料学方面的科学家和工程师的团队，以应对科学挑战。这对学科也产生了影响，形成了更多的多学科团队来解决关键材料挑战。

① Office of Science and Technology Policy, 2011, *Materials Genome Initiative for Global Competitiveness*, Washington, DC, June.

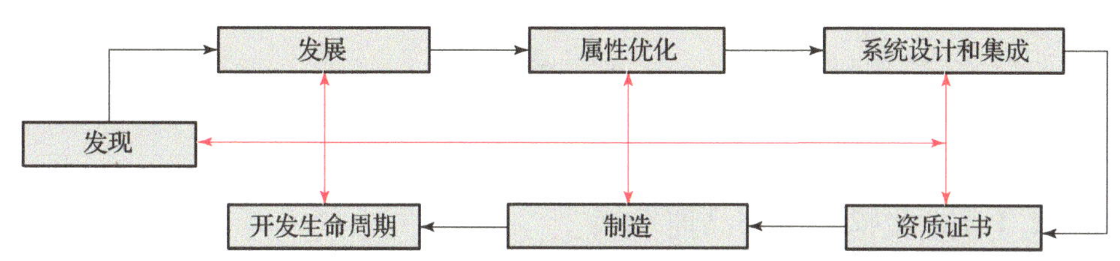

图 2.1　线性方法与连续反馈方法的材料开发脉络对比。传统的线性方法导致了时间更长、成本更高的从发现到应用的周期，而在连续反馈方法中，每个部门都在不断地与其他部门进行讨论。后一种方法从发现一种新材料到其应用的时间周期相比许多行业典型的20年周期将大大缩短。

专栏 2.1　通过计算加速产品开发制造过程的模型化

先进的计算模型正被用于制造业，以加速新材料的开发和引入可销售的产品。这些计算模型通过制造过程模拟捕捉制造历史敏感的材料信息，并允许在计算机中进行工程产品性能分析。其影响是大大加快了产品开发周期。例如，宾士域集团，特别是其水星海事公司，将这种方法用于新的铝和不锈钢合金开发以及铸件，以改善现有材料和产品的性能，并最终降低生产成本。

图 2.1.1 比较了两种类型铆钉的变形行为，这些铆钉用于 Lund 船厂和水星海事生产的船只上。通过使用这种方法，公司比较了不同的几何形状，并选择了符合性能要求的硅片。每个铆钉的制造变形被结合到船的整体结构模型中，并在“计算机中”加载适当的力来评估船的耐用性。因此，他们避免了制造和测试不同的几何形状，将产品开发时间缩短了约 35%，减少了与制造过程和使用中船的负载之间的互动有关的风险。这改善了最终产品，并降低了开发成本。

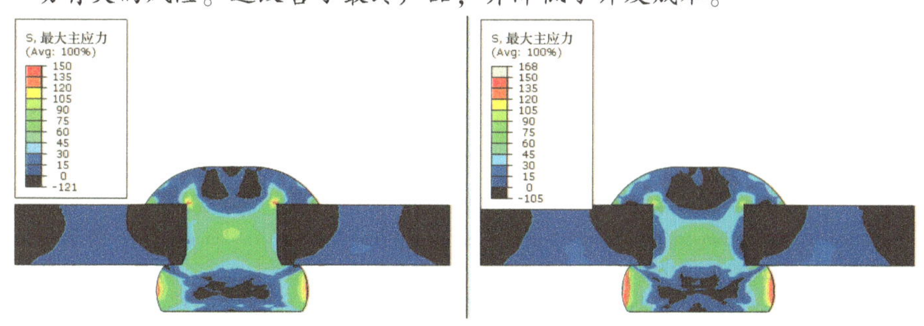

图 2.1.1　两种铆钉构型的最大主应力分布计算，应力明显集中在铆钉上角的微小红色区域，表明这些区域可能成为失效部位。来源：水星海事提供。

2.1 金属

2.1.1 金属材料的高速发展

在 ICME①、NNT 和 MGI② 等广泛举措的推动下，金属研究在过去十年中取得了许多进展。(虽然本节主要讨论金属，但很明显，上述计划涵盖了所有材料，并且在各个方面都取得了进展。) 例如，研究人员已经开发设计出有自组织纳米级分散体的块状结构合金，其强度超过 1.5 ~ 2 GPa，同时仍保持可接受的延展性和断裂韧性。在 20 世纪，结构材料的经验强度极限小于 1 GPa，相比于此，这是一个显著的进步。这一进步可以显著减轻运输和能源应用的关键结构部件的重量，并降低成本。通过有效使用 ICME 方法，研究人员已发现具有足够延展性或其他目标性能标准的高强度结构合金，加速了从材料发明/发现到实际工业应用的进度。专栏 2.2 举例说明了这种加速和对工业的影响。

高熵合金，多元素合金或复合浓缩合金由几乎等摩尔浓度的五种或五种以上形成延伸固溶体的金属组成③。自 2004 年首次报道关于高熵合金的研究以来，研究已急剧扩展到每年约 1 000 份期刊出版物。这些合金可以使用不同晶体结构的单相或多相材料通过传统的金属制造技术生产。

这些合金的性质是由熵（热力学）、缓慢扩散（动力学）、与原子尺度范围的结构畸变以及与成分相关的性质所产生的影响共同决定的。基于面心立方和体心立方晶体结构的几种高熵合金最近已经被制造出来，其机械性能优于常规合金，如奥氏体不锈钢。例如，图 2.2 在断裂韧度图中比较了不同类别金属的疲劳性能，其中断裂韧度 K_c 是材料耐受现有缺陷（如裂纹）的能力的量度；σ_y 是材料开始塑性变形时的应力测量值④。从该图中可以看出，一些高熵合金表现出最高断裂韧性值。图中虚线表示裂纹尖端塑性区的大小[$=(1/\pi)(K_c/\sigma_y)^2$]；

---

① National Research Council, 2008, *Integrated Computational Materials Engineering: A Transformational Discipline for Improved Competitiveness and National Security*, The National Academies Press, Washington, D. C., https://doi.org/10.17226/12199.

② Office of Science and Technology Policy, 2011, *Materials Genome Initiative for Global Competitiveness*, Washington, DC, June.

③ 关于高熵合金，目前还没有一个公认的定义。一些研究人员认为它们至少含有五种成分，而另一些研究人员则认为它们是四成分合金。

④ B. Gludovatz, A. Hohenwarter, D. Catoor, E. H. Chang, E. P. George, R. O. Ritchie, 2014, A fracture – resistant high – entropy alloy for cryogenic applications, *Science* 345:1153 – 1158.

专栏 2.2 通过制造过程的计算加速合金开发

Ferrium S53 是一种超高强度和耐腐蚀的钢，消除了有毒的镉镀层，而 Ferrium M54 是传统合金的升级版。图 2.2.1 是 Ferrium S53 和 Ferrium M54 从开发到应用的时间，Ferrium S53 为 8 年，Ferrium M54 为 4 年。Ferrium S53 是美国空军 A－10、T038、C－5 和 KC－135 以及许多 SpaceX 火箭飞行关键部件的关键安全起落架。Ferrium M54 钢已应用在美国海军的 T－45 安全关键钩柄部件上，其使用寿命是现有钢的两倍以上，同时节省了 300 万美元的整体项目成本。

技术准备水平（TRL）如下：TRL 1 是遵守的基本原则；TRL 2 是制定的技术概念；TRL 3 是概念的特征证明；TRL 4 为实验室验证；TRL 5 为相关环境下的组件验证；TRL 6 为相关环境下的系统演示；TRL 7 是操作环境中的原型演示。

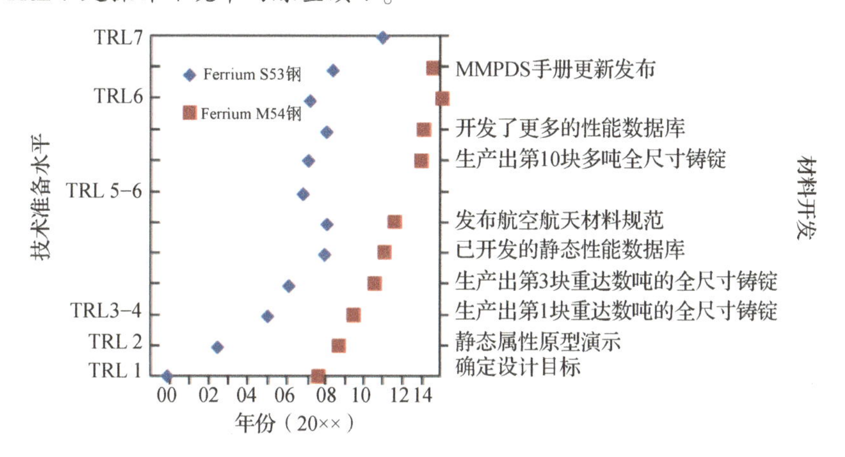

图 2.2.1 （从 2000 年到 2014 年）开发两种合金的时间表，即 Ferrium S53 钢（8 年）和 Ferrium M54 钢（4 年），将其授权给一家美国钢铁生产商并应用到要求苛刻的应用中。通过应用计算方法来优化成分和结构以达到所需的性能，使这些合金改进和应用的时间加快了。左边的纵轴表示不同的技术准备水平（TRLs），右边的纵轴表示一些重要的里程碑。注：MMPDS，金属材料特性开发和标准化。来源：W. Xiong and G. Olson，2015，Integrated computational materials design for high－performance alloys，*MRS Bulletin* 40：1035－1044，doi：10.1557/mrs.2015.273，经授权转载。

这是材料对裂纹扩展驱动力阻力的量度，塑性区半径越大表示抗裂纹扩展阻力越大。

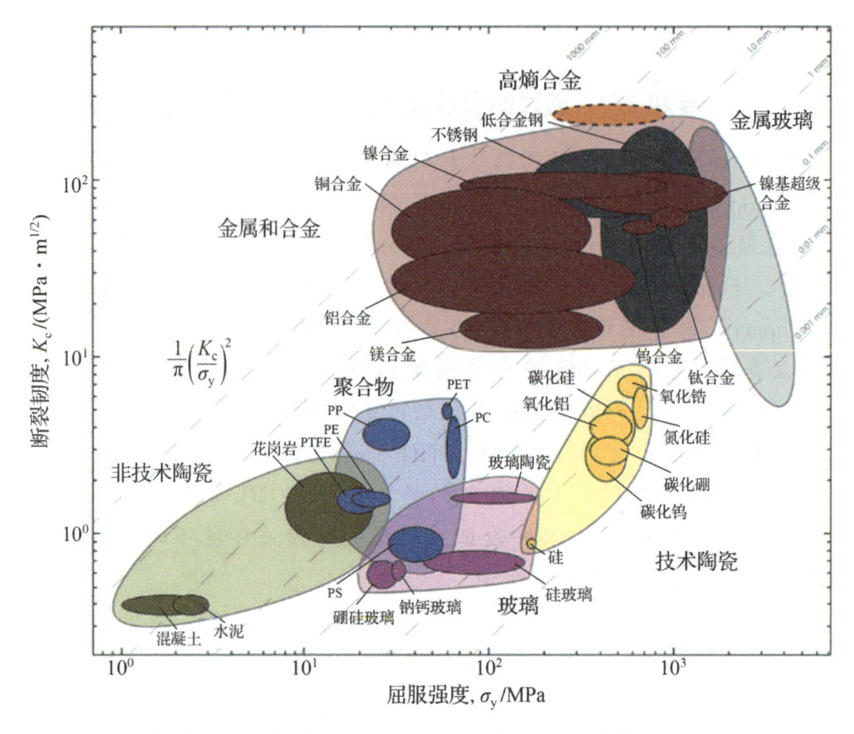

图 2.2 不同材料的断裂韧性和屈服强度的比较，表明高熵合金性能的改善。虚线代表裂纹尖端塑性区的半径，它等于$(1/\pi)(K_c/\sigma_y)^2$。这个参数给出了一个衡量材料对裂纹扩展驱动力的阻力的量度。塑性区的尺寸越大，抗裂纹扩展阻力就越大。换句话说，需要提供更多的能量来推进裂纹，因为有些能量会被塑性变形耗散。来源：摘自 B. Gludovatz, A. Hohenwarter, D. Catoor, E. H. Chang, E. P. George, R. O. Ritchie, 2014, A fracture - resistant high - entropy alloy for cryogenic applications, *Science* 345: 1153 - 1158, 经 AAAS 许可转载。

2.1.2 块状非晶合金

同样，在过去的十年中，块状非晶合金已经从科学探索发展到各种特殊的商业产品。非晶合金具有近净成形能力①、耐腐蚀性方面的潜在优势以及高强度和高断裂韧性。促进块状非晶合金产生的核心科学进展是更深入的理解元素组成对降温过程中的结晶抑制（同时也提供了具有吸引力的力学强度）。由于样品最大尺寸与结晶的临界冷却速率成反比，用结晶缓慢的成分可以制造相对较大的非晶结构材料。大量的非晶（玻璃态）金属合金可以通过从熔

① 近净成形是一种工业制造技术，指产品经过初加工后就接近最终（净）形状，从而省略了精加工的过程。

融态快速淬火来制造，也确定了超过 1 000 种非晶合金可以以相对慢的冷却速率获得。因而，大量的合金组分可以用于制备块状非晶结构材料（厚度在 1 ~ 10 cm）。

2.1.3　高性能合金

在过去的十年中，出现了一系列专用的高性能合金，其主要应用于极端环境，如核反应堆辐射、高温、高外加应力和高应变率，并在这些服役环境中表现出显著改善的抗性能退化能力。例如，通过原子层面的建模和纳米级结构优化以及化学表征实现的氧化物弥散强化铁素体钢的加工条件的改进，促进了具有超高密度（$\sim 10^{24}/m^3$）的纳米级弥散体的新合金家族的诞生。这些新的自组装纳米结构合金具有超过 1 ~ 2 GPa 的室温拉伸强度（比常规氧化物弥散强化或沉淀强化钢强 50% 以上），其 10 000 小时的热蠕变强度超过 100 MPa，使用温度高达 800 ℃（与常规铁素体钢相比，上限使用温度提高了近 200 ℃），同时其还具有前所未有的抗中子损伤相关的辐射膨胀的能力，损伤水平超过每原子 500 位移（这一数值超过常规铁素体钢中最大允许辐射损伤水平的两倍）。高性能、抗辐射结构材料的这些进展为发展新的“第四代”核反应堆提供了技术支撑，与目前的反应堆相比，这些反应堆在燃料利用率、安全性、发电经济性和减少放射性废物方面具有显著的改善潜力。

控制晶粒的尺寸是一种用于增强金属合金性能的传统方法，纳米晶粒尺寸实现了室温性能的显著改善。由于大多数纳米晶粒在室温或更高温度下长时间工作时容易发生显著粗化，过去十年的研究有助于确定成分和结构（如晶界结）在改变晶粒生长和伴随的机械性能方面的作用。晶界结构的复杂性取决于杂质、温度、压力和化学势。这个形成的界面相被称为络合相（Complexions），以区别于体相。研究发现，晶界上的杂质存在于特定的位置，降低了界面能，并且根据晶界特性，可以沿着晶界周期性地分布。

在过去的十年中，使用稳定界面设计和加工范式的合金生产的纳米结构合金材料已有一定规模，并实现了商业化应用。例如，用钨稳定的电沉积镍合金已在多种功能涂层得到验证，包括作为高性能电连接器中的涂层，其中该合金已应用于数十亿个部件。最近，利用这些纳米结构稳定概念，使用粉末冶金工艺制备的烧结纳米晶体零件已经应用于建筑工具和相关轻量化应用。

建筑领域用材向使用下列金属材料转移，如轻质合金（如铝镁合金）、高强度低合金钢①、复合结构材料及其组合，引起了腐蚀的新问题。使用有毒腐蚀抑制剂（如六价铬和镉）引起了环境问题，因此我们有必要开发替代涂层

① 高强度低合金钢相比碳钢，具有更好的机械性能及更强的耐腐蚀性。

材料和工艺来防止腐蚀。现有的低成本浸渍涂层和电沉积等水基沉积工艺促进了新工艺的诞生，如锆基转化涂层和锌基合金分别取代了六价铬和镉。研究人员已经开发并应用高温和低温固体颗粒喷涂技术，该技术提供了一种制造化合物和合金的方法，其化学性质适合特定的腐蚀环境。研究人员还开发了用于油漆和底漆的稀土氧化物腐蚀抑制剂，如氧化铈或氧化镨①，其已作为致癌化合物的环境友好替代品应用于军用飞机、石油和天然气管道以及桥梁和建筑物的保护涂层的改进，减少了材料在复杂气候条件下因腐蚀产生的破坏。

2.2 陶瓷、玻璃、复合材料和杂化材料

2.2.1 陶瓷

陶瓷和玻璃因其耐恶劣环境的能力而具有高价值的应用。根据它们在设备中的功能，它们可作为块状材料、复合材料和涂层材料。尤其是非氧化物陶瓷，具备在高温、摩擦、高冲击等恶劣环境中应用的性能。这些材料已被用作柴油过滤器、热障涂层、装甲、涡轮发动机部件和耐火材料。过去十年的重大进展使人们对这些材料的结构、加工工艺的改进以及调整化学成分以实现新性能的能力有了深入的了解。此外，在过去的十年中，人们已经开发了新的工艺，通过制造富含二氧化硅的层来保护材料免受氧化，从而获得具有更高耐用性的材料，这些方法使材料可以用于新的应用。该方法生产的材料具有更强的抗氧化性。ZrB_2/SiC 可作为复合材料、氧化防护涂层的基体树脂，或可能作为增材制造的原材料。

非氧化物陶瓷材料也可用作聚合物电解质燃料电池中氧化还原反应阴极或应用于锂 - 空气、锌 - 空气和铝 - 空气电池中。在过去的十年中，包括 TiN、TiC 和 TiB_2 在内的几种材料已经显著改善了燃料电池的性能，但是确切的机制仍不清楚，目前研究人员正在深入研究使这些材料性能得到提升的原因。

随着诸如$(Hf_{0.2}Zr_{0.2}Ta_{0.2}Nb_{0.2}Ti_{0.2})B_2$ 的高熵金属二硼化物的制备和表征，单相非氧化物材料向双相材料的扩展已达到极限。这些材料有望成为超高温陶瓷，其硬度和抗氧化性优于任何单一的二硼化物。然而，这种五组分金属二硼化物的制造十分困难，即使它们主要由同一种 AlB_2 型结构固溶体组成。

---

① 相比基于铬酸盐的抑制剂，稀土类缓蚀剂是更好的选择，但是使用过程受到监管，其中铈和镨都没有列为关键稀土元素。

非氧化物陶瓷也有重要用途，如作为汽车、飞机、熔炉和反应堆监控系统中的高温传感器的压电材料，以及每个手机滤波器中所需的体声波谐振器。典型的高温压电材料是氮化铝（AlN），其既坚硬又与互补金属氧化物半导体（CMOS）技术兼容。然而，其压电系数 d_{33} 极低，固有机电耦合系数也极低。在 AlN 引入 Sc 的掺杂，第一性原理识别计算表明，基于稳态 ScN 结构的 d_{33} 增加了 4 倍①，耦合因子高达 12%②。这一重大成果现已进入村田、太阳诱电、高通以及博通等企业中。

2.2.2　玻璃

在过去的十年中，玻璃领域的发展包括多样的成分选择性与下一代晶片加工技术。折射率和色散曲线通过成分选择来定制。在 1 300 nm 和 1 500 nm 通信窗口（Telecommunications Windows）使用的硫族化物玻璃中③，稀土元素掺入会导致光致发光增加。由诸如 $Ga_{17}Ge_{25}As_{8.3}S_{65}$ +0.05% Pr^{3+} 或 Nd^{3+} 等材料制成的纤维可以将来自稀土本身以及基质玻璃的光吸收再转移到稀土中共振激发。

现在我们可以对这些材料进行晶圆级加工以制造器件。在熔融石英衬底上合成二元体积衍射光学元件，在 $Ge_{33}As_{12}Se_{55}$（AMTIR-1）层的下方和上方具有抗反射涂层。通过改进的定域光聚合技术（光固化技术），可以在光束整形器④、分束器或具有可调参数的高通二向色滤光片中产生非常精细的特征控制。截止频率可以从几十皮米调整到 10 纳米或以上。

人们对在可拉伸基底上制造用于诸如表皮传感、应变光学调谐或无像差成像等应用的光子器件很感兴趣。在较高热膨胀可拉伸基板（如聚二甲基硅氧烷弹性体）上沉积相当低的热膨胀硫族化物玻璃，通常会产生高应变，通过以曲折或蛇形布局沉积光子器件，使其能够在不破裂的情况下膨胀（图 2.3）。

将石墨烯集成到晶圆级器件有如下方法，使用热沉积的方法制备硫族化物玻璃膜并保证涂敷石墨烯的硅保持在室温⑤。通过氟等离子体蚀刻或剥离来

---

① A. Morito, T. Kamohara, K. Kano, A. Teshigahara, Y. Takeuchi, and N. Kawahara, 2009, Enhancement of piezoelectric response in scandium aluminum nitride alloy thin films prepared by dual reactive cosputtering, *Advanced Materials* 21(5): 593-596.

② M. Schneider, M. DeMiguel-Ramos, A. J. Flewitt, E. Iborra, 2017, Scandium aluminium nitride-based film bulk acoustic resonators, *Multidisciplinary Digital Publishing Institute Proceedings* 1(4): 305.

③ ZBLAN 玻璃纤维以其在红外中的高透明度而被广泛关注，同时在光学传输、掺杂光纤放大器以及非线性光学中也有重要的用途。见 Made in Space, "Fiber Optics: Best in Class Fluoride-Based Fiber for Medical, Telecom, and Research," http://made-inspace.us/mis-fiber/，最后访问日期：2018 年 7 月 5 日。

④ 截止频率低至几十皮米，高至 10 纳米或以上。

⑤ U. S. Patent US20150206748A1, "Graphene Layer Formation at Low Substrate Temperature on a Metal and Carbon-Based Substrate," Current Assignee University of Chicago Argonne, LLC.

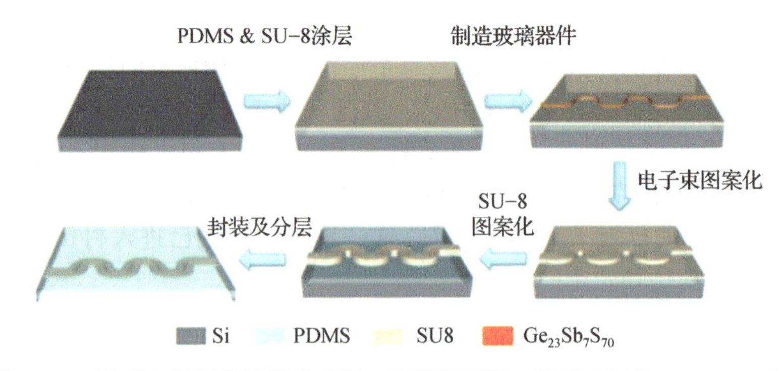

图 2.3 可拉伸光子器件的制造过程。步骤是用聚二甲基硅氧烷（PDMS）和环氧基光阻剂（SU-8）进行初始涂层，使用蛇形布局制造玻璃器件、电子束图案化、SU-8 图案化、去除多余的材料、分层，使可拉伸的 PDMS 层成为器件的基底。来源：H. Lin, L. Li, Y. Huang, J. Li, C. Ramos, L. Vivien, J. Lonergan, K. A. Richardson, and J. Hu, 2016, Monolithic High-Index-Contrast Stretchable Photonics," Paper FF5F.2 in *Frontiers in Optics* 2016, OSA Technical Digest (online)；经授权使用。

实现图案化。在近红外波段和中红外波段的微谐振器器件已经被证明没有来自石墨烯层的光学损耗。同时研究人员已经证明其他 2D 层（WS_2、$MoTe_2$）的集成，可能导致 2D 透明导体材料上的光子集成。

硫族化物玻璃的新应用包括天然气传感和锂或银传导固体电解质的超离子传导。

2.2.3 复合材料和杂化材料

在过去的十年中，复合材料和杂化材料的应用越发广泛，对聚合物基复合材料的投入使人们对这些成熟的工程化材料有了更深刻的认识。通过铸造、锻造、注射成型、机械加工和无数的制造工艺，整体材料可以很容易地成型为工程部件。在历史上，整体材料的使用远远超过了人造工程系统中杂化材料的使用。随着对性能和设计自由度的要求不断提高，这种情况正在发生变化。提供独特性能平衡的纤维和颗粒复合材料在过去的半个世纪获得了越来越多的应用，特别是在过去的十年中，复合材料技术已经投入许多产品的大规模生产中，包括但不限于防弹背心、大型风力涡轮机和商用客机。在开发和使用多组分杂化材料系统方面的最新进展得到了充分的证明。例如，在过去的十年中，用于飞机结构部件的碳纤维复合材料从 2010 年的不到 25% 增加到本报告编写时的 50% 左右。专栏 2.3 重点介绍了陶瓷基复合材料在飞机发动机和燃气涡轮应用中的发展与影响。进展在很大程度上得益于对该领域基础和应用研究的持续支持，同时还得益于研究者与燃气涡轮制造商的密切合作。

专栏2.3　用于飞机和固定式燃气轮机的陶瓷基复合材料的开发

将工作温度提高100~200℃并减少部件重量，可使效率提高2%，从而节省燃料。重量的减轻是因为陶瓷基复合材料（CMCs）的密度是目前涡轮发动机中使用的超级合金的1/3。实现这些目标需要通过材料及其加工的进步来开发CMCs。复合材料需要一种高强度、难熔的纤维，可以承受热偏移。高强度、抗蠕变、无氧的SiC纤维，如NGS先进纤维的Hi-Nicalon Type S，提供了这些特性。与聚合物-基体和金属-基体复合材料所特有的从基体到纤维的载荷传递不同，CMCs需要一个弱的、低韧性的纤维-基体界面，以确保基体裂纹不会通过纤维传播，从而确保其载荷功能。这个问题是通过开发多层氮化硼基涂层来解决的，它提供了足够低的韧性，同样重要的是，它能维持熔融渗透（见图2.3.1）。

同样重要的是，涂层可以维持熔融过滤的复合材料制造过程而不被损坏。另一个重要的发展是化学气相沉积涂层技术，它被扩展到连续纤维的长度。这确保了纤维涂层将保持独立。最后，该复合材料是通过熔融渗透工艺生产的，在该工艺中，涂层纤维阵列被浸渍在SiC和碳的浆液中，并与硅熔融渗透，以产生一个由SiC纤维加固的致密SiC基体。

适用于航空业的CMCs的开发花了25年以上的时间，这突出表明了将实验室规模的材料开发转化为产品开发的挑战。然而，通过DOE和其他联邦机构以及通用电气等公司的支持，采用CMCs的新一代喷气发动机被开发出来。其影响是，当CMCs在喷气发动机中全面应用时，燃料消耗将减少1.5%，这意味着在十年内每架飞机可节省超过100万美元。

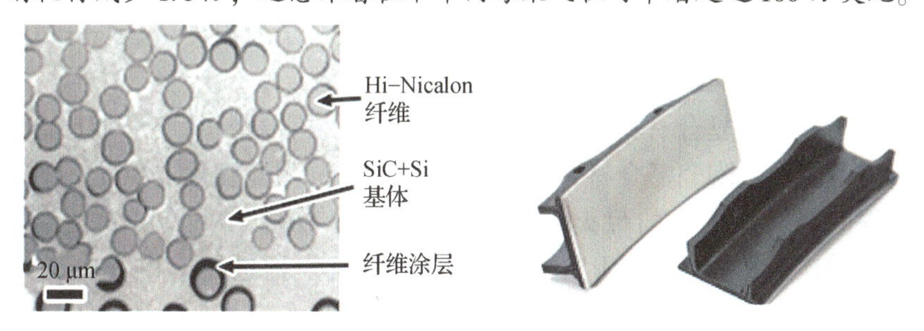

图2.3.1　左图：微观结构显示陶瓷基体，碳化硅（SiC）纤维与氮化硼基涂层。右图：用于尖端航空推进器（LEAP）发动机的CMC第1阶段护罩。每个LEAP发动机有18个这样的部件。来源：转载自G. S. Corman and K. L. Luthra, 2017, "Development History of GE's Prepreg Melt Infiltrated Ceramic Matrix Composites Material and Applications," in *Comprehensive Composite Materials II*, Elsevier, New York，经Elsevier许可。

尽管复合材料和杂化材料的概念由来已久，但是随着对用于航空航天应用的碳纤维聚合物复合材料的投入，这类材料的时代才真正开启。通过材料的高比强度和模量减轻重量的能力、通过层层堆积而非铸锭形成具有挑战性的复杂形状的能力以及在设计堆积的复合材料所需要的地方放置结构属性的能力——一种粗略的增材制造形式——迎来了大量的投资，使这类材料在最近几十年里从概念到军事应用迅速成熟。今天，波音 787 中复合材料的应用带来了更低的燃料消耗和更舒适的乘客体验，宝马 i3 和 i8 中复合材料的应用促进了汽车的电机驱动发展。

如今，强大的工业基础为全球快速多样化的市场提供碳纤维和碳纤维复合材料。这类复合材料的商业成功为美国提供了新的设计、分析、建模和制造技术的基础，并在全球范围内得到发展。石油和天然气以及深海工程越来越多地使用复合管和结构；轻型基础设施和掩体应用（Shelter Applications）已经出现；所有类型的运输模式都在使用这些可定制的材料。在过去的十年中，加工科学和制造业的技术进步使新的制造方法成为可能①。新型多向编织增强材料、纳米定制复合材料以及改进的纤维、聚合物和添加剂已经在各种应用领域得到展示。在过去的十年中，人们已经开发出能够模拟材料最终成分形式的加工数学模型，在投资于实验室或工业制造之前就能够模拟加工路径的可能性，这些进展必须持续下去，并将其延伸到正在开发的复合材料和杂化材料中。在认识到需要能够从众多成分的多种可能组合中快速建模和选择有希望的微观结构之后，多尺度建模开始出现，同时在复合材料的复杂形态方面取得了一些成功，特别是包括化学反应的热固性复合材料。ICME 在复合材料和杂化材料中的早期应用也出现在过去的十年中②。例如，用于喷气发动机应用的混合盘概念的发展将有助于提高压气机出口温度，延长压气机和高压涡轮在高温下的工作时间③。

不同于碳纤维复合材料中用于硬化和强化的复合材料策略，相比高温合金，陶瓷纤维增强陶瓷复合材料取得的进展为传统陶瓷脆性提供了一种解决方案，同时还具有更高的耐火性和更轻的重量。2017 年，陶瓷基复合材料（CMCs）首次成功应用于通用电气公司的尖端航空推进器（LEAP）发动机（见专栏 2.3）。推动航空和固定式燃气轮机的发展和应用的是发动机效率与

---

① R. M. Jones, 2014, *Mechanics of Composite Materials*, CRC Press.

② B. Cowles, D. Backman, and R. Dutton, 2012, Verification and validation of ICME methods and models for aerospace applications, *Integrating Materials and Manufacturing Innovation* 1(1):2.

③ 见 B. A. Cowles and D. Backman, 2018, "Advancement and Implementation of Integrated Computational Materials Engineering (ICME) for Aerospace Applications," 预印本, http://www.dtic.mil/dtic/tr/fulltext/u2/a529049.pdf, 最后访问日期：2018 年 8 月 8 日。

发动机中气体温度的比例关系。通过材料选择、全新的设计和分析方法、创新的加工方法，CMCs 耐热温度与镍基高温合金相比可以实现大幅的提高。图 2.4 显示了随着镍基高温合金的发展以及通过引入热障涂层（TBCs）在无冷却和有冷却情况下实现的工作温度提高①。在 2010—2015 年期间，通过合成新合金只实现了很小的工作温度提高，工作温度从 1 120 ℃ 提高到 1 140 ℃；使用热障涂层时，工作温度从 1 323 ℃ 提高到 1 365 ℃；采用热障涂层冷却后，工作温度从 1 481 ℃ 提高到 1 527 ℃。采用热障涂层和环境冷却后，CMCs 的工作温度将提高到 1 620 ℃ 以上，使工作温度提高了大约 100 度。

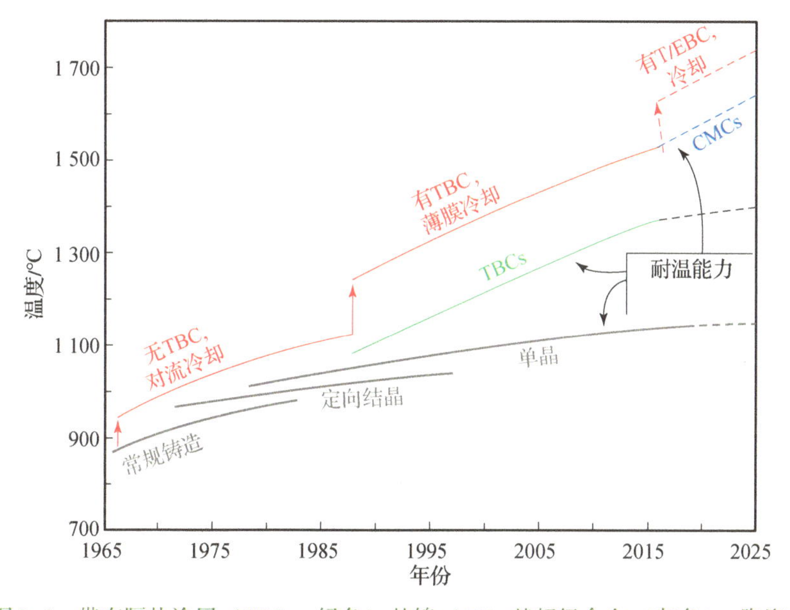

图 2.4　带有隔热涂层（TBCs；绿色）的镍（Ni）基超级合金（灰色）、陶瓷基复合材料（CMCs；蓝色）以及冷却时的最大允许气体温度（红色）的温度能力的进展和预测。来源：经 Springer Nature 许可转载：N. P. Padture，2016，Advanced structural ceramics in aerospace propulsion，*Nature Materials* 15：804－809，版权 2016。

热防护系统使太空探索成为可能。太阳探测器加卫星就是一个例子，它将比任何人造物体都更接近太阳（见专栏 2.4）。

涂层技术的进步也引起了多层磨损、热和环境防护系统的可靠性与应用的增加，带来了重大进展。在越来越多的应用中，层状材料系统正在取代先进的整体材料，其中每一层的独特性能与功能显著提升了系统的性能，延长了系统的寿命。用于金属镍基高温合金的 TBCs 和用于 CMCs 的环境隔离涂层

① N. P. Padture, 2016, Advanced structureal ceramic in aerospace propulsion, *Nature Materials* 15:804－809.

专栏 2.4 热防护系统

帕克太阳（图 2.4.1）探测器将在太阳的 10 个太阳半径内飞行，比其他任何人造航天器都更接近太阳，以研究太阳风的起源。这项任务是通过开发一个热防护系统（TPS）来实现的，该系统允许航天器总线在大约 30 ℃的温度下运行，而防护罩则首当其冲地承受着太阳的温度，在前表面承受 1 300 ℃的温度。TPS 是一种多材料的夹层板，可以使光学性能、机械完整性和隔热性能得到优化。约翰霍普金斯大学应用物理实验室开发 TPS 需要与约翰霍普金斯大学、NASA、政府测试设施和全国各地的工业伙伴进行成功的合作。由碳－碳和碳－泡沫夹层板组成，并有专门设计的氧化铝涂层，这个直径 2 m、重 70 kg 的隔热罩利用结构上的集成绝缘来承受发射载荷和任务的极端温度。这种新颖的混合技术需要开发新的材料，以新的方式利用高温材料，并制定新的测试方式和方法。由于该方法的新颖性，研究人员需要进行大量的材料测试、制造工艺开发、结构分析、热分析和测试，以便在 4 年多一点的时间内成功实现 TPS 开发。

图 2.4.1 带有混合热防护系统的帕克太阳探测器 Plus 的设计概念图。来源：NASA，“NASA Selects Science Investigations for Solar Probe Plus”，https://www.nasa.gov/topics/solarsystem/sunearthsystem/main/solarprobeplus.html；由约翰霍普金斯大学应用物理实验室提供。

是为极端环境开发的层状材料系统的两个例子，极端环境包括高应力和温度在 1 500 ℃左右的氧化和腐蚀性气体。这些化学、机械和物理性能上不同的层在涂层的整个寿命期间相互作用和演变，影响性能和耐久性的重要现象发生在每一层中，特别是在不同材料之间的界面处。应变容限和低电导率涂层的成功应用显著延长了涂层寿命，层状材料的使用扩展到整个材料类别。

在过去的十年中，聚合物涂料在环境保护方面的应用得到了扩展。例如，具有高度受控化学性质和纳米级特征的高表面张力聚合物薄膜的发展推动了可调超疏水和防冰涂层的使用，这些涂层可以保护微电子器件、太阳能电池、风力涡轮机和飞机机翼。

2.3　半导体材料和其他电子材料

半导体是电子和光子器件应用的主力材料——构成集成电路、电路板和光发射器，并集成到封装材料、显示器和任意的控制和监测设备中①。本节讨论了半导体和其他电子材料的一些主要发展，这些发展使现代电子学和光子学持续取得重大进展。与本章其他章节中讨论的许多材料一样，在许多情况下，电子材料中遵循的发现路径受到这些材料发现所参与的工业环境的影响，甚至受到其指导。本节将首先描述其中的一些影响，然后讨论材料研究如何应对这些影响深远的问题，最后讨论半导体研究对光电子学的重大影响，以及有机和柔性电子学的一些发展。

2.3.1　信息材料与器件

集成电路改变了信息和计算技术。由于硅场效应晶体管（FETs）的性能在五十年间不断提升，这场技术革命得以实现，其特点是电子设备和电路的微型化取得了指数级的复合进展。然而，过去二十年遇到的限制影响了进一步微型化的发展。20 世纪 90 年代，器件达到了这样的尺寸，其中栅极绝缘体厚度和工作电压对进一步的器件缩放变得不那么有效。在 21 世纪初，散热和功率密度方面的考虑促使微处理器时钟频率趋于稳定。在过去的十年中，相关的特征尺寸已经达到了纳米的个位数，而基础物理学对此施加了越来越严格的限制。

研究与开发（R&D）得到了数倍的回报。微型化的持续努力提供了增量收益。在做出这些努力的同时，人们还共同努力寻找替代办法，以满足传统信息和计算技术的需要。这些成果是由公共与私营部门共同资助和指导的一系列努力促成的（见专栏 2.5）。最后，在过去的十年中，电子材料的另一个主要推动力有时与其他成果紧密交织在一起，它就是开发新材料，这些新材料可能对全新的计算和信息能力和需求有所帮助。

---

① 委员会感谢 IBM（名誉）委员托马斯·泰斯（Thomas Theis）在编写本报告这一部分时提出的富有洞察力的想法。

专栏 2.5 工业界/政府/学术界共同追求的信息技术的新解决方案

正在进行的信息技术革命是由六十年来电子设备和电路微型化的指数级复合进展促成的。当然，所有的指数趋势最终都会结束，而且有越来越多的证据表明，微型化的进展正在放缓①。然而，正在进行的研究支持对实现信息技术硬件的进一步发展持乐观态度。随着研究和开发的重点从长期存在的设备的微型化转移到协调引入新的设备、新的集成技术和新的计算架构，经常预测的、长期滞后的、逐渐终结的摩尔定律正在为信息技术令人兴奋的新发展创造条件②。

这种研究投资转变的动力可以追溯到 2003—2005 年期间，当时微处理器的时钟频率受制于散热和功率密度的考虑，突然停滞不前③。意识到这些限制无法通过既定技术的持续渐进式发展来完全解决，一些微电子制造商的代表开始讨论一个具有长期目标的研究计划。因此，纳米电子研究计划（NRI）于 2005 年由半导体研究公司（SRC）的一些子公司发起，以开发和管理一个以高校为基础的研究计划，旨在为计算提供全新的设备和电路。在与 NSF 的合作中，NRI 将资助高校的研究，在 2020 年的时间框架内展示能够取代 CMOS FET 作为逻辑开关的新型计算设备。2007 年，NIST 加入了这种公私合作关系，从而建立了四个多高校、多学科的研究中心。NRI 大胆和明确的研究目标引起了欧洲和亚洲资助机构的注意，并帮助在这些地区引发新的倡议。2013 年，美国国防部高级研究计划局（DARPA）与工业界联合资助 STARnet 项目，扩大了该项目，并将美国高校研究人员集中在后 CMOS 器件的探索上。随着 NRI 和 STARnet 计划的发展，工业赞助商的兴趣从探索孤立的设备转向共同开发新的设备、电路和架构。这一点在 2016 年 SRC 和 NSF 以及 2017 年 SRC 和 DARPA 宣布的新计划中得到了明确。

---

① T. N. Theis and H. -S. P. Wong, 2017, The end of Moore's law: a new beginning for information technology, *Computing in Science and Engineering* 19:41.

② 见 https://eps. ieee. org/images/files/Roadmap/SIA - SRC - Vision - Report - 3. 30. 17. pdf.

③ T. N. Theis and P. M. Solomon, 2010, Quest of the 'next switch': Prospects for greatly reduced power dissipation in a successor to the silicon field - effect transistor, *Proceedings of the IEEE* 98:2005.

来源：由 IBM（名誉）委员 Tom Theis 提供。

设备和材料研究之间相互作用的重要性在本节讨论的所有示例中均有体现。在某些情况下，材料研究专注于对已建立器件的概念性能至关重要的材料特性。在其他情况下，富有冒险精神的材料开发正在激发新的器件概念，并使不可能突然成为可能。即使在现有条件下，我们仍有许多工作要做。

2.3.2　硅基场效应器件的微型化

在过去的十年中，材料和工艺创新为硅基场效应器件的进一步微型化做出了重大贡献。选定的材料研究重点包括以下几个方面。

• 基于"SiOC"先驱体的化学气相沉积（CVD）的新型低介电常数介电膜。最初的进展是通过基于前体设计降低膜的集成电介质，然后在集成膜中引入工程设计的孔隙或气隙来实现的。紫外线固化一直是成功整合这种脆弱低介电常数策略的关键手段。新的盖层或密封层保护易碎的电介质（特别是具有多孔性的膜）在后面的处理步骤或器件操作期间免受损坏。

• 一系列新的衬底、隔离层和封装剂已经增强了金属化、阻容（RC）延迟和电迁移，特别是在特征尺寸已经减小的情况下。这些材料包括但不限于 Cu、Ta、TaN、TiN、CuMn、MnN、Ru、W 和 Co。

• 一种金属 – 绝缘体 – 金属电容器，用于改善芯片上的电压线性度。

• 工业迁移到具有更高介电常数的新的栅极介电材料，主要基于氧化铪，其极大地改善了在 <45 nm 节点处的栅极泄漏。用于 n 型和 p 型半导体上金属的新型金属栅电极、原子层沉积（ALD）和化学机械抛光都有助于实现这一变革性的进步。

最后，半导体行业在过去十年中最广为人知的创新之一就是被称为 FinFET 的 3D FET（图 2.5）。3D FinFET 通过在垂直鳍片结构的所有三个侧面上形成导电沟道来提高晶体管性能，与相同标称尺寸的传统平面晶体管相比，提高了功率。

在过去的十年中，微型化性能的提高也是通过光学和极紫外（EUV）光刻技术驱动的缩放实现的。在过去十年的早期，传统收益是由光刻技术的发展带来的。例如，通过在曝光组件的最终透镜元件和光致抗蚀剂之间引入水作为沉浸介质，工业从 193 nm 干式光刻转移到 193 nm 沉浸式光刻[①]。虽然这样做显著提高了分辨率（~40%），但浸液造成了光刻胶的浸出和因高速曝光组件复杂流体的动力学而引起的缺陷。在大多数情况下，这些问题是通过开发用作旋涂面漆的材料来从物理上分离光致抗蚀剂和沉浸介质来解决的。

① 在这十年的早期阶段，专家普遍认为，对于 193 nm 的沉浸式光刻技术（193i），水成为 65 nm 和 45 nm 的沉浸介质，从而弥补了干式光刻或传统 193 nm 光刻与 EUV 光刻之间的差距。见，例如，*Optical Micro – lithography* XVIII, 2005, edited by B. W. Smith, *Proceedings of SPIE*, 5754, SPIE, Bellingham, Wash., doi: 10.1117/12.600025。

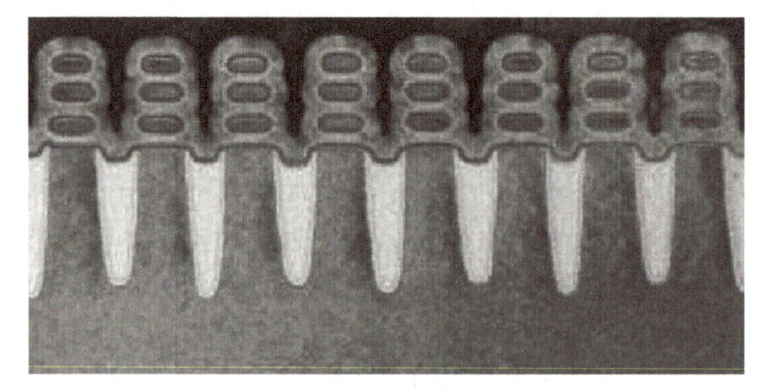

图 2.5　为了维持硅革命，在过去的十年中，设备已经推向了 3D。诸如 IBM 的 5 纳米节点纳米片晶体管等设备已经实现了最高的布局效率。来源：A. Tilley, 2017, "IBM Shows the World How to Build a Super Dense 5 - Nanometer Chip," Forbes, June 5, https://www.forbes.com/sites/aarontilley/2017/06/05/ibm-5nm-chips/#3ae8462d3c56；由 IBM 提供。

因为 193 nm 光刻面临极限分辨率的问题（<90 nm 的间距），工业上转向了多通道图案技术。最早直接使用"光刻 - 腐蚀 - 光刻 - 腐蚀"循环的路线，通过多个通道组合成所需图案。这种路线的成本及复杂性很快地暴露出来（掩模版的设计、计数和特征变换，等等），特别是将其应用在更加复杂的场合时。这些策略包括了诸如自对准双重成像技术，或者基于 CVD① 或 ALD 的其他变量，提供了紧密的层与层之间的对齐，简化了集成制造的流程。ALD 技术也允许集成新的高介电常数电介质和金属门极。新的 CVD 和 ALD 前驱体，不同氧化物和氮化物的薄膜，采取"自下而上式"的工艺，这些措施对电子器件微型化的发展起到了关键作用。

行业最终的"自上向下"2D 尺度缩放策略是在过去十年中引入了极紫外光刻（EUVL）②。在 13.5 nm（或 91.8 eV）的波长下，这种光刻技术与之前的光学方法完全不同。由于所有物质都吸收该波长的辐射，EUVL 曝光发生在使用反射而不是透射光学器件的真空室中。在 EUVL 曝光期间的光致抗蚀剂除气用作图案化膜必须考虑的附加性能约束，因为抗蚀剂副产物会损坏昂贵的透镜元件。其次，与在化学家熟知的能量空间中设计的 UV 基光刻胶不同，EUV 光子产生复杂的光电子和二次电子的级联，这些光电子和二次电子以鲜为人知的方式处理暴露的材料。同样地，随机 EUVL 模拟对理解这种高能技术图案化特征的工艺裕度和设计规则非常重要。

① CVD 是化学气相沉积，是依赖于化学反应的沉积技术。ALD 是原子层沉积，是 CVD 的一种，依赖交替脉冲气体源逐层推进生长。MBE 是在没有载气的高真空中进行的分子束外延技术。

② T. Haga, 2018, The early days of R&D on EUV lithography and future expectations, *Journal of Photopolymer Science and Technology* 31:193.

所有这些 EUVL 进步都极大源自同步加速器研究和在 4 章中讨论的光源发展。例如，劳伦斯伯克利国家实验室 EUV 工具用于表征和研究超过 12 000 个材料系统，EUV 光掩模显微镜用于证明仅 EUV 光下可见的缺陷的存在，并且 EUV 散射仪有助于进一步开发新型光掩模结构和材料所需的亚纳米波的开发。

2.3.3　解决场效应晶体管瓶颈的替代方案

低电压、低功耗器件

正在进行的研究继续为信息技术能力的深远进步提供可能性，而不仅仅是持续的微型化。其中一个例子是负电容场效应晶体管（NCFET），有时也称为铁电场效应晶体管。有希望的 2008 年理论提案是由专栏 2.5 中描述的 SRC 的 NRI 计划直接推动和资助的。它展示了一种打破现有功率和性能限制的新方法，但用已知的铁电材料在具有成本竞争力的数字电路所需的纳米尺度上构建所提出的器件似乎不切实际。随后发现的新材料在薄至几纳米的薄膜中表现出铁电行为，引发了研发热潮。现在预测 NCFET 何时商业化以及它对信息技术的重要性还为时尚早，但最近的一项演示显示，与传统 FET 电路相比，NCFET 具有更优异的功率能效性能，这是非常鼓舞人心的①。

NCFET 只是新兴晶体管类器件的一个例子，这些器件通过与传统场效应晶体管工作机制不同的物理原理进行开关，因此可以超越 FET 的一些基本限制②。隧道式 FET 是另一种典型的器件。近年来由于材料的进展，如组分梯度化半导体纳米线的受控生长，该器件取得了快速进步。其他引人注目的低电压、低功耗器件概念的开发较少。如果没有材料的进一步发展，这些都不会进步。

新材料驱动的新型存储器

在过去的几十年中，基于新材料和新胞元结构的新兴存储技术迅速成熟。这些存储器包括自旋型、相变型、电阻型（或忆阻器）和铁电型存储器——所有这些存储器现在都已投入商用。新兴的随机存取存储器（RAM）器件包括自旋转移力矩磁性 RAM（STT - MRAM）、铁电 RAM、导电桥 RAM、电阻

---

① Z. Krivokapic, U. Rana, R. Galatage, A. Razavieh, A. Aziz, J. Liu, J. Shi, H. J. Kim, R. Sporer, C. Serrao, and A. Busquet, 2017, "14 nm Ferroelectric FinFET Technology with Steep Subthreshold Slope for Ultra - Low - Power Applications," 2017 IEEE International Electron Devices Meeting, 15. 1, http://www.proceedings.com/37997.html.

② T. N. Theis and P. M. Solomon, 2010, In quest of the "next switch": Prospects for greatly reduced power dissipation in a successor to the silicon field - effect transistor, *Proceedings of the IEEE* 98:2005.

RAM 和相变存储器[①]。这些都是非常独特的器件，每一种都基于不同类别的材料，但都具有一些非常理想的属性。特别是，它们都可以在相对较低的工艺温度下制造，从而能够将存储器件直接集成在逻辑块上。这种内存和逻辑的细粒度集成被视为实现高能效内存逻辑和内存逻辑架构的关键。同时，这些器件每一个与其他器件相比，都各具优点和缺点。每一种器件都只在其所需材料的性能取得进步时才能有所发展。STT - MRAM 在嵌入式存储器市场中作为 NOR 闪存的另一选择或替代品的机会是巨大的，因为它预计将成为环境严峻时（如不断增长的汽车市场）的良好解决方案。

纳米光子学与非线性光学材料

近年来，基于无源波导以及电光相位和振幅调制器的复杂纳米光子通信网络已经得到验证，并且正在接近大规模商业化。纳米光子学的前沿研究集中于一种微型非线性光学器件的可行性验证和开发，这种微型非线性光学器件将 2D 材料集成在纳米尺度光学谐振腔中，借此可获得大的非线性光学系数[②]。该研究涉及等离子体激元、超材料和相干光学，并为光通信带来了新的技术机遇，包括高能效全光门和 100THz 全光调制器。这样的设备可以允许计算功能分布在光网络中，用于数据流的智能路由和管理。

从 2D 到 3D

在过去的十年中，我们进行了许多将 2D 电路扩展到 3D 的尝试。这包括上面讨论的 FinFET。更普遍的是，3D 芯片正在成为市场上公认的标准，大多数主要供应商都在制造具有 32 层或更多层的 3D 与非门（NAND）部件[③]。这些制造商正在推动部件到 2020 年达到 128 层或更多层，并且很快将销售比传统 2D NAND 更多的 3D NAND。虽然许多基本制造材料与 2D NAND 中发现的材料相似，但 3D NAND 中的高纵横比（30 : 1 或更高）对沉积、图案化、高纵横比蚀刻和金属化提出了重大挑战。克服这些挑战需要引入定制的氧化物 - 氮化物薄膜的成对沉积层，使用无定形碳硬掩模，以及可以产生平滑、垂直轮廓的新型等离子体反应器。ALD 技术在 3D NAND 中变得更加突出，因为 ALD 工艺可以提供良好的均匀性和覆盖率，即使对高纵横比特征也是如此。虽然每个 3D NAND 晶圆的价格高于 2D NAND 晶圆，但 3D 集成增加的每个芯片的性能保留了摩尔定律经济学的预测，因为 3D NAND 每 GB 的估计成本低于 2D NAND。向 3D 设计和布局的转变在半导体和电子产品的规划中发挥着

---

① T. N. Theis and H. - S. P. Wong, 2017, The end of Moore's law: A new beginning for information technology, *Computing in Science and Engineering* 19:41.

② A. Autere, H. Jussila, Y. Dai, Y. Wang, H. Lipsanen, and Z. Sun, 2018, Nonlinear optics with 2D layered materials, *Advanced Materials* 30:1705963.

③ 3D NAND 由互连层驱动，这是 3D 结构的技术要求之一。

越来越重要的作用。

材料研究促进 3D 设计发展的另一个例子是在射频（RF）变压器领域。无处不在的无线设备连接性需要开发新的片上组件，并且已经使用卷曲薄膜技术开发了一种这样的组件，即 RF 变压器。这些器件具有很大的匝数比、很大的耦合系数和很高的最大工作频率。这种 3D 结构，基本上是纳米和微米管，已经通过应用应变诱导自滚动工艺制造半导体涡卷来生产。管内径的控制对于在一些装置中的应用是必要的。通过使用有限元建模，研究人员研究了薄膜释放的过程，从而指导应变层的工程设计，以获得不同的卷绕结构，并预测最终产品的直径。研究人员制备了 Si/SiGe、应变 SiN_x 和 GaAs/AlGaAs 涡卷。管状 SiN_x 结构，连同伴随的预图案化金属层已被用于制造新颖芯片上管状电感器的设计平台，以制造射频集成电路中的电感器。如图 2.6 所示，双层金属 InGaAs 涡卷（其中金属用作应力源）的尺寸控制已通过蚀刻法实现。

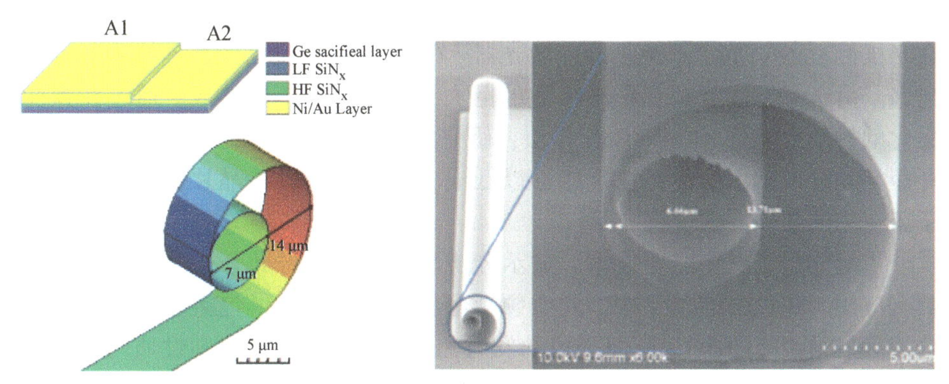

图 2.6　左图：同轴结构的模拟；右图：被局部应力卷起的同轴结构。来源：经许可转载自 W. Huang, S. Koric, X. Yu, K. J. Hsia, and X. Li, 2014, Precision structural engineering of self-rolled-up 3D nanomembranes guided by transient quasi-static FEM modeling, *Nano Letters* 14(11): 6293-6297, doi: 10.1021/nl5026369。版权所有 2014 年美国化学学会。

组合器件/MEMS

将机械和电子部件集成在单个微制造封装内是一种称为微机电系统（MEMS）的技术。优化和创新的技术与高产量/低单位成本生产的经济性相结合，已经将 MEMS 的应用扩展到包括诸如传感器、致动器、微型发电机、化学反应器和生物医学设备等设备。这一组合的多样化将继续下去，但其程度将取决于合适的材料和制造技术的发展。

MEMS 器件的复杂性正在迅速提升。喷墨打印头是最早的硅基 MEMS 器件之一，它通过加热元件和喷孔改变了文档打印。然后，带有移动部件的硅基器件使微型压力传感器、加速计和陀螺仪的开发和商业化成为可能。进一步的微型化、大批量制造和改进的传感器设计使基于 MEMS 的传感器能够与众多消费产品集成，其中它们主要用于监测和控制。

2.3.4 光电子半导体

在过去的十年中，使用基于Ⅲ族氮化物半导体的发光二极管（LED）的照明得到了广泛的商业应用，这是在过去几十年中通过持续的材料和器件研究努力开发出来的。在过去的十年中，这一领域的进一步研究导致这一重要应用所需材料的不断改进。蓝宝石或 SiC 上的氮化镓（GaN）通常用于 LED。随着在蓝宝石上生长的 LED 的效率增益达到最大值，效率下降、蓝宝石晶片的成本以及与大规模制造相关的挑战引起了人们对在诸如 GaN、Si 和金属的衬底上生长 GaN 的兴趣。在过去的十年中，在开发生产体 GaN 衬底的方法方面已经取得了进展。这种衬底促进了 GaN - on - GaN LED 的生产，该衬底的 LED 具有与传统 LED 相当的光输出，尺寸却要小得多。此外，研究人员已经在半极性 GaN 衬底上产生了绿色激光器。GaN 基 LED 也已经在硅衬底上制造出来。由于晶格参数和热膨胀系数的巨大差异，这是一个挑战。通过在预图案化的衬底上生长 AlGaN/GaN 多层，研究人员已经解决了由于热应力引起的开裂问题。该技术的优势在于能够以低成本获得大直径硅晶片，并且按照电子工业中的常规方式进行加工。

半导体量子点在照明技术、显示分辨率、药物输送和分子水平的成像中都有应用。在过去的十年中，几个领域已经取得了进展，包括但不限于通过合成后处理调节超小 CdSe 量子点的发射光谱；将量子点的光学性质与单个量子点上的原子结构相关联；硅衬底上 InN 量子点的有序化以及 GaAs 上 InAs 基量子点的有序化。

2.3.5 有机半导体

在某些情况下，共轭半导体聚合物/有机材料为低成本、加成的、环境友好、可印刷的电子制造生态系统提供了机会，该生态系统建立在轻质、柔性、可大面积溶液加工的材料上。这些材料为功能电子器件的应用提供了机会，包括有机场效应晶体管、有机发光二极管（OLED）、有机光伏、电池、生物医学设备和传感器[①]，这些电子器件中的大部分将作为例子在第 5.3 节叙述。

电荷载流子迁移率是定义电学性能的关键指标，虽然新型分子的合成导

---

① N. E. Persson, P. - H. Chu, M. McBride, M. Grover, and E. Reichmanis, 2017, Nucleation, growth, and alignment of poly(3 - hexylthiophene) nanofibers for high - performance OFETs, *Accounts of Chemical Research* 50(4):932 - 942.

致电荷载流子迁移率的显著提高，但共轭聚合物的溶液处理和薄膜沉积也必须适当控制，以获得具有必要结晶度、晶粒间连接和排列的高性能器件。材料电学性能的精确控制主要取决于其固态薄膜微观结构和分子内部到器件长度的不同尺度。

有机半导体技术是基于 OLED 的显示技术，该技术在过去十年中已经在市场投入应用①。大量工作投入材料的开发和工艺的设计，这才使如今的显示器成为可能，参见第 5.3 节的案例 1。与液晶显示器（Liguid Crystal Display，LCD）相比，OLED 的重量更轻，更不易碎裂，色彩鲜艳，使其成为智能手机显示屏的主流。通过努力，使用 OLED 面板的电视正成为可能。

OLED 显示技术也比 LCD 简单：有机显示器由像素组成，这些像素分别发出红光、绿光和蓝光来创建图像。共轭有机分子位于两个电极之间，当电流从阴极流向阳极时，电子和空穴结合发光。由于黑色仅仅是通过关闭必要的像素而产生的，因此“黑色”通常被称为“真正的黑色”，这可能是 OLED 显示器能显示更清晰和更明亮的图像的原因之一。OLED 技术的能效也更高——要显示黑色，不需要消耗任何能源。

围绕材料和工艺成本的挑战仍在继续，为了使用寿命更长而进行的更稳定材料的研究也在继续，但随着可行技术的出现，其他活性有机材料技术很可能会跟进。OLED 的一个特别有前景的领域是结合开发新的、更可持续的材料合成方法，使用数据信息学方法来帮助识别有前景的目标分子。

2.3.6　柔性电子器件

在过去的十年中，柔性电子器件②已经超越了早期在弯曲和柔性显示器与面板中的应用，发展到了可折叠、可拉伸、可贴合设备。这些器件越来越多地被广泛应用于更柔软、便携、可穿戴的传感器，特别是用于生理信号的连续监测。如图 2.7 所示，其他应用包括增强人体生理机能的设备，如控制运动或触觉和触感的设备，以及内部设备，如假体或介入器械。

在保持电子特性的同时，有不同的策略来创造灵活性，包括通过已有材料的纳米级加工和新功能纳米材料的合成来实现应变最小化。材料的纳米级尺寸显著降低了器件的弯曲刚度，同时充当电极、传输通道和发光/光子吸收材料。具有局部刚性材料的柔性设计已经通过成形或图案化材料结构以允许更大规模的整体可变形性。这是一个快速发展的材料研究领域。

---

① *Chemical & Engineering News*, 2016, The rise of OLED displays, July 11, Volume 94, Issue 28.

② J. A. Rogers, M. G. Lagally, and R. G. Nuzzo, 2011, Synthesis, assembly, and applications of semi-conductor nanomembranes, *Nature* 477:45.

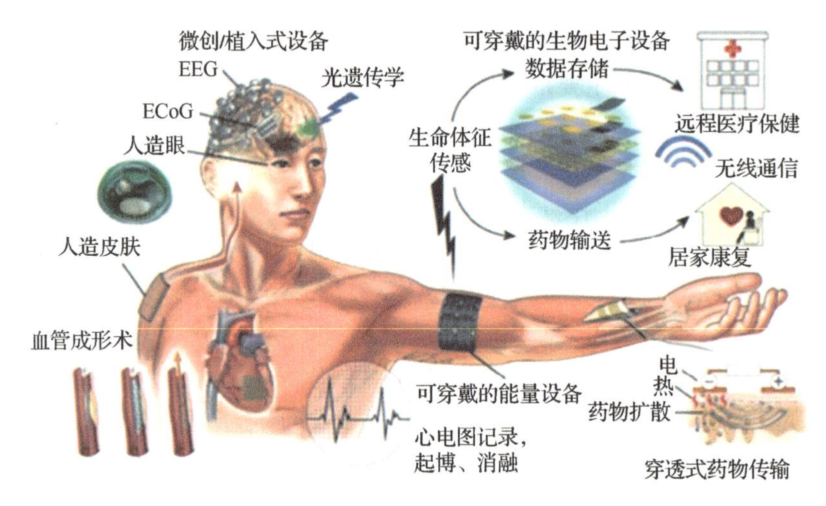

图 2.7　正在开发的柔性电子器件在生理监测和医学方面的用途说明。来源：经许可转载自 Y. Liu, M. Pharr, and G. A. Salvatore, 2017, Lab - on - skin: A review of flexible and stretchable electronics for wearable health monitoring, *ACS Nano* 11 (10): 9614 - 9635, doi: 10.1021/acsnano.7b04898。版权所有 2017 年美国化学学会。

2.4　量子材料与强关联系统

2.4.1　超导体与强关联电子

超导电性①是在 1911 年偶然发现的，微观理论（Bardeen - Cooper - Schrieffer 理论中的库珀电子对）是在 1957 年提出的。超导体的应用源于其独特的输运和量子力学性质：产生大磁场（如高场研究、磁共振成像、超级对撞机）；探测小磁场（如超导量子干涉装置）、高频探测（如射电天文器件）；以及能量传输和产生（如电网和涡轮机）。此外，人们还发现了几十种非传统超导体。结果见图 2.8，包括高临界温度（T_C）铜氧化物和铁基超导体。这些发现不仅推动了超导领域的发展，也预示着量子材料范畴将更加广泛。

① J. Sarrao, W. - K. Kwok, I. Bozovic, I. Mazin, J. C. Seamus, L. Civale, D. Christen, et al., 2006, "Basic Research Needs in Superconductivity," Basic Energy Sciences, U. S. Department of Energy, Office of Science, http://www.sc.doe.gov/bes/reports.lists.html.

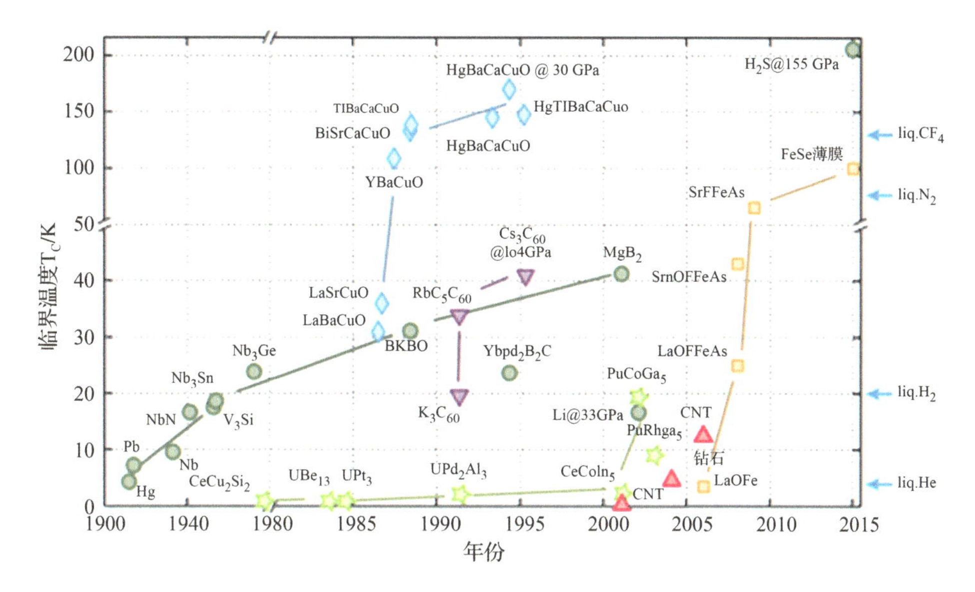

图 2.8　观察到的各类超导体的超导转变温度（T_C）与时间的函数。最近的发现将许多材料中观测到的最高 T_C 提高到了前所未有的水平。BCS 超导体显示为绿色圆圈，铜氧化物显示为蓝色菱形，碳基超导体显示为紫色和红色三角形，重费米子化合物显示为绿色星星，铁基超导体显示为黄色正方形。来源：图 2.4 来自 Pia Jensen Ray，2015，"Structural Investigation of La(2－x)Sr(x)CuO(4＋y)—Following Staging as a Function of Temperature，" master's thesis，Niels Bohr Institute，Faculty of Science，University of Copenhagen，doi:10.6084/m9.figshare.2075680.v2，知识产权共享许可证 4.0。

在过去的十年中，随着铁基超导体家族①和极端压力下的富氢超导体②的发现，超导仍然是一个热点领域。此外，对新型超导体的追求使扫描探针显微镜等新工具的开发成为可能。理论、实验和合成的强化整合正在加速对业界发现的新材料中超导性起源的理解。尽管如此，研究人员仍然有很多东西无法理解。铜氧化物超导电性的预测理论仍然难以捉摸。

强关联电子

强关联电子在两种显著不同材料的物理性质和量子态中起着重要作用：低密度半导体，其长程库仑相互作用保持不被屏蔽；高载流子密度、窄带金属系统，其性质受短程（局域）库仑相互作用的影响。在过去的十年中，与之前的几十年一样，推动对归因于电子关联广泛独特现象的理解仍然是材料

---

① C. Q. Choi，2008，A new iron age：New class of superconductor may help pin down mysterious physics，*Scientific American*，June 1.

② H. Wang，X. Li，G. Gao，Y. Li，and Y. Ma，2018，Hydrogen－rich superconductors at high pressures，*Wiley Interdisciplinary Reviews：Computational Molecular Science* 8(1)：e1330.

物理学的一项主要工作。在低密度系统中的库仑相互作用领域，石墨烯提供了研究高磁场中相互作用的新方法，其中不寻常的激发，如“复合费米子”，可以存在于分数量子霍尔区域。

在通常是过渡金属氧化物的强关联金属系统中，理解不寻常有序态的本质，如自旋密度波、电荷密度波、向列有序和超导电性，以及相之间的相关现象、性质和路径，如金属－绝缘体转变，这些一直是研究的主要焦点①。

过去十年的主要焦点是量子自旋液体②。除了加深对高温超导的理解之外，这些还会对数据存储和记忆产生影响。在这些材料中，波动的自旋不会有序下降到最低温度，而是形成高度纠缠态。有几种不同的方法实现这些量子自旋液体，来探索获得受抑磁相互作用的途径。蜂窝晶格上 S＝1/2 费米子的“基塔耶夫模型”激发了重要的实验和理论工作。实验发现了几个可能的候选系统，但这些材料是量子自旋液体的确切证据尚未找到。在过去的十年中，寻找量子自旋液体也是对铱酸盐族材料进行广泛研究的主要动机。这些材料结合了强关联物理和自旋－轨道耦合。研究铱酸盐和相关材料的第二个主要动机是在掺杂自旋轨道莫特绝缘体中可能实现奇异超导配对对称性的想法。总体而言，强自旋－轨道耦合在过去的十年中已成为激发新材料的设计和合成的一个重要主题，包括反关联材料③、拓扑绝缘体和磁性斯格明子系统等各种材料。

薄膜

在过去的十年中，强关联薄膜和异质结构方面也取得了重大进展。这些研究的动机是使用诸如量子限制或电场选通的方法来设计新的量子态能力，这些方法在相应的体材料中是不可用的。例如，在过去的十年中，稀土镍酸盐薄膜的重要研究活动是由异质结构中的类铜费米面的理论预测推动的。薄膜研究——特别是应变和界面工程——使人们对晶格耦合在强关联现象（如金属－绝缘体转变）中的作用有了新的认识。在相关材料的薄膜合成，特别是分子束外延（MBE）方面也取得了重大进展。例子包括通过 MBE 生长的极高迁移率的复合氧化物薄膜和超导 Sr_2RuO_4 薄膜的演示。

---

① H. Yang, S. W. Kim, M. Chhowalla, and Y. H. Lee, 2017, Structural and quantum－state phase transitions in van der Waals layered materials, *Nature Physics* 13:931－937.

② L. Savary and L. Balents, 2016, Quantum spin liquids: A review, *Reports on Progress in Physics* 80(1):016502.

③ J. Mannhart and D. G. Schlom, 2010, Oxide interfaces—an opportunity for electronics, *Science* 26: 1607－1611.

计算、生长和测量领域的发展，以及它们的协调[1][2]引发了量子材料领域的实质性进展。这些技术的应用导致新超导体的发现。在极高的压力下，硫化氢的 T_C 超过 200 K，并且由于电子性质测量的巨大进步（例如，隧穿、点接触、光电发射和太赫兹光谱；其中一些具有挑战性的测量是用表面工具完成的，以测量整体性质）、量子振荡、共振非弹性 X 射线散射和中子散射——所有这些因为材料质量的大幅提高都是可能的，这对该领域至关重要。各种非传统超导体的库珀配对机制也正在被阐明——声子、自旋激发和轨道涨落似乎都发挥了作用。最后，研究人员已经发现、确定并获得对新形式量子物质的理解和控制，包括拓扑绝缘体和范德瓦尔斯半导体，其中正在探索强电子关联、对称性破缺、拓扑和维度的作用。研究人员已经学会用各种实验技术控制和操纵他们的量子相，包括那些在极端条件下的量子相，如高压、高光子通量和高磁场。最近使用时间分辨太赫兹光谱对无序超导体[3]和 NbN 中希格斯机制的观察就是一个例子。

2.4.2　磁性材料

磁性材料主要用于两种类型的应用——电磁器件和磁信息存储和逻辑。在机电应用、电机和执行器中，对新材料的探索集中在硬磁体上，也就是能够产生强大外部磁场，进而产生强大作用力的材料。这些在今天尤其重要，因为电力推进正变得越来越普遍，并且硬磁体的性能使设计更强大、更紧凑和更轻便的电机成为可能。例如，见第 5.3 节的案例 3。

第二类应用是计算机，特别是磁性存储器和读出器。在不久的将来，分布式传感和计算将需要大大降低功耗，并将多功能集成到单芯片设备中，这将需要新的材料和架构。磁性在这种多维性中扮演着重要的角色。几乎整个行业的非易失性存储器（那些在电源关闭时保留信息的存储器）都是基于磁性随机存取存储器（MRAM）。硬盘驱动器等磁记录设备也是如此。这些设备在很大程度上基于自旋动力学的物理学。巨磁电阻效应的发现推动了这一领域的进步，阿尔伯特·费特（Albert Fert）和彼得·格伦伯格（Peter Grunberg）因此共同获得了 2007 年的诺贝尔物理学奖。

在过去的三四十年中，开发新的稀土硬磁体（钕铁硼或钐钴）方面

---

① C. Broholm, et al. "Basic Research Needs in Quantum Materials," Basic Energy Sciences, U. S. Department of Energy, Office of Science, http://www. sc. doe. gov/bes/reports. lists. html.

② D. N. Basov, R. D. Averitt, and D. Hsieh, 2017, Towards properties on demand in quantum materials, *Nature Materials* 16:1077 – 1088, doi:10. 1038/nmat5017.

③ D. Sherman, U. S. Pracht, B. Gorshunov, S. Poran, J. Jesudasan, M. Chand, P. Raychaudhuri, et al., 2015, The Higgs mode in disordered superconductors close to a quantum phase transition, *Nature Physics* 11 (2):188.

取得了进展。这些材料使用于电动运输的紧凑型高功率电机的开发成为可能。这项工作的核心是开发具有高剩余磁化强度（磁体自身可以产生的磁场）、高矫顽场（磁体在不失去自身磁化强度的情况下可以承受的外部磁场量）和高工作温度的材料。现有材料的一个缺点是它们依赖于稀土元素，而稀土元素的提取和纯化成本很高。纳米技术为这项工作带来了实质性的帮助，因为纳米尺寸的磁性材料颗粒往往会固定颗粒中的磁性排列，并增加矫顽力。这些材料的制造进展包括可打印磁体的开发（见专栏 2.6）。

专栏 2.6　可打印磁体

关键材料研究所（CMI）是美国能源部艾姆斯实验室的一部分，它开发了一种打印高强度粘结磁体的工艺（见图 2.6.1），在某些应用中优于传统加工磁体。这使发电机和电动机等设备的制造减少了对钕和镝等关键材料的需求。

该工艺在 2017 年获得了 R&D 100 奖，为电机设计师提供了一些独特的优势，如下所示。

- 净形或近净形生产减少了有价值的磁体材料的加工损失。
- 打印复杂形状的能力允许改进磁通量的使用。
- 可以用较少的磁体材料实现相当的电动机性能，或者可以用在基于常规制造的磁体的设计中使用的相同量来实现性能的改进。

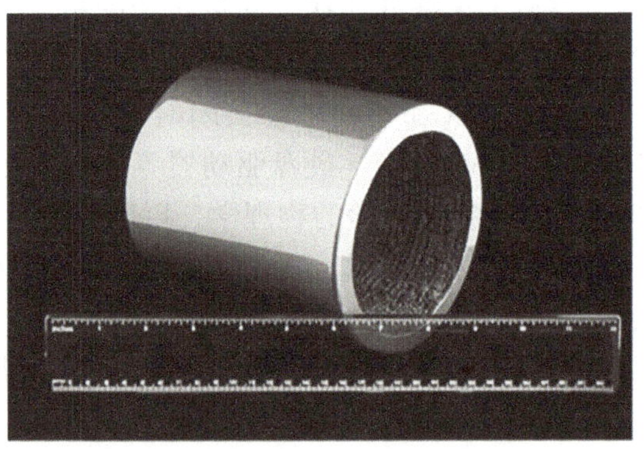

图 2.6.1　各向同性钕铁硼粘结永磁体，在橡树岭国家实验室的能源部制造示范设施中 3D 打印。注：参见 L. Li，A. Tirado，I. C. Niebedim，O. Rios，B. Post，V. Kunc，R. R. Lowden，et al.，2016，Big area additive manufacturing of high performance bonded NdFeB magnets，*Scientific Reports* 6:36212，doi：10.1038/srep36212。来源：由橡树岭国家实验室提供。

在过去的十年中，自旋动力学和自旋输运方面取得了相当大的进展，特别是在线性自旋输运方面。最近的进展包括发现了与自旋相关的塞贝克效应（自旋极化传导电子的热电效应）；非平衡磁振子系统不仅可以用经典的色散关系来表征，而且可以用磁振子化学势等新的理论概念来表征。在磁子系统中，线性输运是根据金属铁磁体（如坡莫合金）、磁性半导体（如 GaMnAs）或最近的铁磁绝缘体（如钇铁石榴石 YIG）中的自旋电导和自旋塞贝克效应来描述的。

因为界面破坏了均匀材料中存在的对称性，所以穿过界面的自旋输运丰富了可能效应的数量。在过去的十年中，由铁磁体和具有强自旋 - 轨道相互作用的金属组成的双层系统，尤其是 Pt/YIG，已经成为新发现和对旧发现进行新解释的范例，如反常霍尔、自旋霍尔、反自旋霍尔和自旋能斯特效应①。这些效应导致了一种全新的测量局部磁化和自旋流的方法产生：一种新的工具，它将导致未来磁性材料的重要发现，并拓展设计新的自旋电子器件的可能性，如逻辑元件、放大器和振荡器。同样基于强自旋 - 轨道相互作用的拓扑绝缘体材料已经以这种方式耦合到铁磁固体，通常是 Bi_2Se_3/YIG。

自旋力矩振荡器

自旋力矩振荡器，如 100 nm 直径柱中的 FeB/MgO/CoFeB 三层，早在过去十年之前就出现了。然而，有人在 2017 年提出可以提供一个特殊的硬件平台来执行神经形态计算。神经形态计算机是受大脑逻辑架构启发的模拟计算机。该架构需要高度稳定的振荡器（“脑电波”源），其给出相对于输入信号非线性但不消耗太多功率的输出函数。自旋力矩振荡器具有所有期望的特性，同时是在 GHz 频率下工作的固态器件。它们已被证明可以显著提升语音识别算法（见图 2.9）。

反对称交换作用——例如，Dzyaloshinskiimoriya 相互作用——有利于正交自旋排列，这导致许多新的偏斜效应，如可能的磁振子霍尔效应。这在磁化中引入了手性——例如，在斯格明子中。斯格明子是均匀铁磁体中磁化的局部反转［见图 2.10（a）］。它们的空间范围通常大于晶格间距，但仍然很小（低至几纳米），并且它们以很小的能量消耗移动（比移动磁畴壁所需的能量低几个数量级）。这些性质预示了斯格明子可用于制造具有极高信息密度和低功耗磁性存储元件的可能性。这个多铁性材料将磁效应与电学效应相结合，其发展将进一步增强磁效应在单芯片器件上的集成。

---

① S. Meyer, Y. T. Chen, S. Wimmer, M. Althammer, T. Wimmer, R. Schlitz, S. Geprägs, et al., 2017, Observation of the spin Nernst effect, *Nature Materials* 16(10):977 - 981, doi: 10.1038/nmat4964.

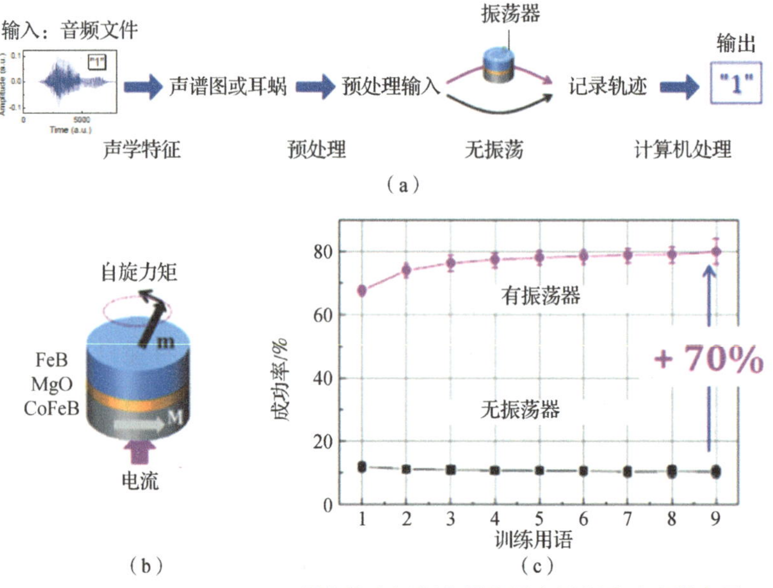

图 2.9 (a) FeB/MgO/CoFeB 三层自旋力矩振荡器将语音识别成功率提高了 70%。作为音频文件输入的口语数字（1 至 10）由常规计算机进行预处理，然后馈送到由电流驱动的高度稳定但非线性的自旋力矩振荡器。通过经典数字计算机分析电流中的输出波形进行词汇识别。(b) 当电流通过叠层时，由 FeB/MgO/CoFeB 组成的多叠层的三层自旋力矩振荡器。(c) 使用和不使用自旋力矩振荡器测试期间的成功率：添加自旋力矩振荡器使词汇识别的成功率提高了 70%。来源：(a)和(c)由委员会生成。(b)摘自 J. Torrejon, M. Riou, F. A. Araujo, P. Bortolotti, V. Cros, and J. Grollier, 2017, Neuromorphic computing with nanoscale spintronic oscillators, *Nature* 547:428－431。

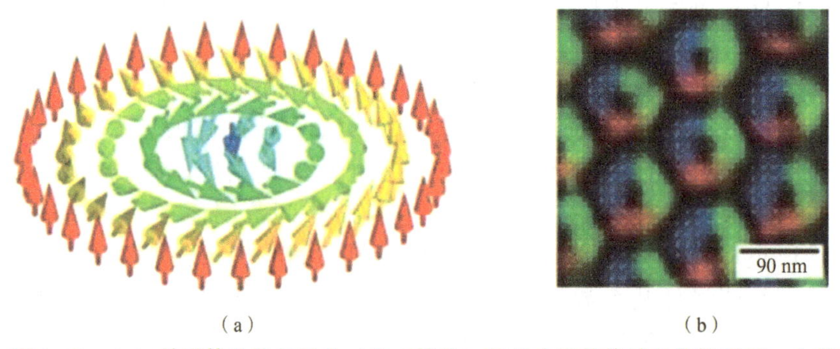

图 2.10 (a) 铁磁体的均匀磁化（向上箭头）的最小可能扰动是斯格明子。它的核心（向下箭头）是被原子磁矩的扭曲包围的单个原子，该原子磁矩将自旋织构返回到背景方向。(b) 在 FeGe 中观察到斯格明子的三角晶格。来源：(a)经 Springer Nature 许可转载：C. Pfleiderer, 2011, Magnetic order: surfaces get hairy, *Nature Physics* 7:673－674, 版权 2011。(b)经 Springer Nature 许可转载：A. Fert, V. Cros, and J. Sampiao, 2013, Skyrmions on the track, *Nature Nanotechnology* 8:152－156, 版权 2013。

多铁性材料同时涉及两个或多个“铁性”级——例如，铁磁性和铁电性。因此，当铁电固体（那些以可逆电极化自发极化的固体）也显示铁磁或铁磁序（自发磁极化）时，该材料被称为多铁性材料。在过去的十年中，有两种可能性出现。$BiFeO_3$ 是唯一表现出环境温度磁电耦合的单相多铁性材料。配合 $CoO_{0.9}Fe_{0.1}$ 使用放大磁化，$BiFeO_3$ 是最接近产品化的开关多铁性材料。第二个成功用于开关的室温多铁性材料是基于镥的超晶格，其由六方 $LuFeO_3$（铁电体）和 $LuFe_2O_4$（铁磁体）组成。在构造超晶格时，研究人员通过在分子束外延生长期间添加 FeO，每 10 层 $LuFeO_3$ 添加一次单层 $LuFe_2O_4$，以产生多铁性响应。切换是设备开发中的一个重大障碍。为了提供皮秒控制，可能需要光学控制，只要切换到磁畴的水平是完全可逆的。

多铁性研究也激发了其他材料相关领域的新研究和技术发展。例如，对促进铁电体自发有序可能机制的一般研究正在进行中。氧化物异质结构的生长取得了重大进展，使多铁性材料与电路的连接成为可能。非线性激光光谱学已经发展到允许对磁畴和铁电畴及其相互作用进行成像。

2.4.3　二维量子材料

石墨烯

2D 材料的现代发展始于 2004 年盖姆（Gteim）和诺沃肖洛夫（Novoselov）对单原子层石墨（或称石墨烯）的隔离和电学测量，他们也因该研究于 2010 年获得诺贝尔奖①。尽管早在 1947 年，人们就已经计算出了石墨烯的能带结构，并用电子显微镜对单个薄片进行了成像，但盖姆和诺沃肖洛夫证明，可以简单地创建一个原子厚度的膜并制造成电子器件。虽然第一个石墨烯器件是通过使用胶带对石墨进行机械剥离而产生的，但现在其可以通过化学气相沉积、液相剥离和在 SiC 上合成来实现大面积生长②。石墨烯是零能隙半导体，具有高电子迁移率（$>15\,000\ cm^2 \cdot V^{-1} \cdot s^{-1}$）、大的热导率、机械强度和弹性、光学透明度、不渗透性和对吸附物的高电敏感性等特性。

有关石墨烯的实验已经证明该物质的新颖性和潜在的电子、光子、机械和热行为特性。例如，研究表明，石墨烯中的电荷载流子显示出相对论效应，如通过大势垒的隧穿，也可以显示出集体流体动力学流动，而石墨烯的光吸收性质使其高度不透明。然而，为了使石墨烯能够用于电子和光电子器件，有必要明确如何产生可调带隙。为此，研究人员开发了不同的方法，包括限

---

① 见 K. V. Academien，2010，“Graphene—The Perfect Atomic Lattice，” https://www.nobelprize.org/nobel_prizes/physics/laureates/2010/press.html。

② E. O. Polat，O. Balci，N. Kakenov，H. B. Uzlu，C. Kocabas，and R. Dahiya，2015，Synthesis of large area graphene for high performance in flexible optoelectronic devices，*Scientific Reports* 5:16744.

制、缺陷引入、来自衬底的失配应变、吸附和应变。

在机械性能方面，石墨烯类似于纸张：难拉伸、易弯曲。这一特性归因于石墨烯膜中的波纹。高拉伸强度意味着石墨烯在低应变下易断裂。然而，通过使用类似 Kiragami 的切割，我们已经证明在石墨烯中大的变形应变是可能的，并且已经实现了 240% 的可逆伸长。一个值得注意的发现是，石墨烯的导电性和导热性对应变不敏感——这一特性是通过石墨烯本身不变形实现的。应变工程在石墨烯中的应用开辟了将其用于可拉伸电子产品、铰链、弹簧和热管理的途径。

多层和封装的石墨烯已证明其更显著的性质。例如，栅极电压的应用可以在双层石墨烯中产生间隙，从而产生超薄但机械坚固的半导体材料。添加层（“少层石墨烯”）产生金属材料来维持优异性质，如薄度、机械和热稳定性、透明度和对功能化的敏感性。研究表明，石墨烯的性质可以通过封装在惰性材料中来优化，特别是六方氮化硼（h－BN），其本身是与石墨烯晶格匹配的单层绝缘体。

目前，我们在开创基于石墨烯的应用方面已经付出了巨大的努力，市场上出现了一些商业产品，包括使用石墨烯墨水的安全标签（Siren Technology）、用于耳机的石墨烯增强振膜（FiiO Electronics）、石墨烯复合网球拍（Head）和头盔（Catlike）、石墨烯超级电容器（Skeleton Technologies）和基于石墨烯的分子传感器（Nanomedical Diagnostics）。

过渡金属二硫属化物

自从石墨烯被分离以来，在发现可以机械或化学剥离的单层和少层材料方面发生了一场革命。2010 年，人们观察到单层二硫化钼（MoS_2）中的光致发光显著增加，超过了块状材料甚至双层 MoS_2 中的光致发光，这导致被称为过渡金属二硫属化物 MX_2 的材料种类的活动激增，其中 M 是过渡金属，X 是硫、硒或碲。这些材料涵盖了从金属到宽禁带绝缘体的所有电子行为。这些材料具有不同的电子、量子、热、光学、化学和机械性能，从作为 n 型和 p 型半导体的 MoS_2 或磷烯到作为超导体的 $NbSe_2$ 和作为外尔（Weyl）半金属的 WTe_2（外尔半金属的解释见第 2.4.4 节专栏 2.7）。

它们也被称为范德瓦尔斯材料，因为在晶体中单分子层通过弱的范德华力结合在一起。单层本身由夹在两层硫族元素原子之间的六边形堆积金属原子的原子层组成。这种夹心结构导致原子的价态满足，使基面失去活性。与石墨烯一样，单层过渡金属二硫属化物表现出量子限制，导致电子、光学、热学和机械性能的增强，这些性能与块状材料显著不同——例如，在超薄 TiS_2 中观察到半金属到半导体的转变，TaS_2 的金属－绝缘转变、间接－直接带隙转变以及钼和钨二卤化物带隙的加宽。这些 2D 材料中的一些还表现出有趣的强关联电子现象，如电荷密度波和超导电性。另一个很有前景的半导体单层过渡金属二硫属化物的特性是非常强的光－激子相互作用和大大增强的电子－电子相互作用。这些材料中的激子结合能可以达到数百毫电子伏，比典型的整块半导体中的激子结合能大两个数量级。带电激子（Trion）的结合能也有类似的趋势，为几十毫电子伏，比普通半导体中的结合能大得多，这是由于其 2D 性质导致电子屏蔽减少。此外，有可能通过用圆偏振光进行光泵浦来完全控制谷和自旋占据。单层 MoS_2 显示出产生具有非常高的电流通断比的场效应晶体管，并且在垂直石墨烯－MoS_2－石墨烯隧穿晶体管结构中起作用。这些性质，结合合成大面积高质量样品的前景（特别是通过最近开发的 CVD 方法），表明了这种材料和相关材料在电子学和光电子学中应用的有趣可能性①。

当然，2D 过渡金属二硫属化物边缘的结构和化学终止在决定这些系统的局部物理和化学性质中起作用。此外，基面和掺杂剂中的空位也可以改变局域电子结构。第一性原理计算已经预测，金属二硫属化物中不同的边缘钝化可以产生不同的自旋态，从而改变边缘电子和磁性。此外，高自旋密度可能局限于金属空位周围。计算还预测，由空位引起的电子结构变化可能导致化学反应性。虽然实验探索仍处于早期阶段，但初步结果已经表明，这种原本不活跃的基面在原始状态下具有很好的化学活性。吸附的金属纳米颗粒也可以促进 2D MoS_2 的化学反应。给定的带隙约为 1.8 eV，单层 MoS_2 也是一种有希望的水分解候选物。虽然单层 MoS_2 作为一种可能的光电材料变得流行，但其催化活性似乎已经以更快的速度实现。

超越石墨烯和过渡金属二硫属化物

除了过渡金属二硫属化物（TMD）之外，还有许多层状材料，包括单卤代化合物（GaSe 等）、单元素 2D 半导体（硅烯、磷烯、锗烯）、黑磷和 MXenes（见图 2.11）。在 2D 材料中调节带隙、带偏移、载流子密度、载流子极性和开关特性的强大能力为器件特性和可能出现的新物理现象提供了无与伦比的可控性。基于原子薄层的器件是未来轻量化、低功耗和可穿戴电子产品的极致方案。此外，这些分层材料的真正潜力可能来自以任何所需顺序逐层堆叠它们的能力，以创建具有全新功能的新颖 3D 架构。

2D 材料的基本示例包括 X－烯：石墨烯、磷烯、锡烯和锗烯等。二维同素异形体和化合物的数量正在迅速增长，2D 氮化物（如 h－BN）和 TMD（如 MoS_2）受到了最大的关注。具有 MX_2 形式的其他 TMD（其中 M＝Mo、W、Ti、Nb 等，X＝S、Se 或 Te）已开始引起人们的极大兴趣。更复杂的化合物，如氟代 X－烯、氯代 X－烯、X－烷和 MX－烯也已被理论化和证明。潜在的应用包括能量收集和储存、传感、制药、电子和光子学以及生物工程。

---

① S. Z. Butler, S. M. Hollen, L. Cao, Y. Cui, J. A. Gupta, H. R. Gutiérrez, T. F. Heinz, et al., 2013, Progress, challenges, and opportunities in two－dimensional materials beyond graphene, *ACS Nano* 7(4):2898－2926.

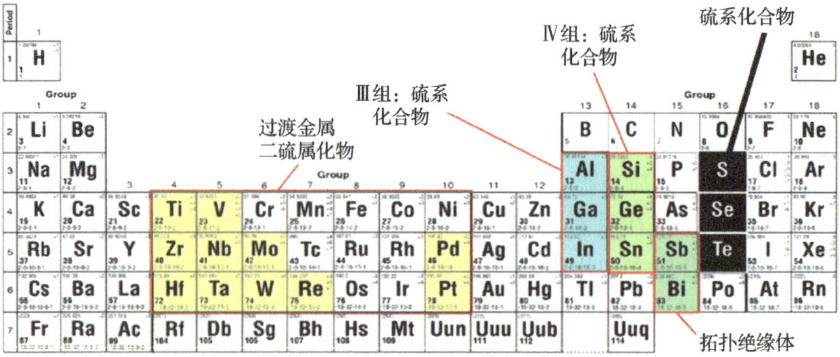

图 2.11 硫系族。来源：宾夕法尼亚州立大学 Joshua Robinson 提供，https://news.psu.edu/story/466016/2017/05/01/research/stenciling-atoms-two-dimensional-materials-possible。

另一种 2D 材料是效仿石墨烯的 2D h-BN，理论上预测它作为石墨烯的衬底时会在石墨烯中产生带隙。然而，由于 h-BN 作为一种稳定的衬底，以及作为栅极电介质或深紫外发射器的作用，其活性的激增促使其本身成为一种有趣的材料。虽然它是一种宽禁带半导体，但最近的研究表明，当它充满缺陷时，它是一种优秀的氢化催化剂。作为为数不多的无金属催化剂之一，它已成为一种有前途的 2D 材料。综上所述，目前已确认 600 多种不同的 2D 材料，其中大多数材料的 2D 稳定性仅在过去十年中预测过，其中一些尚未合成。

2.4.4 拓扑材料

意想不到的物质状态很少出现；然而，在 2005—2006 年，人们预测了一种新的量子态，即拓扑绝缘体（TI），应该存在于材料中，其中自旋-轨道耦合导致电子产生具有非平凡拓扑激发谱和以在系统绝热变形下保持不变（如陈数）为特征的波函数。与传统的原子绝缘体不同，TI 除了在本体中具有完整的绝缘间隙外，还表现出无间隙的导电边缘态，因此材料在其内部表现为绝缘体，但表面包含导电态，这意味着电子只能沿着材料的表面移动。

在过去的十年中，许多材料中的拓扑绝缘体特性得到了预测和表征，包括 InAs/GaSb 异质结、$Bi_{1-x}Sb_x$合金、Bi_2Te_3、$GeBi_2Te_4$ 和 SmB_6。理论技术的其他进展包括自旋-轨道相互作用下的能带结构分析和晶体对称性的系统分析，这些技术已被开发用于确定大量拓扑性质以及预测体和边缘性质。2016 年，这些努力使“拓扑相变和物质拓扑相的理论发现”的研究者荣获诺贝尔物理学奖①。除了对拓扑性质的基本认识外，研究在制造能清晰表征拓扑属性

① 2016 年诺贝尔物理学奖授予 David Thonless, Duncan Haldance 和 Michael Kosteritz。例如，见 EGibney and D. Castelvecchi, 2016, Physics of 2D exotic matter wins Nobel, *Nature News* 538(7623):18。

的材料方面也有重大进展，这也是基础研究或设备应用所必需的。

大多数材料，如铋（Bi）基材料，都是以块状晶体的形式生长的。薄膜是直接从晶体上剥离或通过分子束外延生长的，而 Bi_2Se_3 纳米线是通过气－液－固机制生长的。用 Cu 或 Nb 掺杂 Bi_2Se_3 可以产生超导电性，而用 Mn 掺杂则产生铁磁性。然而，对于许多材料，将费米能量调节到带隙内仍然是一个挑战，其中拓扑态应该占主导地位。例如，Bi_2Se_3 和相关化合物由于硒空位而受强 n 掺杂；通过添加诸如 Sb 之类的大块掺杂剂或利用诸如 SmB_6 之类的未掺杂化合物来缓解这一问题。

在最初的预测之后不久，2D HgTe/CaTe 量子阱的输运测量提供了量子化边缘态和具有单个狄拉克锥的受保护表面态的角分辨光电子能谱（ARPES）的证据（见图 2.12）。从那时起，许多其他实验已经确定了 TI 的不寻常性质：通过 3D TI 上的自旋极化 ARPES 显示了螺旋自旋极化，而在其他 2D TI 如 $ZrTe_5$ 和 InAs/GaSb 中发现了量子化边缘态。在缺陷附近 3D TI 上的扫描隧道显微镜上观察到了抑制反向散射的证据，而 TI 反射光中量子化偏振切换的测量结果与麦克斯韦方程（量子化磁电效应）中预测的磁化和极化的附加交叉项一致。磁性掺杂的 TI 表现出量子反常霍尔效应，其中铁磁性和自旋－轨道耦合结合以在零外部磁场下产生量子霍尔效应。TI 中的其他预测行为，如分数边缘电荷和体自旋－电荷分离，仍有待证明。

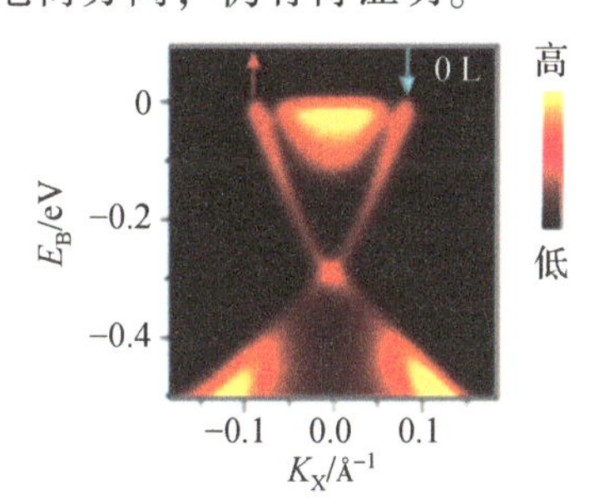

图 2.12　Bi2－δCaδSe3（111）的高分辨率 ARPES 表面带色散。箭头表示能带的拓扑自旋极化。图中可以看到表面态和体态之间的分离以及类狄拉克色散。来源：经 Springer Nature 许可转载：D. Hsieh，Y. Xia，D. Qian，L. Wray，J. H. Dil，F. Meier，J. Osterwalder，et al.，2009，A tunable topological insulator in the spin helical Dirac transport regime，*Nature* 460：1101－1105，doi：10.1038/nature08234，版权 2009。

拓扑超导体被预测为具有有间隙体态和无间隙表面态，激发为马约拉纳零模。尽管迄今为止许多实验研究了拓扑表面态中的超导邻近效应，但尚未证明这些系统中存在马约拉纳模的明确证据。拓扑超导电性被认为存在于具有强自旋－轨道耦合的半导体纳米线中，邻近耦合到 s 波超导体，并置于磁场中，从而诱发自旋三重态超导电性。研究人员已在与 s 波超导体耦合的 InSb 线以及铅基板上的原子级铁纳米线的相关系统中证明预测的马约拉纳激发。然而，相干性、编制以及其他量子比特特性仍有待证明。

在过去的十年中，除了 2D 和 3D 拓扑绝缘体之外，我们已经发现大量有趣且有发展前潜力的拓扑性质材料，开辟了“拓扑量子物质”的新材料领域。其中外尔半金属（见专栏 2.7）就是一种导电材料，其激发是高度移动的费米子（狄拉克费米子的手性一半）；在理论预测之后，通过 ARPES 在TaAs 中发现了外尔性质。

专栏 2.7　外尔半金属

拓扑绝缘体（TI）和外尔半金属（WSM）或狄拉克（Dirac）半金属（DSM）如图 2.7.1 所示。TI 和 WSM/DSM 的拓扑结构都源自类似的反向能带结构。

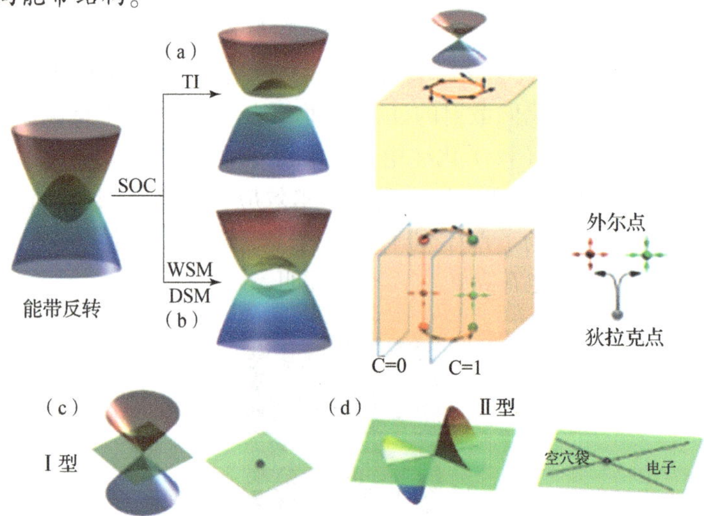

图 2.7.1　(a) 自旋轨道耦合（SOC）在 TI 中的能带反转后打开一个完整的能隙，在表面上产生金属表面态。(b) 在 WSM/DSM 中，除了一些孤立的线性交叉点（即外尔点/狄拉克点）之外，体能带在 3D 动量空间中被 SOC 间隔，作为石墨烯的 3D 模拟。由于体能带的拓扑结构，表面出现拓扑表面态，形成奇异的费米弧。在 DSM 中，所有的能带都是双重简并的，而在 WSM 中，由于反演对称性或时间反演对称性或两者的破坏，简并性被提升。在一对外尔点之间的 2D k 平面中累积的净贝利相位导致具有量子化反常霍尔效应的非零陈数 C = 1，而在 C = 0 的其他平面中贝利相位为零。(c) I型 WSM。当费米能量充分接近外尔点时，费米面（FS）在外尔点处收缩为零。(d) Ⅱ型 WSM。由于外尔锥的强烈倾斜，外尔点在 FS 中充当电子和空穴袋之间的接触点。来源：经 Annual Reviews, Inc. 许可转载，摘自 B. Yan and C. Felser, 2017, Topological materials: Weyl semimetals, *Annual Review of Condensed Matter Physics* 8:1 – 19;经 Copyright Clearance Center 公司授权。

外尔半金属是更广泛的“拓扑金属”范畴的一个具体例子，其激发是拓扑保护的费米准粒子。拓扑晶体绝缘体，如 SnTe 和 $Pb_{1-x}Sn_xSe$，是受晶体对称性保护的物质的拓扑相，包括旋转和反射；通过 ARPES 和扫描隧道显微镜（Scanning Tunneling Microscope，STM）研究了这些材料的狄拉克锥和表面态性质。新的研究表明，无序和相互作用可以进一步调节拓扑材料的性质和相变。最后，研究人员提出了由 2D 膜形成的多种拓扑材料。

电子波拓扑物理学的巨大进步自然导致了对光子、声子、等离子体激元和其他波的拓扑性质研究的激增。最初的研究多集中于在易于构建的厘米级系统中复制微波光子学中的电子行为。这种系统的最早演示是由外部磁场（打破时间反转不变性）中的旋磁铁氧体棒（提供电场和磁场之间的耦合）的正方形阵列组成的材料系统。该系统展示了量子霍尔效应的光学模拟，具有单个拓扑保护的单向边缘模式，该模式在任意无序周围传播而无反射。该系统和相关系统能够实现用于各种光学应用的新颖器件设计。在磁场中包含双回转体晶格的光学系统①表现出外尔点和线节点，简并反向运动模式的耦合红外光学谐振腔波导模拟了具有有效拓扑保护的边缘态拓扑绝缘体的量子自旋霍尔效应。类似地，受保护边缘模式的启发，拓扑机械和流体机械模型也已经建成。例如，维特利（Vitelli）和欧文（Trvine）等人②制造了一种新型机械超材料：一种由快速旋转的物体组成的“陀螺超材料”，这些物体相互耦合。在这些材料的边缘，他们发现声波受到拓扑保护，因此它不会被散射回本体中。

2.4.5　量子比特——量子计算机的基石

量子计算机有望有效地解决一些经典计算机难以处理的问题。构造它们十分具有挑战性，因为人们必须有一种方法来指定和控制量子操作，同时避免由于与环境的意外相互作用而产生的退相干。报告“容错量子计算技术路线图”③ 总结了量子计算的目标和成就。在过去的十年中，量子计算机的发展取得了巨大进展，而材料的进步对这些成就至关重要。

专栏 2.8 总结了过去十年中出现的量子比特类型以及每种类型的优缺点。

---

① J. A. Dolan, B. D. Wilts, S. Vignolini, J. J. Baumberg, U. Steiner, and T. D. Wilkinson, 2014, Optical properties of gyroid structured materials: From photonic crystals to metamaterials, *Advanced Optical Materials* 3:12 - 32, https://doi. org/10. 1002/adom. 201400333.

② L. M. Nash, D. Kleckner, A. Read, V. Vitelli, A. M. Turner, and W. T. M. Irvine, 2015, Topological mechanics of gyroscopic metamaterials, *Proceedings of the National Academy of Sciences U. S. A.* 112(47): 14495 - 14500.

③ A. Fruchtman and I. Choi, 2016, *Technical Roadmap for Fault - Tolerant Quantum Computing*, Networked Quantum Information Technologies, Oxford, UK, October.

在这些量子比特类型中，主要的两种是超导量子比特和离子阱量子比特。本节的重点是那些具有材料挑战的量子比特。

专栏 2.8　量子比特类型

在量子计算机中，材料和物理过程被优化以形成量子比特，量子比特是一个局部化的系统，不仅可以取 1 或 0 的值，还可以取这些值的任意叠加。当两个或多个量子比特相互作用时，量子纠缠就可能发生，同时对多个量子比特进行运算，激发出经典计算机无法实现的计算愿景。纠缠态仍然是脆弱的，退相干率不仅影响精度，还影响门深度（gate depth）（连续操作的次数）。图 2.8.1 描述了领先的量子比特平台。

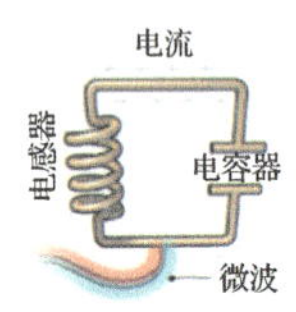

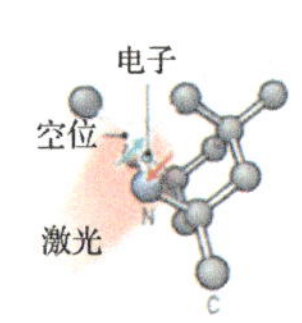

图 2.8.1　领先的量子比特平台。来源：图片改编自 G. Popkin，2016，Quest for qubits，*Science* 354：1090 – 1093，经 AAAS 许可转载。

最常用的超导量子比特是 transmon，这是一种非谐振子，其中非线性电感由约瑟夫森结提供，而约瑟夫森结由附近的大型超导垫提供的电容分流。典型的 transmon 利用最成熟和简单制造的超导结 $Al - AlO_x - Al$，其中 AlO_x 在蒸发室内生长而不破坏真空环境。尽管如此，无定形 AlO_x 已经用不小于 0.5 $(mm^2 - GHz)^{-1}$ 的二能级系统缺陷密度进行测定。从这个角度来看，目前 transmon 的大小是十分之几毫米，并且由于用于与 transmon 通信的微波在千兆赫范围内，即使这种最小化的缺陷密度也会导致每个量子比特每 10 GHz 大约有一个缺陷。为了推进这项技术，有必要对这些材料中的缺陷进行更深入的了解和控制。当前有望去除缺陷源的途径包括生长外延绝缘层，如通过 $Re - Al_2O_3 - Re$ 或 $Re - Al_2O_3 - Al$ 外延 Al_2O_3、通过 Re/MgO/Al 外延 MgO、外延 $Nb - Al - Al_2O_3 - Nb$，或在铝引线部位引入半导体纳米线。

为了保护 transmons 免受环境影响，人们采用了一种称为电路量子电动力学（cQED）的架构，其中量子比特耦合到微波谐振器，而读出谐振器耦合到外部环境。对于 cQED 组件，微波谐振器经常通过减成法从溅射或外延薄膜形成图案，需要使用易于通过光掩模蚀刻的材料（例如，Al、Nb、Re、TiN）。一种可用于谐振器的低功率 Q 也被发现。一种类型的 transmon 将蓝宝石衬底上的量子比特耦合到 3D 腔中的微波场。由于以这种方式测量的量子比特具有最长的寿命，该技术已被用于研究量子比特的表面参与，从而为量子比特设计提供信息。这些空腔通常由高纯度铝制成，但也考虑了其他材料和涂层/工艺。此外还有一些关于高 Q 值 3D 打印空腔的报道。

量子退火已被用于寻找单个具有挑战性的哈密顿量最低能态，这与许多优化问题有关。在这台使用不同类型 transmon 的计算机中，开关由两个 Nb 层的约瑟夫森结形成，这两个 Nb 层由诸如 AlO_x 的薄绝缘层隔开。结厚度的可变性是一项挑战，可通过额外的电路和场解决。这种类型的机器的量子加速量问题是一个活跃的科学讨论领域。

拓扑量子比特过去十年才出现，它们固有的容错性引起了人们的极大兴趣。这些量子比特是混合拓扑系统（如超导邻近耦合拓扑绝缘体，或磁场中的邻近耦合半导体纳米线）的准粒子激发。激发被表征为非阿贝尔任意子，其具有可以被编码在编织准粒子轨迹中的叠加量子态。这些编织路径是“拓扑保护”的，这意味着它们比其他类型的量子比特（如 transmons）需要更少的纠错。寻找非阿贝尔任意子的明确证据——特别是马约拉纳激发——一直是一个挑战。在与 s 波超导体耦合的 InSb 线中，以及在铅衬底上的原子级铁纳米线的相关系统中，已经取得了令人鼓舞的成果。然而，相干性、编制和其他量子比特的特性仍有待证明，目前仍不清楚哪些系统、材料和测量将是最佳的。

半导体量子点，作为具有可寻址自旋和电荷状态的“人造原子”，具有建立在现有半导体技术基础设施上的优势。早期的量子点是在 GaAs 和 AlGaAs 的异质结构中制造的，但现在更普遍的是使用在 Si 或 Si/SiGe 异质结构中制造的器件，其中使用施加到光刻限定的金属栅上的电压来限制和操纵电子。电荷和核自旋噪声是退相干和门误差（gate error）的主要来源。为了抵消自旋噪声，通常使用同位素纯化的 Si，而电荷噪声的影响通过改变量子比特设计（包括掺杂剂）来减轻。最近的工作表明，其他材料系统可能适用于托管量子点量子比特。例如，在门控 MoS_2 范德华异质结构中的人造双量子点分子具有良好的可控性、性质以及可制造的可重复性。2D 硫属化物的使用为自旋谷量子比特带来了希望。此外，已经提出“深”硫族元素施主的施主原子，如硫、硒、碲，特别是 $77Se^+$ 是可能的。2D 和异质结构材料的独特光学性质开启了使用硅光子谐振器技术和集成硅光子学达到腔量子电动力学强耦合极限的可能性。

量子比特已经通过操纵光学活性晶体缺陷得到证实——例如，金刚石中的氮 - 空位（NV）中心。它带有负电荷，会产生光学活性的顺磁性自旋 - 1 复合物。NV - 中心通过光泵浦初始化，并且可以使用光学（自旋相关的光致发光）或电子方法读出。纠缠和量子逻辑操作都已经被证明。另一种类似人造原子的缺陷是碳化硅中的双空位，它具有顺磁自旋，就像金刚石中的氮空位一样，具有相对较少的退相干相互作用。将自旋系统缩放到更大的规则阵列是很困难的，因为磁偶极子相互作用只能在大约 30 nm 检测到，而在金刚石中放置该密度的空位是一个挑战。

量子信息的另一个应用是传感和计量，其中纠缠态被用作鲁棒、灵敏的纳米级传感器。这种应用的主要量子比特是半导体中的核自旋和电子自旋，以及金刚石中的 NV。

量子计算是一项备受关注的新兴技术。鉴于当前的技术水平，材料研究可以通过关注诸如缺陷和噪声在器件性能中的作用等挑战来加速进展。

2.5 聚合物、生物材料和其他软物质

2.5.1 聚合物

在过去的十年中，聚合物的精密合成能力得到了极大的加速提升，这与材料科学各个领域的驱动力是一致的，不仅要精确地控制原子和分子的位置与排列，还要控制缺陷的位置与排列，而这些通常会控制材料的性能。这在聚合物合成中以控制聚合物一级结构的形式表现出来，包括链均匀性的程序化程度、单体序列以及短分支和长分支的放置，由于可控活性聚合（CLP）的进展，这已经取得了很大的进步。CLP 继续扩展活性阴离子聚合以外的能力，特别是在可控自由基聚合（CFRP）领域，包括水基聚合，为此研究人员引入了越来越有效的试剂和催化剂体系。CFRP 已表现得比其他 CLP 对环境条件的敏感性低得多，这导致了增加的多功能性。

合成生物学在与材料科学相关的精密大分子合成方面也取得了一些有趣的进展。生物学及其所有功能性都受线性聚合物中单体组合形成的序列控制。在化学合成的共聚物中，这种水平的控制是遥不可及的。然而，生物合成可以用于生产非天然氨基酸聚合物，通过编译后甚至聚合后的化学修饰可以进一步多样化。目前，生物聚合各种化学类型单体的技术非常有限，但在聚合 α－羟基酸和二肽方面已经取得一些进展。重组核糖体的工作和无细胞合成生物学的发展使这些成就成为可能。

当然，聚合物材料的功能与性质取决于分子和宏观之间的长度尺度结构。在过去的十年中，聚合物材料科学领域取得了非常重要的进展，这些进展包括自组装、产生超分子、非共价结构以及结晶和玻璃化的固化过程。自组装，在这里广义地解释为一套机制，通过这套机制，较小长度尺度的信息编码结构可以直接在较大长度尺度上形成结构。聚合物链的大小取决于分子量，对

于大摩尔质量链，其范围为 5 ~50 nm。在通过微相分离进行自组装的半结晶聚合物和嵌段共聚物中，由于前一种情况中的结晶片层厚度和后一种情况中的自组装纳米结构，存在数十纳米长度尺度的结构。在半结晶球晶中、有序嵌段共聚物的颗粒中以及相分离的聚合物共混物的组分微区中，存在链状折叠片层形式的介观结构。在过去的十年中，对所有这些长度尺度上的结构演化及其对整体性质的影响的理解已经取得了巨大的进步。

聚合诱导的自组装与相分离、杂化共价 - 非共价聚合与选择性链内相互作用的引入都已被证明可以有效地生成三级和四级结构，从而在合成聚合物中产生有用的功能性质。自组装的构建模块已被证明可以进一步组装成更高级的结构，以创建新的分级结构材料。自组装被认为是一种类似化学反应的过程，从反应物到产物都有一定的动力学过程。在信息和生物医学技术中，核酸自组装正在从最初的概念向实际发展，它带来了疏水性或范德华力不能实现的可编程性和可寻址性。同样，肽（和类肽）纳米技术开发了氨基酸聚合物的自组装，用于组织工程和生物医学纳米颗粒的实际应用。通过使用化学或拓扑模板，定向自组装（DSA）在过去的十年中，从科学探索到微处理器和存储设备制造的可行工业技术都取得了显著的进步。以可扩展、并行和稳健的方式对纳米尺度上的模式进行空间控制现在似乎触手可及。DSA 从实验到纳米光刻具体发明的演变，计算材料科学中紧密相关的项目引导并极大地加速了这一进程，这预示着更多发展的可能性。

在过去的十年中，结晶和玻璃固化过程的进展包括：（1）计算机模拟使这些过程的早期阶段可视化；（2）在固体表面 100 nm 范围内，定量测定结构弛豫如何被减缓，以及玻璃化转变温度如何被抑制；（3）超高分子量聚乙烯的最新工程进展实现了最先进的人工髋关节置换术；（4）使用同步加速器源的 X 射线散射结合流变学或加工的时间分辨结构表征。

玻璃态聚合物领域最引人注目的成就也许是玻璃制品的开发，这是一种引人注目的新型塑料，其性能类似于二氧化硅玻璃。永久交联材料具有突出的机械性能和耐溶剂性，但其一旦合成就不能加工和重塑。非交联聚合物和具有可逆交联的聚合物是可加工的，但它们是可溶的。玻璃化聚合物是可以通过交换反应重新排列其拓扑结构而不解聚的网络，并且保持不溶和可加工，可自我修复，可通过玻璃吹制工熟悉的技术进行成型、焊接和修复。它们衍生自广泛用于制造业，特别是汽车和飞机工业的热固性塑料，并具有许多相同的性能。其发现与发展直接关系到对聚合物和传统无机玻璃之间玻璃化转变差异的基本理解。流动性是键交换的结果。新键的形成仅发生在旧键的位置，并以旧键的牺牲为前提。图 2.13 说明了其化学过程，并解释了玻璃化材料的一些特性。

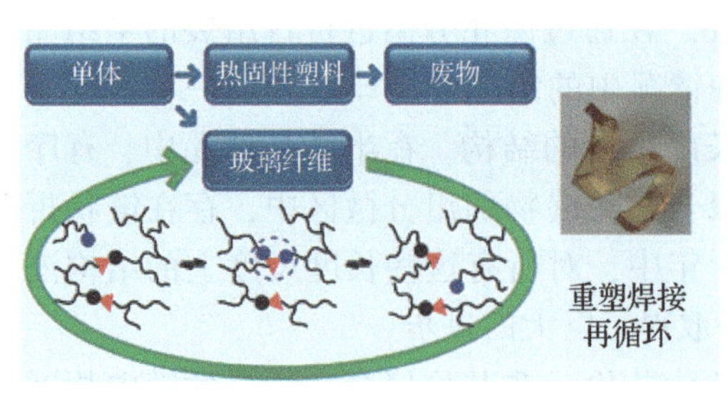

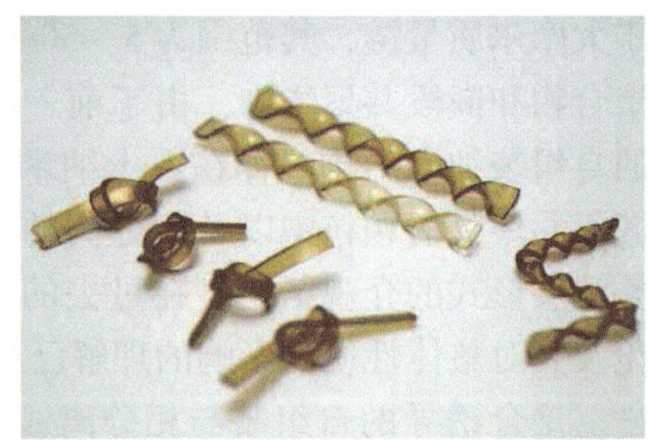

图2.13　左图：在玻璃化聚合物中，共聚物键的数量保持固定。使用催化键交换反应，以打开其他键为代价形成键。尽管该材料在任何时候都是3D共价交联网络，但加热允许通过所示的键交换过程实现延展性。因此，与没有键交换的交联网络不同，玻璃化聚合物可以像非交联玻璃状聚合物一样进行处理，可以焊接、自修复、回收。右图：在很大的温度范围内，材料在冷却成为刚性玻璃之前表现为黏弹性熔体。这种延展性允许聚合物以与常规二氧化硅玻璃或非交联玻璃状聚合物几乎相同的方式加工/成型。图片展示了此处所示形状的形成过程，作为说明玻璃化聚合物中可诱导的高流动性的一种方法。一旦形成，这些物体在冷却时会变成坚硬的玻璃状物体。来源：左图：改编自 W. Denissen, J. M. Winne, and F. E. Du Prez, 2016, Vitrimers: Permanent organic networks with glass-like fluidity, *Chemical Science* 7: 30-38；英国皇家化学学会出版。右图：D. Montarnal, M. Capelot, F. Tournilhac, and L. Leibler, 2011, Silica-like malleable materials from permanent organic networks, *Science* 334: 965-968, © CNRS Photothèque/ESPCI/Cyril FRÉSILLON.

在硅玻璃中，硼或其他元素杂质的存在会催化键交换。玻璃化聚合物通过明智地选择功能性配体和催化剂来模拟这种基本的键交换机制。该机理的有力证明是黏度和熔融温度对催化剂浓度的依赖性。最初，键是由锌催化交换的酯键。产生玻璃型交换的化学物质现在已经扩展到包括聚丁二烯橡胶（基于烯烃复分解的键）和无催化剂的聚氨酯体系。类似玻璃的特性意味着塑料可以在冷却时被吹制、扭曲和成型，就像它们的无机表亲玻璃一样。两个单独的玻璃棒可以焊接在一起，或者简单地通过把碎片固定在一起加热来修复断裂。界面处的键交换将两个部件焊接在一起。在低温下，键交换速率显著减慢，使材料成为基本上不流动的固体，从而恢复热固性塑料的优异性能。

玻璃质材料可被视为一类特殊的自我修复材料，在损坏发生后，无须外部干预即可修复和恢复其功能。自组装意味着自我修复的热力学趋势，尽管热力学自发并不意味着动力学瞬时。自组装嵌段共聚物和水凝胶已展示自我修复性。与之密切相关的是具有动态共价键的聚合物材料。这类聚合物将固有的可逆性与共价键的坚固性相结合，从而形成对外部刺激敏感的机械稳定的聚合物基材料。外部刺激可以触发自我修复，包括pH值、紫外线、电势和机械应变的变化——例如，二芳基联苯并呋喃酮中的中心C—C键，已知其在温和的物理应力条件下可逆地断裂和重组。在机械化学这一新兴领域，有一种新的自我修复概念，即机械变形在通过机械触发的化学事件发生临界损伤之前发生光学和机械性质的变化。另一类自我修复材料内包含有封装好的愈合剂，在某些情况下，通过类似微血管系统的机制分配这些愈合剂，实现类似于人类伤口愈合的聚合物自愈效果。在专栏 2.9 中突出展示了后一种类型自我修复的例子，其形式为目前正在向商业产品过渡的涂层。如今，自我修复已经在热塑性塑料和热固性塑料、电子产品和电池中得到了证明，并且各种自我修复材料正在进入市场——例如，化学公司阿科玛（Arkema）目前正在将基于动态键的自我修复技术商业化。自修复聚合物有可能通过延长塑料产品的使用寿命和促进其可回收性来减少塑料废物①。

专栏 2.9　商业产品中的基础科学：自我修复涂层

伊利诺伊大学厄巴纳-香槟分校研究的自我修复材料的基础科学问题，如图 2.9.1 所示。随后研究人员成立了公司 Autonomic Materials，并于 2007 年推出了第一款商业化产品。

图 2.9.1　左图示意性地展示了金属基材上自修复聚合物涂层的概念。黄色球体包含催化剂，蓝色球体是自修复相分离试剂液滴，橙色是聚合物涂层。涂层上的划痕破坏了黄色球体，释放出催化剂和自愈剂。刮痕填充有聚二甲基硅氧烷填料，其保护基底金属不暴露于环境中。右图显示了有划痕的钢板在 5% NaCl 溶液中暴露 5 天后，钢板上的自修复聚合物涂层（左）对常规涂层（右）的保护。背景图像是显示划痕的光学显微照片，中心的放大图像是显示划痕细节的扫描电子显微镜图像。聚二甲基硅氧烷填补了划痕。来源：S. H. Cho, S. R. White, and P. V. Braun, 2009, Self-healing polymer coatings, *Advanced Materials* 21:645-649, © 2009 WILEY-VCH Verlag GmbH & Co. KGaA, Weinheim。

---

① 见 C. Kirby and T. Abate, 2016, "A Super Stretchy, Self-Healing Material Could Lead to Artificial Muscle," *Stanford Engineering Magazine*, April 18, https://engineering.stanford.edu/magazine/article/super-stretchy-self-healing-material-could-lead-artificial-muscle。

在过去的十年中，聚合物材料科学中的催化化学取得了巨大进展。用于碳纤维增强聚合物、易位聚合和受控烯烃聚合的新催化剂已经产生了许多有用的新聚合物材料。研究者已对外介绍新型电活性共轭聚合物的催化剂，其应用范围从太阳能到非线性光学。新型催化剂也是越来越多绿色聚合物科学工作的核心。最近，在这一领域的重要工作包括使用沸石将糖催化转化为乳酸；利用 CO_2 合成聚合物，考虑到其普遍性和 CO_2 催化转化为令人感兴趣和具有良好性能的聚合物的新发展，该应用十分有吸引力；以及使用无毒金属将单体催化转化为聚合物。化学制品回收、催化活化、回到原来的单体或产生有价值的新产品已经成为一个具有突出潜力的研究领域。

所有的材料科学，包括聚合物科学，都建立在组成－结构－加工－性能之间的相互关系上。将加工纳入科学考量意味着理解在高应力、应变和速度下正在发生的情况，这使材料科学家近年来越来越关注非线性和非平衡现象。在聚合物科学这一领域，过去十年在聚合物水凝胶的非线性力学响应方面取得了突破性进展。它们植根于改进的化学策略，从分子水平将韧性设计到网络中。这些进展为人造组织改变生活打开了大门。在对聚合物熔体流变学，特别是其非线性方面的理解中，过去十年，无论是在物理解释还是在行为预测方面，珠－弹簧模型、管模型和滑环模型都出现了一些趋同现象。通过开发和使用粗粒化与场论方法，在理论和计算前沿也取得了进展，这些方法依赖于一个公认的事实，即许多聚合物的性质并不依赖于链的详细原子结构，甚至链段结构。与材料科学和工程的其他领域一样，计算能力和计算方法的进步对聚合物科学产生了重大影响。将深度学习①方法引入聚合物科学还处于起步阶段，但预计将在未来十年产生重大影响。第四章详细讨论了计算方法的进展。

除了机械和流变性能之外，聚合物中的离子、质子、电子和声子的输运特性在这十年中也得到了重视，部分原因是人们对应用技术（如分离膜）、能源相关技术（如电池、燃料电池、有机能量转换装置和隔音材料）越来越感兴趣。分子动力学模拟在电池聚合物电解质新材料的设计中发挥了重要作用。

与聚合物中离子传输有关的是聚电解质的广泛主题，吉恩斯（de Gennes）曾将其称为“最不为人知的凝聚态物质”。根据过去十年的进展，这种说法可能不再合适。在先进理论和计算的帮助下，研究人员不仅阐明了单个聚电解质链的溶液结构的许多方面，与溶液中其他离子的相互作用——特别是多价金属离子和带相反电荷的聚离子——也凸显出来。聚电解质刷②已显

---

① “深度学习”受生物系统中信息处理和通信模式的启发，是一种基于数据表示分析的机器学习方法，而不是针对特定任务的算法。

② 聚电解质刷是密集附着在表面上的长聚电解质链。

示在低浓度的一价盐中产生极其光滑的表面，但在多价离子的存在下就变得不那么光滑。20 年前，德谢尔（Decher）在《科学》（Science）的一篇论文中介绍了交替生长聚阴离子和聚阳离子的逐层（LBL）生长技术，该技术现已被引用超过 10 000 次①。与上述关于自组装和流变学的观察一致，LBL 产生有趣和有用但固有的非平衡结构。在过去的十年中，LBL 不仅是大量后续工作的主题，还引发了对聚电解质复合物更深入的探索。长期以来，沃恩·奥弗贝克（Voorn Overbeek）的聚电解质络合理论在概念上是不充分的，在数量上也是不准确的。聚电解质络合也是嵌段共聚物自组装的新驱动力，但仍需注意可能存在的非平衡结构。

纳米复合材料在过去的十年中已经成为一种潮流。例如，碳纳米管和石墨烯复合材料中添加了各种聚合物，因为它们减少了小分子传输，同时提高了相对于纯聚合物的导电性。纤维素纳米晶体可以在其他疏水性聚合物中引入亲水性通道。关于机械性能，已经报道了强度的数量级提升，以及伴随电导率的增加。其还展示了新颖的电、磁、光和输运性质。这些成果中的许多都是通过增强在聚合物材料中操纵界面物理和化学的能力实现的。

杂化键合聚合物是一类重要的新兴大分子软材料，其中单体单元之间的键合在其结构的不同纳米区域是共价或非共价的。因此，这些材料由共价和超分子聚合物组成，并且可以通过各种途径合成，其中包括共价和超分子聚合同时发生的方法。该方法证明了利用正在形成的超分子聚合物与正在生长的共价链的非共价相互作用来“催化”共价聚合的可能性。在这种情况下，这一领域的研究可以揭示蛋白质核糖体合成的原理是受到生长链环境中的非共价相互作用的帮助。早期的工作通常集中于有序超分子聚合物的共价捕获以产生共价聚合物，或通过小分子的非共价键的聚合后修饰，而任一情况下都不会在结构内形成实际的超分子聚合物。结构单元之间成键的双重性质引入了聚合物软物质中高度动态性质的潜力，这源于超分子聚合物的非共价键，与共价聚合物的机械坚固性相结合。动态性能的实例包括缺陷的快速自修复、对外部刺激的快速响应、生物降解速率的加快，以及回收、增韧机制和电驱动中的新机会。

2.5.2　生物分子与仿生材料

在过去的十年中，对传统共价聚合物之外的软物质研究主要集中在自组装材料领域，最常见的是超分子聚合物、有机凝胶、DNA 和肽纳米技术、超

---

① G. Decher, 1997, Fuzzy nanoassemblies: Toward layered polymeric multicomposites, *Science* 277 (5330): 1232 - 1237, doi: 10.1126/science.277.5330.1232.

分子纳米结构、2D 材料以及金属有机和共价有机框架。对自组装材料的研究一直受到对仿生系统的极大兴趣的推动，因为仿生系统是软物质中新功能的丰富思想来源。这一趋势定义了“生物分子材料”领域，在该领域中，在生物系统中发现的化学结构被整合到合成系统中，或者用生物化学模拟所有尺度的生物结构及其功能。在此背景下，生物分子材料这一广阔领域成为近十年来软材料研究的重要方向。

在过去的十年中，该领域的进展极大地受益于创造有机材料的新合成策略和软物质的表征工具，包括高分辨率显微镜、分子动力学测量和散射技术。同样明显的是，计算技术，无论是粗粒化的还是原子化的，都正在成为这一研究领域的一个组成部分。在过去的十年中，生物分子材料研究的一个共同要素是寻找通过自组装策略获得的有序结构的功能性能力。另一个新目标是探索软物质的动力学行为。最后一个目标是发现具有自我修复缺陷的自主能力的材料，或响应刺激而驱动或移动的能力，从而模仿活生物体。热能和光已被用作在软物质中发展这种行为的常见刺激。响应于能量输入而表现出尺寸和形状变化的系统目前被认为对集成到在医学、制造、可穿戴设备和机器人等当中有用的智能系统非常重要。

2.5.3 生物材料

医疗植入物的全球市场目前超过 1 000 亿美元，鉴于世界范围内发生的人口变化，材料在这一领域展现出了从未有过的重要性。最显著的变化是老龄化人口的大幅增加，以及在接近三位数的生命跨度中实现尽可能提高生活质量的强烈文化愿望。因此，人们强烈意识到，在骨科手术中使用的永久性植入物、支架和牙科植入物必须长期发挥最佳作用。另一方面，寻求因创伤、疾病、衰老和先天性缺陷而丧失的组织和器官重建的再生医学领域，在过去十年中已成为一项令人兴奋的全球重大挑战，并为解决器官捐赠者短缺问题提供了一条途径。威廉姆斯（D. Williams）2014 年出版的《基本生物材料科学》(Essential Biomaterials Science) 强化了这些观念，并很好地总结了这方面的进展。在过去的十年中，金属、陶瓷和软生物材料的进步极大地推动了解决这些需求的努力。

金属生物材料

在金属生物材料领域，有许多活跃的研究领域致力于改善植入物。一个方向是在金属中集成次要功能，而不是部件的承载结构作用。实例包括对表面进行改性以使其具有抗菌性，因为防止组织 - 植入物界面处的感染仍然是一个重要的挑战，以及改进多孔性生成方法，以促进骨科植入物中的骨向内生长。为了这个特定的目的，开发有效的方法来制造金属泡沫最近引起了人们的兴趣。就抗菌表面而言，研究人员已经发现银纳米结构在防止细菌感染方面有效，但原因尚未明晰。为了理解银纳米结构抗菌性能的起源，人们将注意力集中在银离子从纳米结构中的溶解以及这些金属离子与肽的相互作用上，肽当然存在于细菌膜中。然而，金属纳米结构的这一非常重要的功能背后的具体机制仍然未知。在金属植入物中，另一种促进骨向内生长以固定到组织的不同方法是在金属上使用“骨诱导”涂层。使用磷酸钙陶瓷（如磷灰石）是一种常见的方法，但其他工作已经考虑到用生物大分子（如生长因子）对金属表面进行功能化。在过去的十年甚至更早的时间，人们对心血管生物材料很感兴趣，致力于在金属支架表面涂覆药物洗脱聚合物涂层以避免血管再狭窄。

在过去的十年中，金属生物材料的另一个有趣领域是“可生物降解的”生物金属。这些金属包括镁、铁和锌，因为它们是哺乳动物生物学中自然过程的一部分。例如，锌存在于数百种酶中，它的存在对酶的催化功能至关重要。也有证据表明，像镁这样的金属对骨再生产生正向的影响。而在动物模型中，铁合金支架的使用面临着一些挑战，这些挑战与降解速率的不良控制有关，但同时铁合金的磁性性质可能有助于通过外加场磁的微粒置换来积极刺激细胞。在过去的十年中，具有生物相容性的可生物降解金属使用仍然是一个有吸引力的目标，这将需要推进大量的基础科学研究。在骨再生医学应用的背景下，金属支架的结构支撑将被新组织形成完全取代，获得完全可生物降解的金属部件将特别具有吸引力。过去十年的进展还表明，原则上我们可以使用生物可降解金属来开发可植入电子设备。该领域可能会对生物材料以外的其他技术产生影响——例如，在制造可降解和更易于回收的电子设备的策略方面。最后，在过去的十年中，金属生物材料发展的一个主要领域是植入物的增材制造。利用金属粉末的选择性激光烧结、冷冻研磨和打印等技术制造出具有定制微米和纳米结构的设计植入物，这些技术在个性化医疗中具有重要意义。

陶瓷生物材料

在过去的十年中，陶瓷生物材料的一个主要研究领域涉及磷酸钙基材料在骨植入领域的应用。目前，研究人员已开发许多组合物和方法来涂覆金属植入物。这些陶瓷材料具有骨传导能力，与活骨形成稳定的界面，并具有极佳的生物相容性。为了更好地理解金属生物材料的活性，人们对使用增材制造技术制造植入物的策略产生了极大的兴趣。与金属的情况一样，增材制造提供了为患者定制植入物的机会，最重要的是，其提供了设计宏观尺度和微观尺度架构以优化生物功能的机会。

软生物材料

在过去的十年中，聚合物科学的进步通过提供改善物理性能和功能整合的新方法，对软生物材料领域产生了影响。在物理性质方面，软生物材料领域受益于组织工程领域中水凝胶网络的发展。具体而言，通过互穿网络或制备具有内部增强的混合纳米复合材料，对水合大分子网络进行机械增强的新化学和加工方法，不仅可以将其用作组织生长的临时支架，还可以在再生仍然不太可能实现的区域将其用作永久性人工组织。椎间盘置换就是一个例子，鉴于退行性椎间盘疾病的高发病率，这是一个巨大的社会需求。与此相关的是，对聚电解质和凝聚层方面的理解取得了根本性进展，这为开发人工关节和导管中有用的光滑表面提供了可能性。在软生物材料的功能整合方面，逐层材料的流行领域已被用于在各个层内整合不同类型的生物活性以及药物输送功能。在过去的十年中，我们在使用和控制自组装过程来创造这种新的生物材料能力方面取得了巨大的进步。

在过去的十年中，软生物材料最重要的进展发生在“超分子生物材料”领域。不可生物降解或可生物降解的共价聚合物一直是软生物材料的首选材料（见图 2. 14）。在过去的十年中，该领域的一个重要研究方向是探索超分子聚合物作为生物材料。在超分子聚合物中，单体单元之间的键合涉及弱非共价相互作用，因此在软材料中创造了许多令人兴奋的新方向。例如，单体之间的结合能变得在宽范围内可调，并且最终结果是软材料的宽平台，其中键寿命可以显著变化。随着单体之间的键寿命跨越微秒到秒，其存在控制动态性质和新加工机会的巨大潜力。对复杂和相互作用的刺激的响应性和可重构性现在由于聚合物科学的一些进步而正在成为可能。

到目前为止，在过去的十年中，超分子生物材料中最流行的化学是使用肽和修饰肽（如肽两亲物）作为构件。肽超分子组装体可以与设计的蛋白质竞争，以提供有用的生物功能和高度多样性的结构。从结构角度来看，随着研究人员学习掌握化学形态发生，肽组装体可以生成细丝、2D 材料、交联网络、球体、管状、螺旋结构和具有更高结构复杂性的材料。因此，通过肽纳米技术设计材料的动机是致力于创造具有潜在生物活性的生物材料，合理设计用于组织再生的信号细胞，以及用于机械和递送治疗成分的受控结构。

基于肽的材料也可以被编程用于在水中自组装，以产生仿生细胞外基质。该方法已经非常成功地证明这些新的生物活性和生物可降解材料触发了多种组织再生的能力。这些超分子生物材料的功能性能力似乎部分基于它们形成仿生纳米纤维的能力，同时适应显示给细胞的信号的多样性。此外，与传统聚合物不同，这种新型生物材料的超分子性质引入了在与细胞进行“生产性”短暂生物活性相互作用后快速和完全生物降解的能力。

在过去的十年中，软生物材料的另一个重要的新领域是使用 DNA 来利用核苷酸之间的沃森 - 克里克配对的高度保真度，以产生跨尺度的设计结构。这

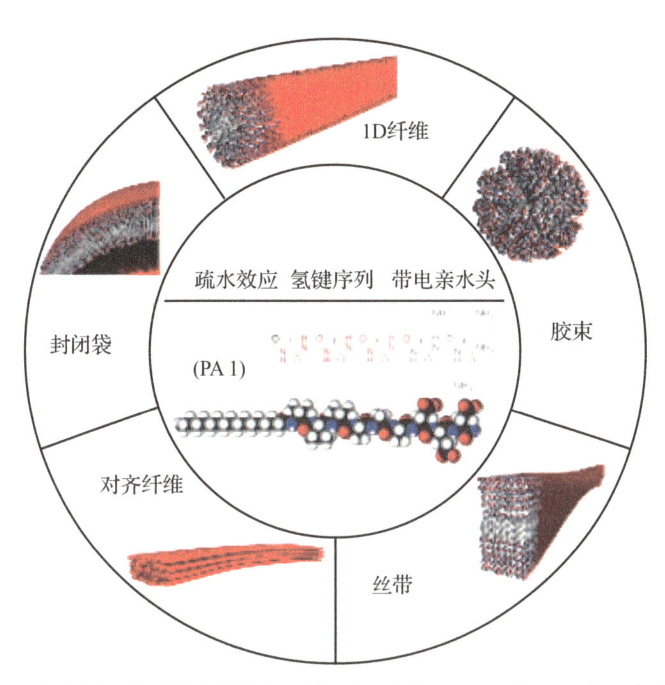

图 2.14 被许多超分子纳米结构包围的肽两亲物（PA，中心）的一般结构，这些超分子纳米结构由这些分子形成以产生超分子生物材料。这是超分子生物材料在再生医学、生物相容性和体内快速生物降解的细胞信号传导中表现出高水平的生物活性的第一批例子。来源：M. P. Hendricks，K. Sato，L. C. Palmer，and S. I. Stupp，2017，Supramolecular assembly of peptide amphiphiles，*Accounts of Chemical Research*，50(10)：2440 - 2448，https://pubs. acs. org/ doi/10. 1021/acs. accounts. 7b00297，版权所有 2017 年美国化学学会。

是一个新兴的领域，并且可以预期在未来用这种方法开发新型生物材料会有许多进展。为了控制宏观形态和微观结构，软生物材料也开始受到增材制造技术发展的影响。打印还带来了创造软生物材料和细胞的混合物的可能性，允许细胞在 3D 结构的特定隔室中定位①。

值得一提的是，最近有一种趋势，即在一些学术医学中心和高校形成了现行良好实验室规范（cGLP）② 和现行良好生产规范（cGMP）③ 设施。总的

① 另一个例子是病毒模板；见 K. M. Bromley，A. J. Patil，A. W. Perriman，G. Stubbs，and S. Mann，2008，Preparation of high quality nanowires by tobacco mosaic virus templating of gold nanoparticles，*Journal of Materials Chemistry* 18(40)：4796 - 4801。

② Food and Drug Administration，1981，*Guidance for Industry*：*Good Laboratory Practices*，*Questions and Answers*（revised December 1999 and July 2007），U. S. Department of Health and Human Services，https://www. fda. gov/downloads/ICECI/EnforcementActions/BioresearchMonitoring/UCM133748. pdf.

③ Food and Drug Administration，"Facts About the Current Good Manufacturing Practices（CGMPs），" updated June 25，2018，https://www. fda. gov/drugs/developmentapprovalprocess/manufacturing/ucm169105. htm.

来说，这些设施生产新型细胞、生物材料、病毒和分子材料，用于首次在人类中使用、一般用途（特别是用于细胞治疗）和罕见疾病的治疗。随着材料研究领域的工作进展，特别是在使用 DNA 和类似生物材料的领域，了解 cGLP 和 cGMP 的工作将变得越来越重要。

2.5.4 软物质

胶体

对软物质[1]最佳的描述为具有很小的或近乎无的弹性模量的物质，这种弹性模量决定了材料承受变形的能力。除了许多形式的聚合物外，它还包括胶体、泡沫、乳液、颗粒和活性物质，其中活性物质由比原子大得多但比颗粒尺寸小得多的实体组成，并以介观尺度排列。能量标度通常与热能的数量级相同，但不会大于原子固体的能量标度。因此，它们的大长度尺度需要小的弹性模量，其尺度为能量除以体积。软物质通常具有很强的耗散性、无序性、熵占主导地位且远离平衡，并以强烈的非线性和缓慢的动力学响应为特征。尽管这些性质在过去的几十年里得到了广泛的研究，但认知仍不完整。本节将回顾非生物软物质（聚合物除外）的代表性进展。

在过去十年左右的时间里，胶体科学经历了一场革命。尽管在过去，胶体主要局限于悬浮在各向同性流体中的微米级球形颗粒，并通过几种基本力——空间斥力、静电力、范德华力和损耗——相互作用，但现在除了各向同性流体之外，还可以常规地创建基本上任何形状的颗粒（例如，字母表中的字母），这些颗粒具有的特定方向性、可逆性和不可逆相互作用，分散在各向异性液晶中。其中包括具有不均匀表面性质的 Janus 粒子，其控制胶体分子的自组装，甚至开放结构，如 Kagome 和类金刚石晶格、锁钥粒子，以及具有受控手性的棒状生物聚合物，如肌动蛋白或微管，其模拟液晶有序的昂萨格原理的理想化的棒（idealized rod）。后一系统在耗尽剂的存在下形成大的单层膜。这些进展为探测和控制液晶中的缺陷产生[2]、自组装和干扰等现象开辟了新的途径。

从其他新兴领域采用的巧妙合成和技术，如 DNA 纳米技术，促进了胶体科学的发展。例如，通过将单链 DNA 连接到斑片胶体的斑片上，已经产生了具有化合价和定向结合的胶体[3]。与具有互补 DNA 单链的相似颗粒的杂交允

---

① S. R. Nagel, 2017, Experimental soft-matter science, *Reviews of Modern Physics* 89(2):02500.

② I. I. Smalyukh, 2018, Liquid crystal colloids, *Annual Review of Condensed Matter Physics* 9:207-226.

③ Y. F. Wang, Y. Wang, D. R. Breed, V. N. Manoharan, L. Feng, A. D. Hollingsworth, M. Weck, and D. J. Pine, 2012, Colloids with valence and specific directional bonding, *Nature* 491(7422):51-U61.

许特异性结合和由 DNA 介导的新型定向胶体相互作用。如图 2.15 所示，当紧密堆积的球形颗粒的有限团簇用适当的溶剂溶胀，然后聚合时，它们就形成了上述的贴片胶体。即使对于球形颗粒，DNA 杂交的特异性和设计便利性也是一种有用的新工具。

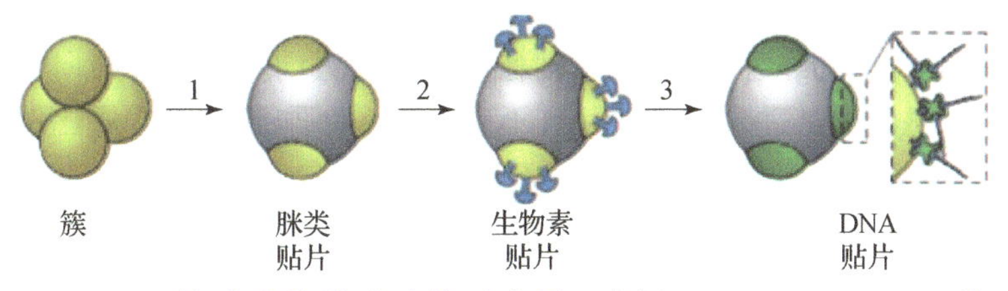

图 2.15　DNA 链形成的贴片胶体示意图。来源：经 Springer Nature 许可转载：Y. F. Wang, Y. Wang, D. R. Breed, V. N. Manoharan, L. Feng, A. D. Hollingsworth, M. Weck, and D. J. Pine, 2012, Colloids with valence and specific directional bonding, *Nature* 491(7422): 51 – U61,版权 2012。

液晶

最常见的液晶是由具有油性尾部的分子形成的，这些分子避开了水。然而，当以足够高的浓度溶解在水中时，存在形成液晶相的亲水性分子。其中，色子液晶①是由扁平分子（包括一种哮喘药物、模具和 DNA 核苷酸）形成的，其芳香族核心聚集成堆，排列成向列或柱状相。直到最近，研究人员才测量了发色团的黏度和 Frank 弹性常数②。有些令人惊讶的是，扭转常数比弯曲常数小 6 到 11 倍，并且似乎难以捉摸的鞍展常数（其对边界能量积分的贡献）比扭转常数大 50 倍③。结果是受限几何结构（如球形胶束或圆柱形毛细管）中的发色团形成不寻常的构象④。取向的发色体干燥薄膜表现出半导体性质。涉及发色团的应用包括偏振膜、生物传感器和纳米棒的受控自组装。

铁磁液晶相是近十年来发现的唯一一种表现出真正的长程铁磁有序与向

---

① H. S. Park, and O. D., Lavrentovich, 2012, "Lyotropic Chromonic Liquid Crystals: Emerging Applications," pp. 449 – 484 in *Liquid Crystals Beyond Displays: Chemistry, Physics, and Applications* (Q. Li, ed.), Wiley & Sons, Hoboken, N. J.

② S. Zhou, 2017, "Elasticity, Viscosity, and Orientational Fluctuations of a Lyotropic Chromonic Nematic Liquid Crystal Disodium Cromoglycate," pp. 51 – 75 in *Lyotropic Chromonic Liquid Crystals*, Springer, Cham.

③ Z. S. Davidson, L. Kang, J. Jeong, T. Still, P. J. Collings, T. C. Lubensky, and A. G. Yodh. 2015, Chiral structures and defects of lyotropic chromonic liquid crystals induced by saddle – splay elasticity, *Physical Review E* 91(5):050501.

④ J. Jeong, L. Kang, Z. S. Davidson, P. J. Collings, T. C. Lubensky, and A. G. Yodh, 2015, Chiral structures from achiral liquid crystals in cylindrical capillaries, *Proceedings of the National Academy of Sciences U. S. A.* 112(15):E1837 – E1844.

列有序共存的液体[①]。该相的原始版本是通过将具有垂直于其平面的磁矩的铁磁纳米盘分散到标准向列相中而产生的。纳米盘排列成其磁轴彼此平行另一个平行于向列各向异性轴。通过将磁性纳米颗粒分散在非极性溶剂中，其产生了铁磁合金的另一种版本，该非极性溶剂不会明显屏蔽它们之间的库仑相互作用[②]。最后是双轴铁磁性材料[③]，纳米磁体的表面处理迫使磁矩与向列导线成一定角度排列，从而确定了单轴各向异性的方向。由于与指向矢的强耦合，它们的磁激励是过阻尼的，并且不表现出频率与波数平方成比例的传统色散。

在过去的十年中，将液晶用于化学和气体传感器这一领域取得了进展。这是基于由分析物引起的在液晶/固体或液晶/空气界面处的液晶取向破坏。化学响应系统的原子/分子尺度设计的进展导致了传感器性能（对给定分析物的选择性和灵敏度以及系统响应时间）的改善，这是通过调整液晶的性质来实现的，这样它们就与自由表面取向平行而不是垂直，同时以垂直取向锚定在用金属阳离子修饰的表面上。图 2.16 展示了传感器性能改进的一个例子[④]。

此外，现代计算化学方法在分子尺度上设计高效的化学响应系统方面显示出巨大的潜力，并且时间框架比传统的仅基于实验的试错法小得多。

颗粒材料

颗粒材料是通过接触力与其相邻颗粒相互作用的单个固体颗粒的聚集体。它们的性质并不显著依赖于温度，也不像热平衡系统那样探索许多内部构型（它们是非周期性的）。颗粒物质无处不在——在沙滩上、山坡上松散的泥土中、煤斗里、谷仓里、药瓶里。它们对工业加工很重要，并在机器人等领域也有新应用。然而，尽管它们无处不在且十分重要，人们对它们仍然知之甚少。过去十年的研究提高了我们控制和利用颗粒材料的能力。

颗粒材料最显著的特性之一是它们仅通过施加压力或等效地通过增加组成颗粒的体积分数而从流体转变为固态的能力。一袋未堵塞的粒状颗粒可以很容易地扩散并吞没适当大小的物体。当空气被吸出袋子时，颗粒的密度增加，直到达到堵塞转变。一个物体，现在被牢牢地夹住，可以随意移动。其

---

① A. Mertelj, D. Lisjak, M. Drofenik, and M. Čopič, 2013, Ferromagnetism in suspensions of magnetic platelets in liquid crystal, *Nature* 504(7479):237.

② M. Shuai, A. Klittnick, Y. Shen, G. P. Smith, M. R. Tuchband, C. Zhu, R. G. Petschek, et al., 2016, Spontaneous liquid crystal and ferromagnetic ordering of colloidal magnetic nanoplates, *Nature Communications* 7:10394.

③ Q. Liu, P. J. Ackerman, T. C. Lubensky, and I. I. Smalyukh, 2016, Biaxial ferromagnetic liquid crystal colloids, *Proceedings of the National Academy of Sciences U. S. A.* 113(38):10479 – 10484.

④ K. Nayani, P. Rai, N. Bao, H. Yu, M. Mavrikakis, R. J. Twieg. Abbott, 2018, Liquid crystals with interfacial ordering that enhances responsiveness to chemical targets, *Advanced Materials* 30(27):1706707.

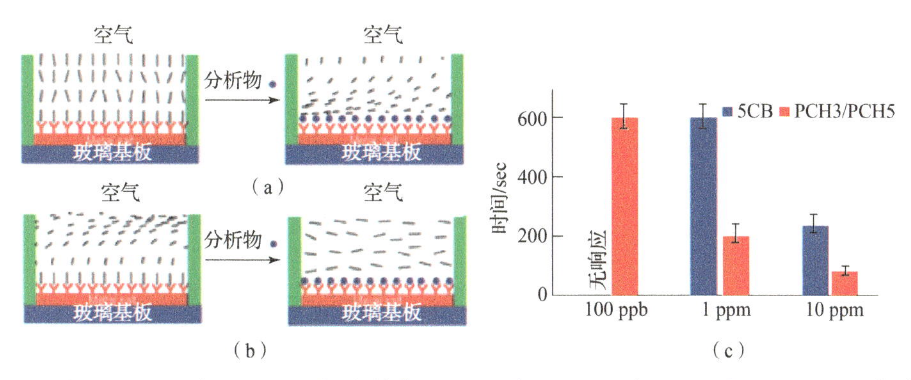

图 2.16 4－氰基－4－戊基联苯（5CB）与 4－(反式－4－戊基环己基）苄腈（PCH5）和同系物 4－(反式－4－丙基环己基）苄腈（PCH3）的混合物对暴露于甲基膦酸二甲酯（一种神经毒剂兴奋剂）等分析物的响应示意图比较。（a）在暴露于分析物之前和之后，在自由表面具有垂直锚定的液晶 5CB 的指向矢分布。（b）在暴露于分析物之前和之后，具有与金属盐修饰的表面的配位相互作用和在自由界面处的平面锚定的 PCH5/PCH3 的指向矢分布。（c）两个传感器对不同浓度分析物的响应时间。与 5CB 相比，PCH5/PCH3 液晶传感器具有更高的灵敏度和更快的响应时间。来源：K. Nayani, P. Rai, N. Bao, H. Yu, M. Mavrikakis, R. J. Tweig, and N. L. Abbott, 2018, Liquid crystals with interfacial ordering that enhances responsiveness to chemical targets, *Advanced Materials* 30(27):1706707, © 2018 WILEY－VCH Verlag GmbH & Co. KGaA, Weinheim.

结果是一种通用夹持器①，一种具有可调自适应柔顺性的原型材料，可以抓取和移动任何形状的物体，在机器人技术中具有明显的用途。

颗粒材料中的颗粒可以是从微米（如胶体颗粒）到米级或更大尺度（如巨砾）的任何尺寸。微米尺度上的一个应用是，通过在表面吸收颗粒堵塞来增加表面密度形成特定形状，并由此产生非零的剪切模量②。

许多关于颗粒材料的工作都集中在球形无摩擦颗粒的堵塞上，但最近的研究强调了摩擦的重要性。作为外部剪切应力和颗粒体积分数的函数，干燥无摩擦球的相图显示了未堵塞和各向同性堵塞相［图 2.17（a)］，而具有摩擦的颗粒的相图显示了另外两个相［图 2.17（b)］：抵抗沿一个维度（2D）的力而不是另一个维度的力的易碎相，以及抵抗沿两个方向的应力但沿一个方向比另一个方向具有更大强度的剪切堵塞相③。在颗粒材料和堵塞方面的工作对理解稠密悬浮液的机械和流动特性产生了重大影响。

① E. Brown, N. Rodenberg, J. Amend, A. Mozeika, E. Steltz, M. R. Zakin, H. Lipson, and H. M. Jaeger, 2010, Universal robotic gripper based on the jamming of granular material, *Proceedings of the National Academy of Sciences U. S. A.* 107(44):18809－18814.

② M. M. Cui, T. Emrick, and T. P. Russell, 2013, Stabilizing liquid drops in nonequilibrium shapes by the interfacial jamming of nanoparticles, *Science* 342:460－463.

③ D. Bi, J. Zhang, B. Chakraborty, and R. P. Behringer, 2011, Jamming by shear, *Nature* 480(7377):355.

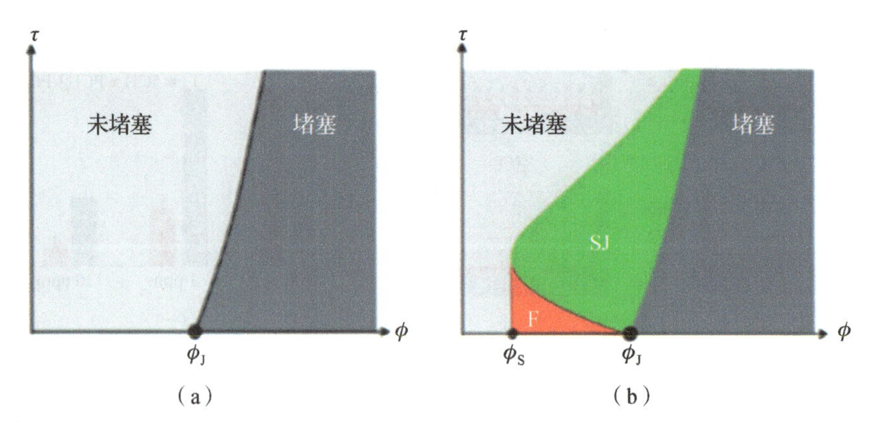

图 2.17 颗粒物质的相图，作为颗粒体积分数 ϕ 和剪切应力 τ 的函数。左图：球形无摩擦颗粒，显示堵塞和未堵塞区域以及 J 处的零应力堵塞点。右图：有摩擦的球形颗粒，显示未堵塞、堵塞、易碎（F）和剪切堵塞（SJ）区域。来源：经 Springer Nature 许可转载：D. Bi, J. Zhang, B. Chakraborty, and R. P. Behringer, 2011, Jamming by shear, *Nature* 480:355 - 358. 版权 2011。

硬物包装

液体、固体和玻璃的结构与有序和无序（无规）硬球填料的体积分数密切相关。模拟结果表明，硬四面体形成具有 12 倍对称性的柱状准晶，堆积分数为 0.85，而面心立方晶体结构（FCC）晶格中的球体堆积分数为 0.74。该四面体堆积分数明显高于最初的分析估计值。这种晶格的一个模型版本由纳米颗粒的正方形和三角形元素组成，具有有针对性的相互吸引作用①。基于定向熵力，现在有一个由不同形状的硬粒子产生的相的详尽“周期表”。当然，有无数种形状，并且研究人员已经做了一些工作来确定产生最高随机堆积密度的形状。对由重叠球组成的颗粒堆积的探索产生了随机堆积分数为 0.73②的三角形颗粒，几乎与 FCC 晶格上的球一样高（见图 2.18）。

具有更奇特形状的粒子，如字母 Z（或如前面讨论的 Y），具有有趣的性质。它们在自身重量的作用下卡住了，因此，它们进入了建筑师的想象空间，它们建造了稳定的结构，比如拱门。或者，绳索可以提供足够的目标压缩，以稳定建筑尺寸颗粒的颗粒堆积。这个新的领域现在属于自由建筑学范畴。

---

① X. Ye, J. Chen, M. E. Irrgang, M. Engel, A. Dong, S. C. Glotzer, and C. B. Murray, 2017, Quasicrys - talline nanocrystal superlattice with partial matching rules, *Nature Materials* 16(2):214.

② L. K. Roth and H. M. Jaeger, 2016, Optimizing packing fraction in granular media composed of overlapping spheres, *Soft Matter* 12:1107 - 1115.

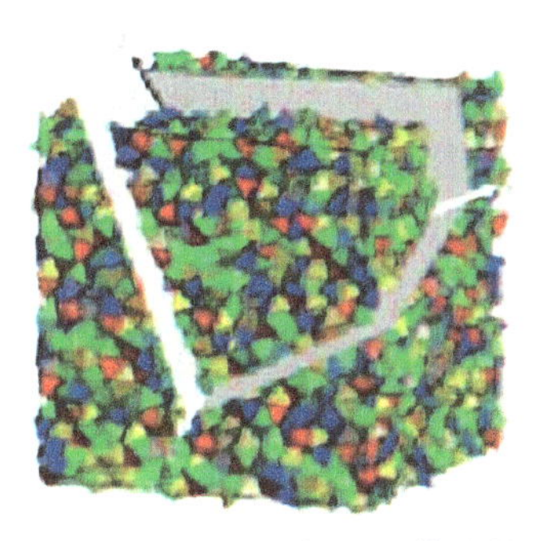
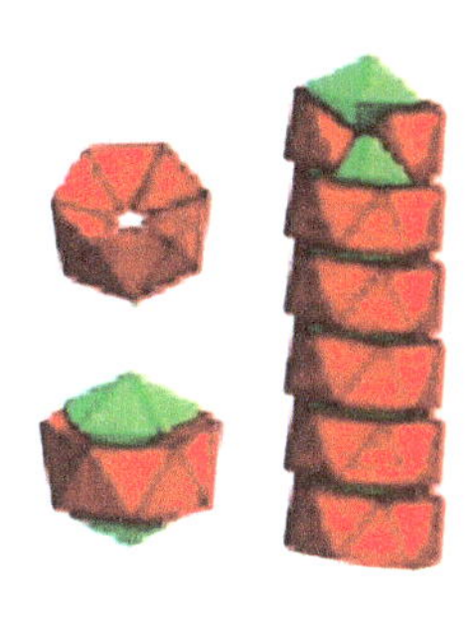

图 2. 18　左图：12 重准晶中四面体的构型。右图：四面体的局部构型和它们形成的柱状结构。来源：经 Springer Nature 许可转载：A. Haji - Akbari，M. Engel，A. S. Keys，X. Zheng，R. G. Petschek，P. Palffy - Muhoray，and S. C. Glotzer，2009. Disordered，quasicrystalline and crystalline phases of densely packed tetrahedra，*Nature* 462：773 - 777，doi：10. 1038/nature08641，版权 2009。

材料的性质通常是由它们所表现出的不同形式的秩序或对称性破缺造成的。例如，晶体的刚性源于其周期性结构，液晶的光学性质源于其在特定方向上的分子排列①。一种更微妙的有序形式，称为超均匀性②，其特征是密度波动减少。如果粒子随机分布在 d 维空间中，则半径为 R 的球体中粒子数的均方波动与球体中的平均点数或 $N \sim R^d$ 成比例。在超均匀系统中，这些涨落增长为 R^s，其中 s 位于 d 和 $d-1$ 之间。超均匀性可以在无序系统中实现。计算和实验表明，超均匀结构具有光子带隙③。虽然我们还不清楚带隙的存在是否需要超均匀性，但现在清楚的是，没有周期性的完全带隙是可能的。这就提出了一个基本问题，即制造带隙材料需要什么性质。在具有短程相互作用的平衡材料中不存在超均匀无序结构。它们是在平衡状态下产生的——例如，在干扰点处的干扰系统中，以及在诸如周期性剪切随机组织动力学的驱动系统中，在它们的临界点处。超均匀图案可以在计算机上生成，并以加法方式制造。

软 2D 材质

2D 薄片是一种有趣的软物质形式，因为它们能够以非常小的能量消耗变形为 3D。原子级厚度的单层石墨烯可能是自然界最完美的 2D 材料。它最出名的是其迷人的电子性质，但它也具有非常有趣的弹性性质，其在过去十年

---

① P. Chaikin and T. Lubensky，1995，*Principles of Condensed Matter Physics*，Cambridge University Press，Cambridge，U. K.

② S. Torquato and F. H. Stillinger，2003，Local density fluctuations，hyperuniformity，and order metrics，*Physical Review E* 68（4，Pt. 1）：041113.

③ M. Florescu，P. J. Steinhardt，and S. Torquato，2013，Optical cavities and waveguides in hyperuniform disordered photonic solids，*Physical Review B* 87：165116.

中首次被测量①。在零温度下，这些性能由测量平面内应变阻力的 2D 杨氏模量和测量平面外弯曲阻力的弯曲刚度控制；前者产生比钢的 3D 杨氏模量大三个数量级的片材堆叠的 3D 杨氏模量。石墨烯很像纸：它很难拉伸，但很容易弯曲。拉伸与弯曲的相对强度的定量测量是福普尔 – 冯 · 卡门方程，其中的 νK 数值越大，越容易折叠。一张 20 厘米见方的纸有 $\nu K \sim 10^{7}$，而由石墨烯制成的相同正方形在零温下具有 $\nu K \sim 10^{11}$。对石墨烯来说，与纸张不同，热波动很重要。热激发弯曲模式导致大量弯曲模量和杨氏模量的长度尺度相关重整化。很容易看出这些模式是如何影响弯曲模量的：平面层的波纹使其更难弯曲。对石墨烯条在水中的有效弯曲刚度的测量显示，相对于其裸零温值，其增强了 4 000 倍，这与热增强理论在定性上非常一致，但它们并不排除淬火高度波动或其他机制可能有助于这种增强的可能性。

第二类变形到三维的 2D 薄片是橡胶材料，其具有比石墨烯小得多的 νK 数，但仍然可以很容易地折叠。这些薄片的有趣之处在于，其上的 2D 图案可以根据外部条件（如温度、化学势或光强度）的变化产生受控的形状变化。在一个方案中，制备具有交联密度径向梯度的 N – 异丙基丙烯酰胺（NIPA）凝胶的平圆片，当加热时，NIPA 凝胶在温度 $T_C = 33$ ℃时经历急剧的可逆转变，其特征在于依赖交联密度的体积减少。因此，在加热时，不均匀交联的片材将经历差异收缩，导致其弯曲到平面外。根据初始不均匀交联密度的知识，我们可以以良好的精度计算出最终的 3D 形状。该方法的另一种形式是半色调方法（如报纸照片中使用的方法），其中在较低硬度的背景片上引入较高硬度的圆点，以产生由点密度控制的不均匀膨胀因子。

向列型弹性体和玻璃（基本上是交联向列型聚合物）的单轴各向异性为在平板上打印公制张量提供了不同的途径。在加热（冷却）时，这些材料在沿着局部指向矢的方向上收缩（膨胀），并且沿着相反的方向膨胀（收缩）。因此，加热导致初始平板变形为由其原始压印的指向矢构型施加的三维。例如，如图 2. 19 所示，具有植入 +1 磁向的板材，其中导向器遵循围绕缺陷核心的轮廓，将沿其圆周拉伸，但沿其半径扩展并变形为圆锥体。图 2. 19（c）所示的周期性结构的扩展版本可提升高达其自身重量 100 倍的高度，而不会发生屈曲。与 kirigami 的情况一样，已经开发出经过实验验证的算法②，用于指定二维控制器配置，该配置将产生任何 3D 形状，如包括面部③。

---

① M. K. Blees, A. W. Barnard, P. A. Rose, S. P. Roberts, K. L. McGill, P. Y. Huang, A. R. Ruyack, et al., 2015, Graphene kirigami, *Nature* 524(7564):204.

② C. Modes and M. Warner, 2016, Shape – programmable materials, *Physics Today* 69(1):32.

③ Aharoni et al., 2018, Universal inverse design of surfaces with thin nematic elastomer sheets, *Proceedings of the National Academy of Sciences U. S. A.* 115:7206.

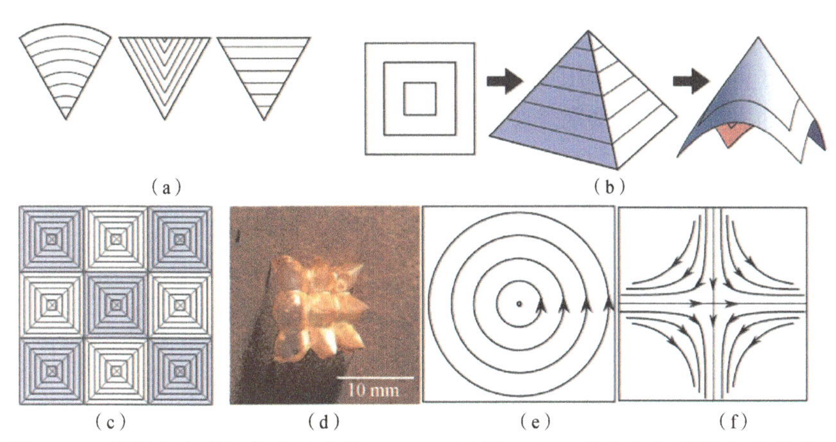

图 2.19　使用向列弹性体和玻璃的 Kirigami 示例。(a) 指向矢与线相切的图案；(b) 闭合模式——拓扑上等效于 (d) 中所示的 +1 缺陷的配置。在加热时，该图案平行于指向矢收缩，并在垂直方向上膨胀以形成金字塔，其中尖角最终松弛；(c) 更复杂的指向矢图案，以及 (d) 得到的实验 3D 结构，其可以支撑超过其自身重量 100 倍的重量；(e) 和 (f) 分别为 +1 和 −1 拓扑缺陷。来源：图 (a − c, e − f) 经许可转载自 C. Modes and M. Warner, 2016, Shape − programmable materials, *Physics Today* 69(1):32 − 38, © 2016 American Institute of Physics, https://doi.org/10.1063/PT.3.3051。图 (d) 来自 T. H. Ware, M. E. McConney, J. J. Wie, V. P. Tondiglia, and T. J. White, 2015, Voxelated liquid crystal elastomers, *Science* 347(6225):982 − 984；经 AAAS 会许可转载。

活性物质

活性物质材料由均匀分布的自驱动单元组成，能够将储存的或周围的自由能转化为系统运动。活性粒子之间的相互作用以及与它们所处的介质之间的相互作用，产生了高度相关的集体运动和机械应力①。这些系统从根本上是不平衡的，没有热力学最大熵原理来控制它们的性质。因此，即使它们的稳态行为也常常是奇异的。生物细胞是活性物质的典型形式，目前研究人员正在研究各种其他形式，如鱼群、细菌浴、摇动的 2D 颗粒气体、各种二磷酸腺苷驱动的人工系统。

活性物质的特征在于其活性成分的对称性（丝状颗粒或简单的圆盘形或球形颗粒的极性或非极性）以及它们在其中移动的介质（例如，在干燥基质上或在液体基质中，可能是黏弹性流体）。极性和非极性介质的流体动力学理论已经发展并应用于模型“体外”系统和活细胞。他们预测了活性物质的各

① 见 T. B. Liverpool, 2013, “BGER − Visits to Research Groups in the departments of Chemical Engineering, Evolutionary Biology and Mechanical Engineering at Princeton”, https://research − information.bristol.ac.uk/en/activities/bger——visits − to − research − groups − in − the − departments − of − chemicalengineering − evolutionary − biology − and − mechanical − engineering − at − princeton%283ad890cb − 55f1 − 4664 − 8695 − ff49e6f21246%29.html。

种性质，如自发流动、流变响应以及拓扑缺陷的形成和消除。事实证明，具有自走粒子间特定相互作用或包括肌球蛋白等分子马达作为主动运动源的更微观模型也非常有用，特别是在数值模拟方面（见图 2.20）。

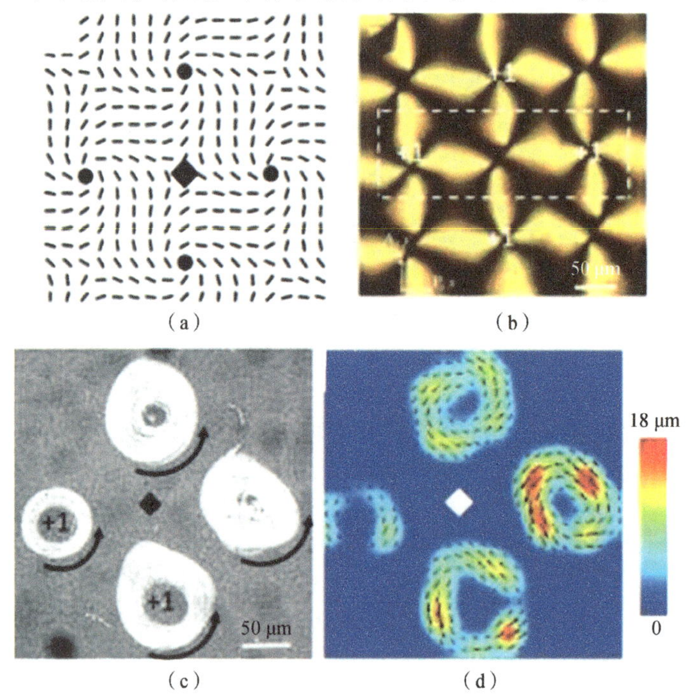

图 2.20　细菌菌落在上述图案化表面上的生物相容性发色向列相中的实验。（a）外部施加的指向矢图案，中心有一个 -1 缺陷（菱形），周围有 4 +1 个缺陷；（b）图案的偏光显微镜纹理；（c）围绕四个 +1 旋涡的逆时针轨迹；（d）相应速度图。来源：来自 C. Peng, T. Turiv, Y. Guo, Q. -H. Wei, and O. D. Lavrentovich, 2016, Command of active matter by topological defects and patterns, *Science* 354:882 - 885, doi: 10.1126/science.aah6936, 经 AAAS 许可转载。

实验已经研究了各种类型的自推进单元，包括振动基底上的细菌和颗粒。特别令人感兴趣的是使用分子马达的那些。在一个版本的模型中①，平面基底覆盖有固定的分子马达，其由三磷酸腺苷提供燃料，推动上述流体中的肌动蛋白丝。在临界灯丝密度以上，该系统自组织成具有持续密度调制的相干移动结构。在另一个版本中，成束的微管由分子马达驱动②。在足够密度下的结果是具有

① V. Schaller, C. Weber, C. Semmrich, E. Frey, and A. R. Bausch, 2010, Polar patterns of driven filaments, *Nature* 467(7311):73.

② F. C. Keber, E. Loiseau, T. Sanchez, S. J. DeCamp, L. Giomi, M. J. Bowick, M. C. Marchetti, Z. Dogic, and A. R. Bausch, 2014, Topology and dynamics of active nematic vesicles, *Science* 345(6201): 1135 - 1139.

局部向列有序的系统，该系统具有形成、扭曲并最终成对湮灭的向错缺陷。

2.6　结构化材料

在过去的十年中，材料性能的计算设计、具有纳米到微米控制的制造工艺（折纸和 Kirigami 启发的制造、光刻、自传播光聚合物、增材制造等；见第四章），以及具有同样精细分辨率的实验表征方法让使用材料形状或结构，通过在适当尺度上的结构控制来创造具有根本上优越性能的新型块状材料成为可能。在过去的几个世纪里，拱、柱、梁和扶壁使建筑物、塔楼和桥梁的构造发生了革命性的改变，同样，材料界现在正在开发材料建筑，以在多个维度上扩展材料设计空间，独立地操纵当前耦合的材料属性，并开发具有比固体物体更优越属性的材料。随机金属泡沫已经让位于具有更精细特性和更广泛材料类别和功能的超材料和微晶格①。在过去的十年中，实验室数量的材料在比强度和比刚度、能量吸收率、负泊松比、零热膨胀、热导率以及电磁传感、过滤、隐形和通信方面都有突破性的改进。图 2.21 展示了这种方法如何填补材料强度与密度之间的性能差距。

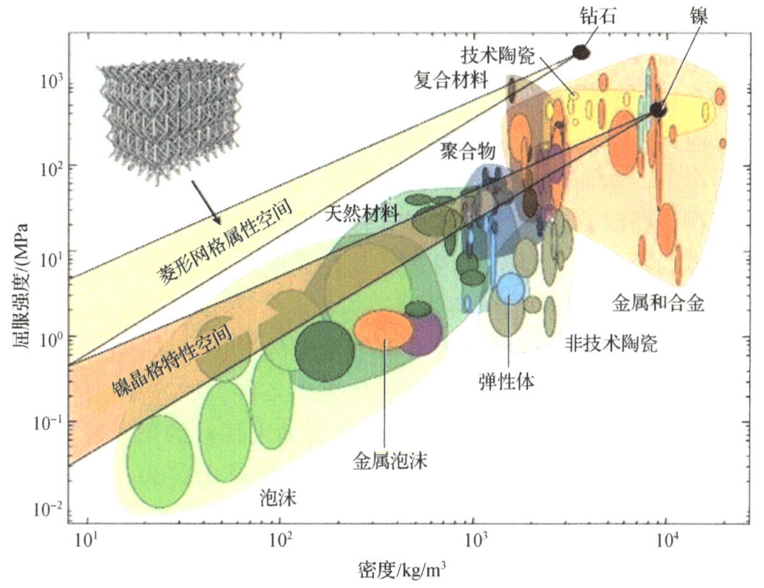

图 2.21　在生产具有高屈服强度的轻质材料时，建筑结构可用于填充空隙。该图展示了与常规块状材料相比，镍基和金刚石基晶格占据的性能空间。来源：经许可转载自 T. A. Schaedler and W. B. Carter, 2016, Architected cellular materials, *Annual Review of Materials Research* 46:187 – 210；经 Copyright Clearance Center 公司授权。

① G. V. Franks, C. Tallon, A. R. Studart, M. L. Sesso, and S. Leo, 2017, Colloidal processing: Enabling complex shaped ceramics with unique multiscale structures, *Journal of the American Ceramics Society* 100:458 – 490.

2.7 催化材料

催化剂是促进反应物化学转化为所需产物的材料。它们的全球重要性可以从一个简单的事实中看出，即在2018年，它们构成了一个价值200亿美元的产业。大多数催化剂（约80%）是多相的（由液体反应混合物中的固体催化剂组成）；而另一些（17%）是均相的（其中催化剂处于与反应物相同的相——气相或液相）；而还有一小部分（大约3%）是基于酶的。酶催化剂包括一种具有提高化学反应速率的活性位点的蛋白质。

在合成、表征和预测建模方面的持续进展，如第四章中更详细的描述，已经引发了几类新的催化材料的诞生，这些材料可能超越了上述三种类型之间的划分。通过控制合成路径，如原子层沉积和在反应条件下工作的原位技术，我们已经取得了很大进展。表征技术包括许多光谱、显微和色谱，现在能够实时量化吸附、解吸、扩散和反应特性以及催化剂中的结构变化。同时，高通量计算筛选与数据支持方法相结合，有助于确定描述符和材料设计原则，以加快发现成本效益高的催化剂。由于这些成果，我们已经开发出混合形式的催化剂，其表现出增强的反应性和产物选择性。

活性中心多相催化的性质决定了其对特定化学反应的活性和选择性。对于给定的反应，理想的活性位点将以最高的可能速率和最低的反应温度将反应物转化为产物，从而节省大量的能量。其次，理想的活性位点将只产生所需的一组产物，而没有副产物，这将节省后续昂贵的产物分离过程所需的能量。活性位点的第三个主要考虑因素是其在反应环境中的长期稳定性。理想的催化剂在几年内不需要再生或更换。

在过去的十年中，新材料方面取得了很大的进展，这些新材料不仅可以催化一系列重要的化学反应，还可以催化表面条件，如等离子体辅助的热电子催化①。一类这样的材料依赖于后过渡金属纳米颗粒的形状控制湿法合成。图2.22展示了铂的八面体和立方纳米笼，纳米笼厚度仅为几个原子层②。这些具有良好限定的面的中空结构通过消除对芯材料的需要而使原子效率最大化，同时暴露壳体的内表面和外表面，以使活性催化表面面积最大化。第一性原理理论已经指导实验朝向每个面的最佳厚度，以及暴露于结构敏感反应

---

① J. Y. Park, L. R. Baker, and G. A. Somorjai, 2015, Role of hot electrons and metal – oxide interfaces in surface chemistry and catalytic reactions, *Chemical Reviews* 115(8):2781 – 2817.

② L. Zhang, L. T. Roling, X. Wang, M. Vara, M. Chi, J. Liu, S. – I. Choi, et al., 2015, Platinum-based nanocages with subnanometer – thick walls and well – defined, controllable facets, *Science* 349(6246):412 – 416.

的最活跃类型的面。中空结构显示出氧还原活性，这是低温燃料电池的关键反应，与商用 Pt/C 相比，其质量活性高五倍，并且耐久性显著增强。

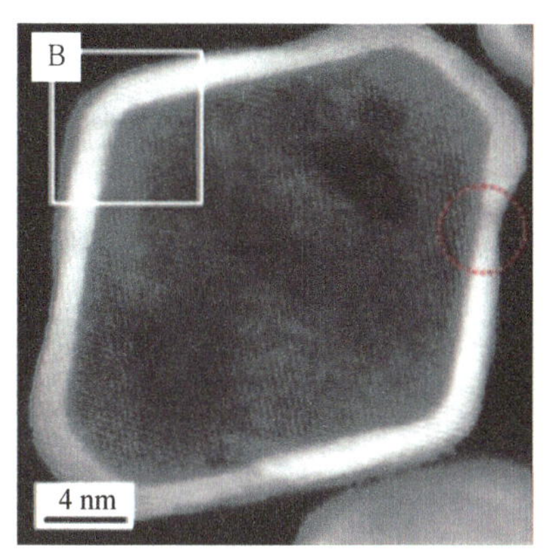

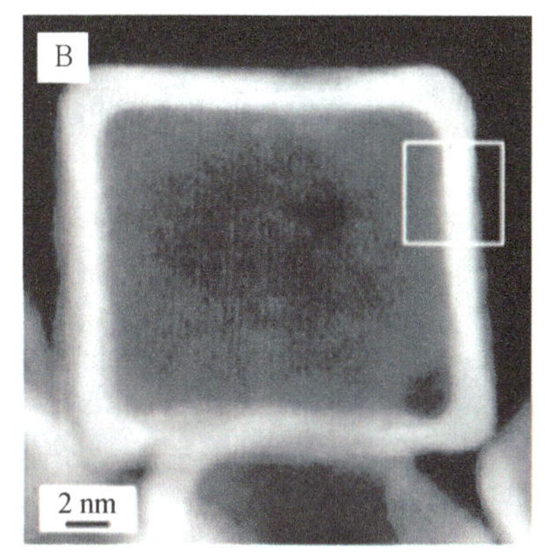

图 2.22　用于稳定和高效低温催化的铂空心纳米笼。来源：L. Zhang，L. T. Roling，X. Wang，M. Vara，M. Chi，J. Liu，S. – I. Choi，et al.，2015，Platinum – based nanocages with subnanometer – thick walls and well – defined，controllable facets，*Science* 349：412 – 416，经 AAAS 许可转载。

纳米颗粒的最终尺寸极限是单原子或纳米团簇。这些原子通常负载在基底上，并且催化活性可以与金属原子以及周围的载体结构相关。分子动力学计算机模拟已被用于理解相互作用，并发现单个原子可能从纳米团簇中释放出来，成为反应的活性位点，该原子在反应完成后返回团簇中。

表征能力的进步，不但在空间、时间和能量分辨率方面，而且在操作条件下进行原位实验的能力方面，加速了对催化循环过程中发生的动态结构和组成变化的理解①。多模式实验工具现在允许在实时和操作条件下在单个实验中探测结构和组成变化。层析成像方法如今提供了对多孔基底和纳米颗粒的分散以及基底上和基底中的氧化物的三维洞察，以识别活性位点和元素分布的信息。

这些原位和操作能力为催化过程中发生的动态结构和组成过程提供了新的见解。例如，镍 – 铁纳米颗粒在 H_2 气体中还原后再沉积，CO_2 氧化后再沉积。这种成分变化在图 2.23 中显示，该图展示了氧化时 Ni – Fe 纳米颗粒成分变化的能量色散 X 射线光谱图。在图上，铁是红色，镍是绿色②。镍和铁在氧化时从均匀分布到不均匀分布的再分布十分明显。铁而不是镍已被氧化，与

① F. Tao and P. A. Crozier，2016，Atomic – scale observations of catalyst structures under reaction conditions and during catalysis，*Chemical Reviews* 116(6)：3487 – 3539.

② S. A. Theofanidis，V. V. Galvita，H. Poelman，and G. B. Marin，2015，Enhanced carbon – resistant dry reforming Fe – Ni catalyst：role of Fe，*ACS Catalysis* 5(5)：3028 – 3039.

碳反应的是表面的氧化铁。如图 2.23（c）[①] 所示的脱合金化和再合金化示意图展示了铁的氧化和元素再分布如何导致碳积累的减少。已知这会降低催化剂在甲烷干重整中的效率。

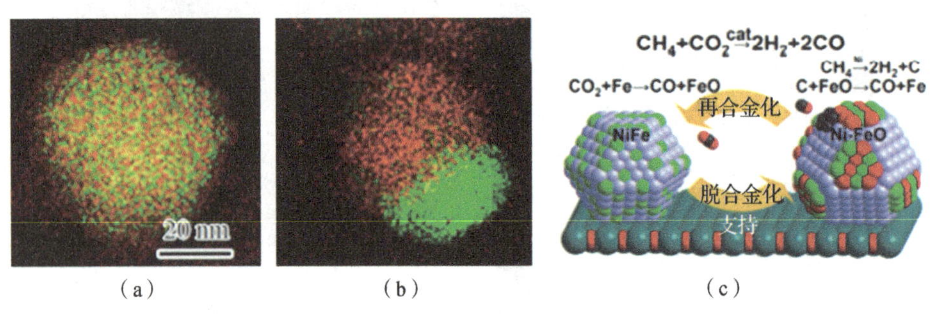

（a）　　　　（b）　　　　（c）

图 2.23　Ni－Fe 颗粒成分变化的能量色散 X 射线光谱图。（a）在氢气中还原后的成分；（b）在 CO_2 中氧化后的成分；（c）脱合金化和再合金化反应以及碳与氧化铁相互作用的示意图。在成分图中，红色对应 Fe，绿色对应 Ni。来源：S. A. Theofanidis，V. V. Galvita，H. Poelman，and G. B. Marin，2015，Enhanced carbon－resistant dry reforming Fe－Ni catalyst：role of Fe，*ACS Catalysis* 5(5)：3028－3039，版权所有 2015 年美国化学学会。

由于需要增加催化剂的表面积、减少贵金属的使用，并提高纳米颗粒的稳定性，我们在将纳米颗粒限制在开放结构体系中，如金属有机骨架、新型沸石、沸石咪唑盐骨架、多孔有机聚合物和材料、碳纳米管等方面已取得相当大的进展。引入约束笼的结果是，它创造了与整体不同的局部环境。这导致了选择性和反应性的增强，并开辟了具有更快反应速率的新反应途径。

第一性原理计算方法已被广泛用于解释光谱数据，计算结合能和活化能垒，提供电子结构信息以及基元反应步骤的反应能量学，从而使人们对催化中的结构－活性和结构－选择性相关性有了前所未有的理解。此外，原子级热力学模拟已被证明提供了关于在反应条件下催化相的性质的基本见解。例如，密度泛函理论计算与超高真空表面科学研究相结合，揭示了作为催化粒子及其载体所处的环境的压力、温度和化学势的函数，粒子可以在表面上呈现不同的形式。重要的是，现代电子结构理论方法，结合详细的微观动力学模型，已经能够预测具有独特结构和组成的催化材料，与通过反复试验发现的材料相比，其具有改进的催化性能。

另一个活跃的研究领域是亲氧性金属促进剂（如 Fe、Mo、Re、Zr、Mn、Sn）到可还原的金属纳米颗粒（如 Pt、Rh、Cu）的表面上，以产生含有界面

① Z. Bian，S. Das，M. H. Wai，P. Hongmanorom，and S. Kawi，2017，A review on bimetallic nickel－based catalysts for CO_2 reforming of methane，*ChemPhysChem* 18(22)：3117－3134.

位点的催化剂，这些催化剂在重要的反应中表现出高活性，如水煤气变换、甲烷转化为乙烯、合成气转化为醇和烯烃以及环醚的氢解。

由于需要增加催化剂的表面积和减少贵金属的使用，人们的注意力已经转向新的几何结构，如由金属有机骨架（MOFs）、新型沸石、沸石咪唑盐骨架、介孔材料、2D 材料和单点催化剂提供的那些几何结构。挑战在于合成具有可控、可再现和稳定性质的材料。在这方面，碳基材料因具有简单的结构而吸引了大量的关注，因为简单的结构促进了热和质量传输现象，提升了热力学稳定性，展现了无金属催化剂的前景。它们的高化学惰性使它们能够承受在腐蚀性介质中的操作。用氮和氧物质进行表面功能化或基质掺杂可以进一步调节它们的表面反应性。碳基催化剂可应用于氢氧化、脱硫和液相酯交换反应。

2.8　结论

在过去的十年中，材料科学和工程的所有领域都取得了重大进展，这在很大程度上得益于实验学家与计算材料科学家的合作以及材料信息学提供的重要帮助。用于催生新材料及高质量材料基础研究方面的材料合成和加工仍然是一个持续的挑战。在过去的十年中，基础发现的步伐加快了，许多新材料与新工艺（有些是意料之外的）进入了商用和日常生活。

第3章
材料研究的机遇

材料研究涵盖了从最终应用制造部件到复杂多体现象基础研究的广阔范围。一种评估材料研究机遇的经典方法是根据材料的特定类型或类别进行，如合金、半导体、超导体和陶瓷。这种针对特定学科的研究可以充分利用当前最先进的知识，并且拥有如第2章中所描述的材料研究进展的可靠记录。另外，能源或数据科学等受应用启发的研究可以激发广泛的交叉材料研究和发展，从而带来有益的社会影响。此外，基础发现型科学研究可以催生新的超越现有材料认知的科学进展，并有可能衍生出全新的材料功能。以上三种材料研究方法并不相互排斥，一般来说，每一种方法都受益于从其他方法中获得的知识。本章将对预计在未来十年间出现的引人注目的材料研究机遇进行概述。本章起始（第3.1节～第3.6节）根据经典材料类型对这些研究机遇进行了分类阐述，而后的几节（第3.7节～第3.9节）阐述了几个受应用启发的跨学科材料研究机遇。本章暂未明确讨论基础发现型科学，因为就其本质而言，其涉及的是无拘束的探索性研究。

3.1 金属

本节在第一部分介绍了包括高熵合金（HEA）在内的金属和合金的基础研究，并在进一步的讨论中涉及纳米结构合金。

3.1.1 传统金属与合金的基础研究

金属和合金的基础研究以前所未有的清晰度和精确度阐明了与相变、缺陷、界面形成以及演化相关的原子和介观尺度过程，以此支撑基础材料研究，这些过程不仅影响着金属与合金的合成和性能，一般来说也影响着其他材料的合成和性能。对金属的研究也为理解陶瓷、半导体、复合材料和杂化材料在不断扩大的长度和时间尺度上的结构相关性能与加工工艺提供了支撑①。在强大的热力学和结构数据库支持下，计算材料科学与工程的基础性进展与金属和合金的原位、过程和事后（Post – Mortem）三维（3D）以及时间相关的四维（4D）表征相结合，开创了材料研发的数字时代。在未来的十年间，金属和合金的基础研究预计将继续促成革命性的科学新进展，并且加深人们对材料行为的理解，这将推动新材料设备和系统的出现。金属无处不在，从用于能源生产、基础设施与物流运输的钢、铝和镍基超级合金，到钛和形状记忆合金生物医学植入物，再到用于热学与电力功能的金属薄膜和集成电路通孔，以及用作催化剂和用于癌症治疗的纳米颗粒。未来十年有前景的研究领域包括在相同的长度与时间尺度上进行的实验和计算耦合建模研究（由于实验和计算的限制，这一研究至今仍不可能实现），原位/操作过程中实验表征数据的实时分析（而不是传统的测量后再详细分析），加工工艺和组成成分的创新，以实现下一代高性能轻质合金、超高强度钢和耐火合金，以及多功能高结构化材料体系（Multifunctional highly architected materials systems）的设计和制造。第 5 章讨论了金属与其他材料在先进制造工艺中蕴含的新兴机遇。下面将介绍两个最近引起极大关注并均具有很好研究前景的金属研究案例，以突出对加工 – 结构 – 特性 – 性能关系理解的持续深入。这些案例的选择本质上是主观的，而且保持对该领域的广泛支持与关注是非常必要的，这样才不会忽略那些非常重要的惊奇发现。

3.1.2　高熵合金

高熵合金，也被称为复杂成分或多主元素合金（Multiprincipal Element Alloys，MPEAs），它拥有巨大的组分库（Compositional Space），过去十年取得的进展可能只是这类有前景的合金发展的冰山一角②。高熵合金与常规合金（其中通常存在一种称为溶剂的主要元素和一种或多种次要浓度元素）的不同之处在于五种或更多种元素的占比是相当的。最初人们认为这可能会增加构形熵（Configurational Entropy），但现在人们认为熵的作用不再重要。然而，很明显，常规合金中不存在的其他浓缩合金化效应（Concentrated Alloying Effects）也在起作用。多种元素并行或顺序作用的协同效应似乎产生了在常规合金中难以实现的效果。例如，当涉及机械行为时，人们也许能够克服强度 – 延展性协调这一结构材料中长期存在的难题。有了正确的科学理解，人

① C. A. Handwerker and T. M. Pollock, 2014, Emerging science and research opportunities for metals and metallic nanostructures, *Journal of the Minerals, Metals & Materials Society* 66(7):1321 – 1341.

② D. B. Miracle and O. N. Senkov, 2017, A critical review of high – entropy alloys and related concepts, *Acta Materialia* 122:448 – 511. National Science Technology Council, 2017.

们可以设想调整层错能、孪晶能、相不稳定性等因素以触发多种相变增韧机制。在环境温度下，这将导致材料具有高韧性与高吸能能力，继而可以使其应用于汽车中的皱缩区（Crumple Zones），增加抗爆性，或减少循环疲劳。为了预测不同合金元素对强度和韧性的影响规律，研究人员需要了解每种元素如何影响其局部环境。简单地使用戈尔德施米特（Goldschmidt）半径来计算体积失配并不适用于浓缩合金（Concentrated Alloys）。局部“化学”和原子相互作用是很重要的。在另一种极端情况下，对每种情况进行全面的密度泛函理论（Density Functional Theory，DFT）计算是不可能的。使用相对容易测量的物理参数，对不同元素如何影响强度建立简单的“相关性”会有所帮助。在高温下，人们能够利用“缓慢（Sluggish）”扩散从动力学上限制热力学中可能存在的现象。虽然单相 MPEA 不太可能用作高温材料，但类似于镍基高温合金的多相 MPEA 发展具有重要的前景。更好地理解 MPEA 中的固溶效应有助于研究人员得到更好的多组元相。另外，某些特定的相以及相间的反应途径仅可以在更有序的系统中存在。通过运用上述内容，人们能够创建在更简单的（常规）合金中不可能的微观结构。想要高效和低成本地做到这一点将需要开发可靠的实验和计算热力学数据库，而这些数据库目前在范围和广度上都非常有限。

3.1.3 纳米结构合金

纳米材料合成、表征和建模方面的变革性进展催生了大量利用加工 - 结构 - 性能之间关系的纳米科学研究活动，以创造出具有超高强度和其他不寻常性能的纳米结构材料[①]。基于位错的塑性纳米尺度扰动（Nanoscale Disturbance of Dislocation - based Plasticity）是提高强度的基础，但这可能会降低整体延展性。纳米晶体金属通常比对应的常规微晶金属具有更高的硬度和强度，但通常表现出低得多的拉伸延展性，这一事实证明了强度 - 延展性协调面临挑战。纳米晶体金属还易受热和微观力学结构不稳定性的影响，并且具有较低的电导率。相比之下，纳米孪晶金属提供了类似纳米晶体材料的强度增强，同时还实现了更好的性能平衡——例如，高延展性、更良好的微观结构稳定性和低电阻率[②③]。大量的研究已经证明在低层错能金属和合金中存在这些增

① National Science Technology Council, 2017, *The National Nanotechnology Initiative: Supplement to the President's* 2018 *Budget*, https://www.nano.gov/sites/default/files/NNI - FY18 - Budget - Supplement.pdf.

② L. Lu, Y. Shen, X. Chen, L. Qian, and K. Lu, 2004, Ultrahigh strength and high electrical conductivity in copper, *Science* 304(5669):422 - 426.

③ I. J. Beyerlein, X. Zhang, and A. Misra, 2014, Growth twins and deformation twins in metals, *Annual Review of Materials Research* 44:329 - 363.

强现象，并将它们与硬取向和软取向滑移系统（Hard and Soft Slip Systems）的激活、位错与共格孪晶界的相互作用以及去孪晶关联起来。最近报道的纳米孪晶 NiMoW 合金具有比高强度钢还高出几倍的强度、更好的微观结构稳定性、可调节的延展性以及与大多数合金相当的导电性，这将纳米孪晶材料的合成范围扩展到具有高层错能的高温合金①。基于过去十年对纳米材料合成、表征和建模的大量深入研究，仍有几个重要问题有待解决。特别是，我们仍然需要实验和建模来确定纳米孪晶材料中的变形机理，以及阐明分解应力（Resolved Stresses）的作用，并更好地理解微观结构演变。有了这些知识，理解合金化学和沉积参数对微观结构演变的影响机制将支撑在各种材料中定制纳米孪晶和多种性能。在未来的十年中，我们有可能实现包含多种硬化方法的纳米结构材料的定制化设计与制造（例如，在纳米孪晶材料中精细分散的基体纳米颗粒），这将使高强度、高韧性材料领域得到显著的发展。

3.2 陶瓷、玻璃、复合材料和杂化材料

本节首先讨论了陶瓷和无机玻璃，以及决定它们性能的普遍存在的缺陷结构和提高能源效率的加工机遇。此外，本节还介绍了复合材料和杂化材料，包括杂化纳米复合材料和软体机械。对材料研究来讲，这是一片充满机遇的沃土，需要不同类型的材料和材料之间界面相互作用的专业知识。

3.2.1 陶瓷与玻璃

2016 年 9 月，NSF 主办的研讨会上明确了陶瓷和玻璃研究的新兴机遇②。除了下述将要强调的主题外，还有其他章节也讨论了陶瓷或玻璃相关的材料，包括极端环境材料（见第 3.7.3 节）、热障涂层（见第 3.9.4 节）和增材制造（见第 4.2.4 节）。

高能效的陶瓷加工工艺

历史上，陶瓷体的致密化是使用高温烧结进行的，这通常需要数小时才能完成。在过去的十年中，通过电流或非接触外加场的场辅助工艺已经在更低的温度和更短的时间内实现了增强的致密化。对于导电陶瓷，电流辅助至

---

① G. -D. Sim, J. A. Krogstad, K. M. Reddy, K. Y. Xie, G. M. Valentino, T. P. Weihs, and K. J. Hemker, 2017, Nanotwinned metal MEMS films with unprecedented strength and stability, *Science Advances* 3(6): e1700685.

② K. T. Faber, T. Asefa, M. Backhaus - Ricoult, R. Brow, J. Y. Chan, S. Dillon, W. G. Fahrenholtz, et al., 2017, The role of ceramic and glass science research in meeting societal challenges: Report from an NSF - sponsored workshop, *Journal of the American Ceramic Society* 100(5): 1777 - 1803.

少有部分依赖于焦耳热，而场效应对绝缘陶瓷致密化的影响仍然是一个有争议的领域。我们需要理解点缺陷在非接触型电场中的形成和迁移规律，以及在晶界和自由表面空间电荷区的改变，才能最终实现为所给应用需求定制的微结构。

除了更高的能量效率之外，这些方法的一个显著优点是它们能够生产其他方法无法生产的致密固体，其中包括在传统高温烧结过程中趋于粗化/粗糙（Coarsen）的纳米晶体固体，以及熔点超过 3 000 ℃ 的超高温陶瓷（见第 3.7.3 节）。在后者中，内部电流的焦耳加热降低了致密化所需的温度。此外，在某些情况下，高加热速率和短处理时间相结合，使压力条件下可以产生一些有趣的非平衡微结构。

陶瓷加工的第二次转变是从传统的水热技术发展而来的，即所谓的冷烧结，这也引起了人们的关注。陶瓷体已被证明在低至 25 ℃ 至 300 ℃ 的温度下通过瞬态液相水（Transient Liquid Phase Water）与高压结合而致密化①。陶瓷 - 金属和陶瓷 - 聚合物复合材料是特别有吸引力的冷烧结候选材料，因为该方法提供了一种防止组分之间反应以及第二相的熔化或分解的制造途径。然而，人们对关于在室温和接近室温下易挥发液相致密化的基本机制所知甚少。

缺陷基因组（The Defect Genome）

多个不同空间尺度上的缺陷长期以来在陶瓷材料的性能中起着作用（并且在许多情况下，起着令人满意的作用）——和输运性质相关的点缺陷；和形变相关的线缺陷；和铁弹、压电和铁电响应相关的面缺陷以及和力学性能相关的体缺陷。同样，人们也知道缺陷浓度及其在时间和空间尺度上的相互作用会影响材料的功能。“缺陷基因组”计划②将为材料设计增加一个新的维度。通过该计划，研究人员可以在多个空间尺度上表征陶瓷中的缺陷，了解它们在热梯度场、应力场和电场或磁场下的响应，并使缺陷和缺陷之间的相互作用在计算和实验上易于处理。其最终的目标是实现与原子定位相结合的精确缺陷定位（Precise Defect Placement）。

例如，在深入理解多晶材料中的面缺陷时，晶界具有深远的意义。2014 年，晶界“复合体（Complexions）”的概念被提出。晶界表现为在迁移率、扩散率和内聚行为方面具有不连续变化的自身的相，因此其可与材料本身区分开来。这些变化带来了通过加工路径或组成成分来定制性能的可能。晶界

---

① J. Guo, H. Guo, A. L. Baker, M. T. Lanagan, E. R. Kupp, G. L. Messing, and C. A. Randall, 2016, Cold sintering: A paradigm shift for processing and integration of ceramics, *Angewandte Chemie* 128:11629.

② J. Balachandran, L. Lin, J. S. Anchell, C. A. Bridges, and P. Ganesh, 2017, Defect genome of cubic perovskites for fuel cell applications, *Journal of Physical Chemistry C* 121(48):26637 - 26647.

复合体①特有的时间 – 温度 – 转变图已经为诸如异常晶粒生长等现象提供了新的观点②。了解与晶粒相演变相关的知识将有助于设计材料组成和加工工艺，以实现 MGI 的目标。

受益于缺陷基因组的第二个合适案例是氧化钙钛矿家族，其结构上为 ABO_3。基于太阳能驱动的氧化还原循环③，氧化物钙钛矿目前作为太阳能 – 燃料转化反应中的催化剂以及用于氧传输膜的催化剂而得到人们的研究。钙钛矿可以将多个 A 位点和 B 位点阳离子结合到其 $ABO_{3-\delta}$ 晶格中以形成 $A_{1-x}A'_xB_{1-y}B'_yO_{3-\delta}$ 结构。由于阳离子的多样性，我们可以获得一定范围的电子、离子或磁性特性。此外，氧活性和反应性可以通过最终结构的化学计量比（Stoichiometry）来控制。通常，在钙钛矿中可以存在三种类型的点缺陷：电子缺陷（在未掺杂或掺杂结构中）、氧空位和阳离子空位。多种阳离子类型与混合的各种缺陷相结合，产生了庞大的相和缺陷构成空间，为获得特殊性能和稳定性提供了途径。例如，研究已经证明带隙可以通过在多类材料中的受主掺杂来定制：锰氧化物、铁氧体、钴酸盐、铬酸盐和铝酸盐。通过将材料基因组与缺陷基因组耦合运用，人们将实现对这类氧化物的基本理解，同时发现设计新的钙钛矿材料的途径。

玻璃

2013 年的一篇论文列举了对玻璃行业非常重要的几个玻璃研究方向，其中包括结构 – 性能关系、致密化以及玻璃的强度④。这些研究中提到的两个新的应用领域是储能⑤和量子通信。与传统的锂离子电池相比，固态电池可以同时解决能量密度和火灾安全问题（如第 5.3 节的案例 5）。多个机构正在研究的玻璃态和晶态固体电解质材料都旨在满足这些关注和需求⑥。早期几代固体电解质基于化学物质 LAMP（锂铝金属磷酸盐，金属可以是 Ge、Al 等），但

---

① P. R. Cantwell, M. Tang, S. J. Dillon, J. Luo, G. S. Rohrer, and M. P. Harmer, 2014, Grain boundary complexions, *Acta Materialia* 62, doi:10.1016/j.actamat.2013.07.037.

② P. R. Cantwell, M. Shuailei, S. A. Bojarski, G. S. Rohrer, and M. P. Harmer, 2016, Expanding time – temperature – transformation (TTT) diagrams to interfaces: A new approach for grain boundary engineering, *Acta Materialia* 106:78 – 86.

③ M. Kubicek, A. H. Bork, and J. L. M. Rupp, 2017, Perovskite oxides—a review on a versatile material class for solar – to – fuel conversion processes (review article), *Journal of Materials Chemistry A*, 5:11983 – 12000, doi:10.1039/C7TA00987A.

④ J. C. Mauro and E. D. Zanotto, 2014, Two centuries of glass research: Historical trends, current status, and grand challenges for the future, *International Journal of Applied Glass Science* 5:313 – 327.

⑤ J. W. Fergus, 2010, Ceramic and polymeric solid electrolytes for lithium – ion batteries, *Journal of Power Sources* 195(15):4554 – 4569.

⑥ B. V. Lotsch and J. Maier, 2017, Relevance of solid electrolytes for lithium – based batteries: A realistic view, *Journal of Electroceramics* 38(2 – 4):128 – 141.

是这些材料不能阻止枝晶生长，从而导致电池的早期失效。最近的锂稳定化学物质包括晶体锂镧锆氧化物（LLZO）和无定形硫化物基材料。立方相中稳定的 LLZO 具有足够高的电导率（~10^{-4} S/cm），如果可以消除点接触以防止枝晶生长，则其具有实用价值。

玻璃迅速取得进展的另一个领域是量子通信，即使目前仍存在对诸如改良后的单光子产生和检测以及低损耗光传输的需求。量子通信将受益于光学元件的晶圆加工①。活跃的研究领域包括绝缘体类型结构上的硅、Ⅲ－Ⅴ材料、具有飞秒激光写入特征的二氧化硅晶片以及非线性光学材料（如铌酸锂）。每种类型的材料都需要先进的加工、表征和建模技术，以实现所需的性能目标。

3.2.2 复合材料和杂化材料

复合材料

先进的聚合物树脂基体材料和高性能纤维增强材料能够提供更强的结构性能（刚度、强度、韧性），但是未来的应用将需要人们开发具有更优良的可设计性和多功能性的材料。多维纤维增强材料在 3D 空间中遵循自然载荷路径（Natural Load Paths），并具有空间优化特性（Spatially Optimized Properties），因此与当今的 2D 层压板相比，其结构效率将得到提高。在没有紧固件的情况下，复合材料部件的有机连接提供了制造和性能优势，并且需要分析工具和现场加工工艺控制（In Situ Process Control），以确保胶层质量的可靠性。我们需要对复合材料成分进行创新，以提供可定制的功能，如增强的导电性、导热性以及声学性能。纳米尺度的可设计性及其与生物材料结合的早期论证为复合材料的行为开辟了新视野。开发具有自适应性能的复合材料，即其性能可以随着时间的推移以理想和可预测的方式发生变化的材料，将在许多领域提供具有新水平的部件性能。尽管在历史上，复合材料在很大程度上优化了结构性能，但进一步地，开发和利用复合材料的许多创新加工工艺和制造方法可以使生产系统、工厂以及制造成本发生变化。除环氧树脂外的各种聚合物已经研制得足够成熟，包括热塑性聚合物在内。将聚合物转化为固化或固结状态的处理方法中，除高压反应釜法或热处理法之外的其余多种方法都具有前景和可行性。为了揭示这类工程材料的真实性能，人们需要能够快速评估和准确预测已在多个尺度、尺寸和成分上进行定制的复合材料的复杂行为分析与预测工具。

---

① A. Orieux and E. Diamanti, 2016, Recent advances on integrated quantum communications, *Journal of Optics* 18(8).

为了使这些材料充分发挥所述的潜力，人们必须开发一套更强大且功能更加丰富的多尺度建模工具，包括对加工过程进行建模——捕捉材料加工成最终结构下的动力学和应力状态——以及能够预测材料在其最终使用环境和载荷下行为的工具。专业领域取得的重大进展的确值得关注，但建模和仿真工具的整合以及将其扩展到更广泛的组成成分也是必需的。将金属和陶瓷等硬质材料与聚合物复合材料结合在一起的杂化材料已被证明可以承受相当极端的环境条件。这些特性可以通过整合和混合不同材料的不同极端性能来实现（仍然可以制造出杂化材料）。这是一个新兴的领域，需要更广泛的探索来确定这些概念的局限性。对多维增强体和梯度形态（Multidimensional Reinforcements and Gradient Morphologies）的探索和成熟不仅需要过程模拟和多尺度建模的进步，还需要并行和集成化的制造科学研究，以探索构建这种创新工程材料的过程中存在的局限性。对这类材料进行计算和数据分析具有广阔的前景。这些复杂工程材料的基础研究可以为其他复杂工程材料（如超材料和生物材料）打下基础，共同推动跨学科交流和联系，最终实现工程材料和复合/杂化材料的成功开发。

尽管陶瓷基复合材料（Ceramic – Matrix Composites，CMCs）在尖端航空推进器（Leading – Edge Aviation Propulsion，LEAP）发动机这一领域的商业化于2017年才被实现（见专栏2.3和第5.3节的案例2），但最先进的材料也仅限使用于1 250 ~1 300 ℃的温度[①]。残余硅是SiC基体的反应熔渗工艺的残余物，妨碍了其在较高温度下的使用。对于SiC基的系统，实现大于1 400 ℃的工作温度可能需要气相沉积工艺或使用制造无硅复合材料（Silicon – free Composites）的陶瓷先驱体聚合物。未来的策略可能包括采用自修复成分或应用针对更难熔系统的全新熔渗系统。从长远来看，新系统需要材料和微结构的设计，以允许使用温度高于1 540 ℃。

随着工作温度的升高，任何空气中的灰尘（如沙子或火山灰）都可能沉积、融化并与CMC发动机部件发生反应。虽然人们已经采取措施努力解决这一问题，但目前还没有行之有效的解决方案。最近的研究重点放在了多层解决方案上，特别是降低温度的热量屏障（热障）和防止反应的环境屏障。这个问题非常麻烦，因为熔融粉尘和当前的环境屏障所产生的反应产物和位于它们下方的CMC不匹配，于是导致了材料的开裂和剥落。针对这个问题的解决方案是需要开发新的涂层化学物质，这种化学物质要么

---

① C. S. Corman, R. Upadhyay, S. Sinha, S. Sweeny, S. Wang, S. Biller, and K. Luthra, 2016,"General Electric Company: Selected Applications of Ceramics and Composite Materials," p. 224 in *Materials Research for Manufacturing* (L. D. Madsen and E. B. Svedberg, eds.), Springer Series in Materials Science, https://www.springer.com/series/856.

能够阻止与熔融粉尘的反应，要么与它们快速反应以形成稳定和黏附的相。

杂化材料与纳米复合材料

在过去的十年中，由有机金属三卤化物钙钛矿①制成的单结太阳能电池的转换效率从 2009 年的 3.8% 提高到了 2016 年创纪录的 22%②。钙钛矿具有 AMX_3 的结构，其中 A 是有机阳离子，通常是甲胺（MA）或甲脒（FA），M 是金属，如铅（Pb），X 是卤素阴离子，如溴或碘。最初使用的结构是 $MAPbI_3$，然而，$FAPbI_3$ 由于具有较小的带隙而被一些研究人员使用。这一水平的显著提高是通过修饰甲基卤化铅胺（Methylammonium lead halide）附近的层、改善钙钛矿本身的化学性质和采用新的结构来实现的。因为钙钛矿可以传输电子和空穴，所以消除了单独用于空穴传输的层。薄膜的沉积技术和结构形态也已经得到改进，如双连续柱（Bicontinuous Pillared）结构。原料和加工两者都相当廉价，这是因为在制造中采用了湿化学方法，而不是像硅太阳能电池中使用的高温真空沉积法。

钙钛矿同时传输电子和空穴，这些电子和空穴可能会无意中重新结合，从而降低效率或缩短使用寿命。如果使用廉价的湿化学或其他处理技术可以获得单晶状结构，则可以减少或消除缺陷之间的相互作用，特别是在晶界处。基于甲胺的钙钛矿太阳能电池的稳定性仍然是一个问题，因为它们在接近 85℃时会降解；其封装、结构稳定性、热稳定性和大气稳定性是期待做出改进的四个方面。将 MA 和 FA 混合在一起可以同时实现低温和高温稳定性，但在暴露于既热又潮湿的环境中时仍然存在问题，因为这些化合物可能会被叠层中的其他化学物质侵蚀。消除对有毒元素的需求也是未来工作的潜在重点。一些研究人员正在研究以银和铟两种元素作为阳离子的 $A_2BB'X_6$ 卤化物双钙钛矿。

阻碍杂化纳米复合材料完全实用化的主要障碍之一是针对聚合物－纳米颗粒混合物的结构和分散状态控制能力不足③。这是因为大多数无机纳米颗粒是亲水性的，而大多数聚合物是疏水性的，这本身就阻碍了聚合物－纳米颗粒的混溶性，导致纳米颗粒分散不良。研究人员可以通过向聚合物链上添加官能团或通过用小配体分子或大的聚合物接枝物使纳米颗粒功能化来实现混

---

① M. Grätzel, 2017, The rise of highly efficient and stable perovskite solar cells, *Accounts of Chemical Research* 50(3):487－491, doi:10.1021/acs.accounts.6b00492.

② J. Seo, J. H. Noh, and S. I. Seok, 2016, Rational strategies for efficient perovskite solar cells, *Accounts of Chemical Research* 49(3):562－572, doi:10.1021/acs.accounts.5b00444.

③ S. K. Kumar, V. Ganesan, and R. A. Riggleman, 2017, Perspective: Outstanding theoretical questions in polymer－nanoparticle hybrids, *Journal of Chemical Physics* 147:020901.

溶性的提升。在某些情况下，后一种策略导致了一类新的两亲分子的发展，这类两亲分子能够自组装成各种反映其独特亲水/疏水平衡的超结构。用于提升分散性的其他途径是调整加工条件（例如，采用挤出法促进纳米颗粒定向流动，选择对纳米颗粒表面表现出偏好的浇铸溶剂等），以使系统处于具有良好性能以及较长寿命的亚稳态，或利用电场与磁场强迫系统处于一种远离静止状态的平衡态。

关于聚合物－纳米颗粒杂化材料和纳米复合材料，在精细设计（Outlined）的超结构中阐述相的行为，以及组装纳米颗粒这些方面，人们已经取得了很大进展。不幸的是，硬纳米颗粒与线状聚合物的结合在全参数空间（Spanning Comprehensive Parameter Space）上仍然存在诸多疑惑。此外，当制造功能化的纳米颗粒时，问题也仍然存在。尽管人们进行了全面的尝试，但对系统的动力学，如各种成分的流动性，仍知之甚少。未来的工作必须强调外场（电场、磁场）对活性纳米颗粒组装的影响。目前，阻碍这些杂化材料实际应用的最大障碍包括理解和控制组装状态如何影响产生和调整材料的性质。

水凝胶膨胀这一现象与湿度、温度、pH 和盐浓度的变化都密切相关。到目前为止，研究人员只初步触及了产生大变形的几何学、化学和静电学如何用于激发杂化材料。另一个备受关注的领域是“软机器人”，其目标是用更柔软、更柔顺和具有活性的材料取代坚硬的连杆和气动执行机构。材料范式认为硬材料提供很大的结构能力，但位移非常小，而软材料提供大得多的位移范围，但承载能力非常低。具有分布式驱动的软硬杂化材料似乎是多材料机器人最有前途的解决方案之一。

3.3　半导体和其他电子材料

第 2 章中描述的半导体和其他电子材料的发展方向对掌握该领域未来五到十年的研究机遇具有重大的指导意义①。材料必须能够支持电子设备处理日益复杂的单片集成方案，并为微处理器带来新的功能，必须能支持人们构建充分利用 3D 布局和设计的芯片，并且必须利用先进的封装解决方案，以提高异构电子设备的性能，优化其外形尺寸。

在后摩尔定律时代，许多新型的器件有望在信息技术领域取得巨大进展，但它们的成功将取决于电子学和光子学领域新材料的特性，以及将这些材料集成到纳米器件结构中的能力。要做到这一点，我们不仅要考虑材料，还要

① 委员会感谢 IBM 的托马斯·泰斯（Thomas Theis）（荣誉退休）在编写本报告这部分内容时提出的独到见解和想法。

考虑它们未来工作时所处的系统。此外，没有人能够预测在拓扑保护（Topologically Protected）和量子相干材料等领域无实用价值的研究（Blue - sky Research，没有直接实用价值的基础科研或没有明确目标单纯由好奇心驱使的科研）将为信息技术带来什么新的可能性。

3.3.1 器件微型化和微型化以外的进展

第2章中已经论述过许多人们为器件微型化做出的努力，如继续努力开发极紫外光刻制造能力和追求薄膜铁电材料的发展将是未来几年的重点。以下各节讨论了推动信息和通信技术发展以及继续推进器件微型化所需的研究。

结合了存储器和逻辑功能的新器件

长期以来，磁性一直是信息存储设备的基础，如硬盘驱动器和第2章中讨论的STT - MRAM，但最近的材料新发现提高了数字逻辑磁性设备的可能性。通过利用由持续的磁极化（Persistent Magnetic Polarization）表示的每个设备的数字状态，人们就不需要在电源关闭之前保存计算出的状态，这种能力在缺乏持续电力供应的系统中可能具有直接价值。从长远来看，它可能会极大程度地改变计算机体系结构。然而，首先，人们必须使磁极化切换的能量效率与电子切换的能量效率接近。一个令人兴奋的最新研究成果是铁磁和反铁磁材料中电压控制磁性机制的研究和论证①。

神经形态器件（Neuromorphic Devices）

人们正在积极探索人工神经网络作为执行机器学习算法的高能量效率架构。随着机器学习应用的爆炸式增长，人工神经网络可能成为几十年来计算机体系结构最具意义的发展。然而，要充分发挥其潜力，人们可能需要引入能够更紧凑、更高效地实现关键网络功能的器件。例如，虽然人们在开发和证实用于存储突触连接权重值（Weights of Synaptic Connections）的模拟存储设备方面已经付出很多努力，但是材料特性和由此产生的器件性能仍和理想情况相去甚远。

3.3.2 多功能设备与物联网

物联网（IoT）的概念已经出现了一段时间，它是一个由设备、机器、电器和其他嵌入了传感器、执行器以及电子设备和软件的物品组成的网络，这

---

① 见 S. Fusil, V. Garcia, A. Barthelemy, and M. Bibes, 2014, Magnetoelectric devices for spintronics, *Annual Review of Materials Research* 44:91 和 C. Song, B. Cui, F. Li, X. Zhou, and F Pan, 2017, Recent progress in voltage control of magnetism: Materials, mechanisms, and performance, *Progress in Materials Science* 87:33。

些物品可以不断进行通信和交互。未来十年，物联网将扩展到越来越多的空间和应用，进而引发物联网所需相应技术和材料的大量需求。

人们需要监控矿山、工厂和电力设施以控制其工作进程；监控住宅和商业空间以提供便利和安全；监控农场以进行农作物和其他农业管理；监控医院以提供整体连接和患者服务。人们还需要传感器来监测病人的状态和症状；测试空气是否受到污染，是否存在异味和有毒气体；测试土壤中的养分、污染物和水分；监测城市的交通管制和安全情况；并跟踪运河管理的用水情况。需要的大部分传感器都是现成的且成本不高，它们被用于检测光、运动或压力，但还需要更先进的传感器，并且必须在物理、化学、工程和生物学的前沿领域利用尖端材料实现。仅作为一个示例：用于恶劣环境的传感器，如果温度保持在200 ℃以上，传感器将需要新材料。STT – MRAM（在第2章中讨论）在嵌入式存储器领域提供了替换或替代NOR闪存的机会，因为人们预计它在这种恶劣的环境中可以良好地工作。

满足这些需求的许多电子设备将是多功能的——包括第2章中讨论的MEMS，并且我们将面临用于日益复杂和功能强大设备的相关材料的挑战。目前，MEMS器件的结构元件材料选择受限于与传统超大规模集成（Very – Large – Scale Integration，VLSI）制造技术兼容的一小部分材料，其中硅是主要的结构材料。悬浮的单晶硅或多晶硅元件，就像加速度计中看到的那样，很容易通过深度反应离子蚀刻制造，并且在室温下尺寸稳定。然而，它们不能在高温下使用，因为硅在高温下会蠕变，并且在低至120 ℃的温度下就会发生结泄漏（Junction Leakage）[①]。陶瓷，如二氧化硅、氮化硅、碳化硅和硅 – 碳 – 氮化物已经被纳入可以在较高温度下工作的MEMS器件中，但是低拉伸强度、高残余应力和复杂的制造工艺限制了这些材料的广泛应用。此外，许多前瞻性的MEMS应用需要高导电性与机械完整性相结合的材料。先进的金属合金具有良好的性能平衡（刚度、强度、密度、导电性等），但以这些合金形成复杂MEMS部件的沉积和微加工技术仍处于初级阶段。块状金属玻璃的热塑成形作为中低温MEMS器件的一种制造方法很有吸引力。电沉积和物理气相沉积提供了沉积金属合金的替代途径，但是这些膜的沉积通常远离平衡，并且具有比大块合金更精细但通常更不稳定的微观结构。一旦人们科学地理解了这些问题，金属MEMS合金的沉积和成型技术的发展将带来巨大的希望，并将使物联网得以实现。

未来物联网传感器的发展也需要具有增强功能特性的材料。以充当电子

---

① P. G. Neudeck, R. S. Okojie, and L. – Y. Chen, 2002, High – temperature electronics—A role for wide bandgap semiconductors?, *Proceedings of the IEEE* 90(6), doi:10.1109/JPROC.2002.1021571.

“鼻子”的传感器为例，这种传感器必须能够检测痕量的无机或有机气体，但对于要检测的每一类气体，可能需要不同的材料、功能或物理过程。这个问题不论是现在还是未来，都会是一个活跃的前沿研究领域。同样，人们需要能够进入人体，并分解、自然排出或通过外科手术取出的医用传感器。这些传感器的设计具有很高的要求。它们需要检测结合了电子、流变、化学和生物特性的极其微弱的信号，并且必须设计为具有一定的临界容限（Critical Tolerances）。

其他正在积极研发的领域包括缺陷、零部件和制造环境中的工艺检查和优化能力的开发。

3.3.3 用于射频和电力电子的下一代半导体

下一代信息和能源系统将需要一类新的电子材料和器件，它们能够提供比传统半导体（如硅）更高的功率密度、更高的效率和更小的尺寸。电子材料，如宽带隙半导体 GaN、AlN、Ga_2O_3 和金刚石，具有更高的击穿场强，其可以在显著更高的频率下实现更高的功率密度和增益，从而使毫米波和太赫兹频率通信和雷达技术实现突破性进展。对实现高击穿强度和合成低缺陷密度层的研究也可以使在电压范围从几百伏到几万伏的高效率固态电力电子器件成为可能。最后，对表现出诸如莫特绝缘体转变和铁电性的新现象的材料集成到半导体器件平台的探索性研究可以使一系列用于逻辑、通信、传感和能量转换的非传统新架构成为可能。

3.3.4 互连和封装

集成和封装的变化，以及场效应晶体管、自旋电子器件和光子器件等新器件的出现，也将为互连带来新的限制，这就导致人们需要从材料学角度提出新的解决方案。从 2D 到 3D 单片集成电路的转变需要堆叠的晶体管层，这对互连布线和热设计提出了挑战。从自旋电子学和光子学的角度来讲，人们必须考虑互连层次中的信号转换和密度。基于自旋的传播严重依赖弛豫长度和弛豫时间，这导致对信号波动性和完整性严格的规范（Restrictive Specifications）。由于设计上的限制，光电器件性能随器件长度的变化呈现非单调变化趋势，这将导致人们必须在信号质量和密度变化之间有所取舍。最后，将互连与新器件集成需要热预算/设计匹配、RC 管理以及与新材料的电接触。

产品的多样性和复杂性不断增加，从小型嵌入式传感器到异构的“芯片上的系统”，也对封装提出了越来越多的技术挑战。今天的异构系统集成了以前属于板级（Broad - level）集成的元件，如无源元件（电容器、电感器等）

和有源组件（天线和通信设备，如可调谐滤波器），以及内存和逻辑。虽然这使每单位体积的功能越来越强，但它也加剧了诸如封装内功率密度、热密度的管理和保持信号完整性等挑战。这也增加了组装的复杂性和成本。

3.4　量子材料

量子材料以前被定义为性质不能用简单费米液体理论解释的材料，或者具有强电子关联的材料。在过去的十年中，这一定义已经扩展到包括 2D 材料和拓扑材料——其电子功能（Electronic Functionality）超越了简单的 3D 金属、半导体和绝缘体的材料。量子材料有许多种类，甚至在非常规超导体的子集中就有几十种，其基本性质仍有待破解。已经破解的两个种类是常规超导的巴丁 - 库珀 - 史瑞佛（BCS）理论中的库珀对的电子 - 声子耦合，以及量子和分数量子霍尔效应（这两个现象的发现者荣获诺贝尔奖）。这些材料的基本性质令人震惊——包括电子如何“聚集”成新相，如条纹和向列态，以及导电表面态（Conducting Surface States）如何与绝缘体“拓扑隔离”。有这么多尚未研究清楚的量子材料，意味着研究人员必须启用一套协调/统一的计算、生长和测量技术来阐明这些性质。能源和量子信息科学（Quantum Information Sciences，QIS）的技术回报是巨大的。而对于后者，研究人员强调，最终用于 QIS（量子比特、传感器等）的材料尚未确定，特别是在考虑到国际竞争的条件下，这对美国来说是一个关键的材料研究领域。这在 2017 年 DOE 的报告《下一代量子系统基础研究的机遇》和 2018 年 NSF 的报告《量子材料的中型仪器》中得到了很好的阐述①。

3.4.1　超导体

超导仍然是一片肥沃的科研土壤，最终的重大挑战是发现室温超导。在 20 世纪 80 年代末和 20 世纪 90 年代初，高温超导在各种氧化铜材料中从一种“现象”转变为有用的物理效应，这一转弯将超导从一种低温物理现象扩展为一种潜在的有用技术②。具有足够高的转变温度和足够大的载流能力的超导体正以涂覆导体的形式用于电网，用于超导磁能存储，用作涡轮机/电动机部件

---

① U. S. Department of Energy, 2018, *Report of the Basic Energy Sciences Roundtable on Opportunities for Basic Research for Next - Generation Quantum Systems*, https://science. energy. gov/ ~/m - edia/bes/pdf/reports/2018/Quantum_systems. pdf.

② U. S. Department of Energy, 2016, *Basic Research Needs for Superconductivity: Report on the Basic Energy Sciences Workshop on Superconductivity*, https://science. energy. gov/ ~/media/bes/p - df/reports/files/Basic_Research_Needs_for_Superconductivity_rpt. pdf.

以提高其能量效率，用作质量不到传统变压器一半的变压器①，以及用作量子传感器和许多新兴技术中的自旋电子器件元件。即便如此，目前，对高温超导的预测性理解仍然超出了当前的能力范围。这是一个科学上的重大挑战，为了解决这个问题，研究人员需要把计算工作推到首位。

在过去的十年中，人们在意想不到的情况下发现了超导电性，从越来越多的铁基超导体家族到在极端高压下发现富氢超导体具有超高的转变温度。这些“令人惊讶的”发现进一步印证了研究人员对超导起源所知甚少的事实。此外，超导只是各种量子物质现象中的一种，在这些现象中，新的基态（Novel Ground states）产生了十分有用的材料。理论、实验和合成的强化整合正在加速理解超导现象的进程。此外，理解新型超导体的新能力的发展正在影响各种相关领域。然而，对铜氧化物超导电性的预测性理解仍然难以捉摸，耦合和竞争相互作用的低能量调谐（Low - energy Tuning）产生新的物质状态的方法最多只能部分解释这些现象。

美国的研究人员正在以比过去更快的速度进行发现②，通过新材料实现新物理性质的主题仍然十分坚定。然而，国际同行在大规模的持续投资支持下更加有效率（见第 5 章），特别是在合成科学③方面，这造成了发现的不平衡（如以国内与国际发现的新超导体的数量来衡量）。当展望未来时，机遇不只是“仅”发现新材料/单晶生长这一点，还包括最终可以经济地扩展到千米长度级别的分层结构/功能组件。为了及时抓住这一机会，我们可以将重点放在理论、计算和实验相结合的工具上，以预测新材料和功能结构。这不仅对超导，而且对材料研究的所有领域都是一条前进的道路。此外，相干性和拓扑保护（Topological Protection）的作用正在取代低能量调谐，成为理解量子物质的中心焦点。量子物质，特别是当它更广泛地涉及 QIS 领域的时候，将有机会成为未来十年的关键研究领域，而对新型超导的发现和理解有可能继续推动这一领域的发展。

3.4.2 磁性材料

磁性的经典研究总是在材料表征中占有一席之地。它本质上是研究任何

---

① 见 M. Noe, 2016, “ESAS Summer School on High Temperature Superconductor Technology for Sustainable Energy and Transport Systems,” http://www.die.ing.unibo.it/pers/morandi/didatti - ca/Temporary - ESAS - summer - school - Bologna - 2016/Noe.

② M. Kremer, 1993, Population growth and technological change: One million B. C. to 1990, *Quarterly Journal of Economics* 108(3):681 - 716, https://doi.org/10.2307/2118405.

③ 见 European Commission, 2008, *A More Research - Intensive and Integrated European Research Area: Science, Technology and Competitiveness Key Figures Report* 2008/2009, http://ec.europa.eu/research/era/pdf/key - figures - report2008 - 2009_en.pdf.

新合成的含有未填充 d-或 f-壳层原子的化合物性质的一部分。因此，我们有理由期待在发现新类型的磁性排列、磁交换（相邻原子之间的磁交换所涉及的能量）、超出普通范围的有序温度（居里或尼尔）以及低维效应（最近的发展包括具有自旋梯结构和自旋链结构的铜盐）这些方面取得进展。通过将电子结构计算和其他数值模型与先进的材料合成方法相结合，人们已经设计并展示了新型磁性材料。随着对其他材料和结构的探索，这些技术的持续协同化使用将产生更多的科技进步。这是 MGI 已经取得并将继续取得的进展。今后将得到重视的研究方向可能如下。

反铁磁体

值得指出的是，反铁磁体通常比铁磁体更易于形成复杂和丰富的有序结构。三角晶格（Triangular Lattices）可以导致磁阻挫，而磁阻挫又可以导致动力学效应（见下文）。与铁磁体相比，更多的反铁磁体是电绝缘的，这使在没有巡游电子的情况下研究有序化成为可能。大量可能的反铁磁有序方案也增加了未来发现和识别意外现象的可能性，其也具有潜力开发当今无法预期的应用。反铁磁共振频率在 100GHz 或更高的范围内，比铁磁共振高一个数量级，这为开发更快的自旋电子开关和存储器提供了可能性。缺点是，因为它们只有很小的净磁矩（Net Moment）或没有净磁矩，外部磁场不容易与反铁磁体的磁亚点阵（Magnetic Sublattices）耦合作用。这使反铁磁体研究的实验方面变得复杂，并且需要对磁力计以外的仪器/设备（如自旋敏感光学方法和中子衍射）进行投资。

自旋动力学效应

大约 20 年前，对磁性的研究重点转向了自旋动力学效应。过去十年的研究重点是线性自旋输运。将这些发展外推到非线性输运领域的研究中十分合理。在足够强的驱动力下，研究人员预计会出现新的集体自旋模式，其中一些被称为“磁振子玻色-爱因斯坦凝聚体”。虽然基于自旋的纳米柱振荡器（Oscillators）是非线性器件，但凝聚态很可能会产生新的自振荡机制。另一种有希望的可能性是磁逻辑和磁存储器（Magnonic Logic and Memory），其中经典电子功能（Classical Electronic Functions）将在铁磁或反铁磁绝缘体的磁自旋输运中实现。虽然磁振子传输不是无耗散的，但人们希望这种方法能够减少与基于电荷的电子器件相关的焦耳损失。这些领域将扩展至包括反铁磁体。因为反铁磁体，特别是非金属领域中的反铁磁体，比铁磁体要多得多，而且由于可能的有序结构的多样性，它们有望成为未来发现自旋动力学的一个非常有前景的领域。虽然自旋动力学领域在很大程度上是由理论驱动的，但自旋动力学的超快光学探针，以及自旋霍尔和逆自旋霍尔效应，是可以推动该领域实验进展的新工具。

反对称交换作用

反对称交换作用的领域很可能会扩展到斯格明子（Skyrmions）的概念之外。由于其与手性的电子结构（如拓扑绝缘体和外尔半金属）的相似性，一般认为在实空间和倒易空间中研究非共线自旋织构（Noncollinear Spin Texture）会产生重要的新物理性质和新应用。

多铁性材料

许多复杂材料对电磁辐射的巨大响应增加了通过应用短而强的光子脉冲来快速控制这些材料性质的可能性。这一材料研究的新领域在许多领域都显示出前景，特别是在强关联电子材料领域。这方面的一个例子是多铁性材料，它在电场控制磁有序结构这方面有着潜在的应用前景。然而，磁电耦合的基础物理原理和最终速度在很大程度上仍未被探索。如图 3.1 所示，图中使用超快 X 射线共振衍射揭示了多铁性材料 $TbMnO_3$ 中的自旋动力学，该多铁性 $TbMnO_3$ 由调谐到与电磁振子模式共振的几个周期的强太赫兹光脉冲相干驱动①。结果表明，原子尺度的磁结构可以在亚皮秒时间尺度上用光的电场直接操纵。

3.4.3 2D 材料

2004 年，人们将石墨烯从石墨中分离出来，这是一个决定性的时刻，它为现代 2D 材料领域赋予了“生命”。石墨烯的研究和商业化活动仍在持续进行当中。然而，在实现商业化石墨烯设备方面仍然存在挑战。材料学中存在的限制包括不能一致地实现均匀材料的大规模生长和加工，以及难以实现与其他材料的良好电、热和机械接触。虽然化学剥离法成本不高，但是其难以使缺陷最小化，同时也难以控制层数；另外，使用金属催化剂的清洁化学气相沉积（Cleaner Chemical Vapor Deposition）生长相对昂贵。由于诸如边缘散射之类的问题，制造能够保持较大面积特性的小型器件也很困难。石墨烯还具有诸如无带隙和较差的面外热导率的固有特性，这也限制了一些应用。

2011 年，由于石墨烯缺乏天然带隙，一种高性能的单层 MoS_2 晶体管使人们感到兴奋，它实现了在互补型金属氧化物半导体器件（Complementary Metal - oxide Semiconductor Device）之外使用过渡金属二硫属化物。从那时起，在很短的时间内，该领域已经“超越了石墨烯”。从创造大尺寸无缺陷材料的能力到提高研究人员探测各种单层材料性质和缺陷的能力，机遇和需求都很多。研究人员通常通过无机方法获得这些 2D 材料，如通过元素钼的直接

---

① T. Kubacka, J. A. Johnson, M. C. Hoffmann, C. Vicario, S. De Jong, P. Beaud, S. Grübel, et al., 2014, Large - amplitude spin dynamics driven by a THz pulse in resonance with an electromagnon, *Science* 343 (6177):1333 - 1336.

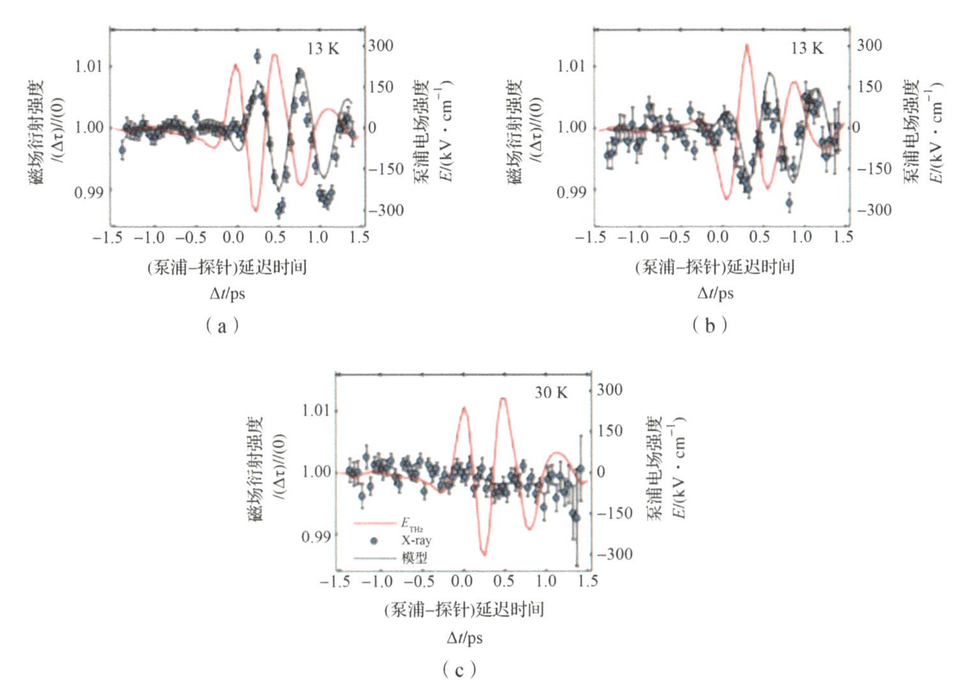

图 3.1　(a) 磁螺旋激发态的 X 射线散射信号服从半周期延迟的太赫兹脉冲场分布。(b) 太赫兹极化的反转使这种效应也发生了反转，这暗示着电场驱动了螺旋排列。(c) 在低温的多铁相中可以观察到这一点，而在顺电/自旋密度波相 (paraelectric/spin - density wave phase) 中观察不到这种效应。来源：T. Kubacka, J. A. Johnson, M. C. Hoffmann, C. Vicario, S. de Jong, P. Beaud, S. Grübel, et al., 2014, Large - amplitude spin dynamics driven by a THz pulse in resonance with an electromagnon, *Science* 21:1333 - 1336, 经 AAAS 许可转载。

硫化形成钼铅矿 (Molydenite)。虽然像这样的合成方法使研究人员在理解 2D 材料的基本物理原理方面取得了很大进展，并证实了理论预测的结果，但为了实现许多颇具前景的应用，他们必须将研究重点转移。在未来的十年间，人们必须激励化学家、材料科学家和化学工程师开发可靠的低温合成技术，以创造高质量的“超越石墨烯”的 2D 材料。在尚未提供可控薄膜厚度的高质量 2D 材料的实用沉积技术，并且也未能实现生产的 2D 材料能够和与其大块无机薄膜 (Bulk Inorganic Films) 具备相当质量的前提下，这些材料中的大部分在可预见的未来仍只是实验室中的珍宝。诸如 NSF 资助的二维和分层材料中心①等研究中心正开始着手应对这一艰巨的挑战。

---

①　见 Penn State Materials Research Institute, “The Center for 2 - Dimensional & Layered Materials,” https://www.mri.psu.edu/mri/facilities - and - centers/2dlm，最后访问日期：2018 年 9 月 22 日。

推动理解异质结构和界面行为

2D 材料和不同 2D 材料（或范德瓦尔斯异质结构）的层状组合具有独特的性质，这使它们在电子和光学应用方向具有极大的吸引力。基于原子级厚度结构受控组装的低维材料平台设计和开发，将允许研究人员探索由量子相干电子态（Quantum Coherent Electronic States）诱导的新物理现象。同时，高质量 2D 材料及其多层异质结构的受控生长仍然是一个重大挑战。追求化学气相沉积和原子层沉积工艺（如分子束外延和脉冲激光沉积）的发展以合成这些 2D 材料的组合结构是至关重要的。

一些 2D 材料对氧敏感，因此必须密封以保持其结构和独特性能。理解这些范德瓦尔斯材料的界面如何在异质结构和环境中以及与不同类型的杂质相互作用，对理解如何封装它们（如果需要）、如何可靠地进行电接触、如何精确地测量带隙，以及最终如何释放它们的全部潜力是非常重要的。计算材料学在这方面具有特殊的作用，因为关于 2D 材料、2D 材料的基本性质以及预期的异质结构性质的模拟工作量正在迅速地增加。

储能、电气互连和机械设备

在超级电容器、燃料电池和可充电电池等设备中，2D 材料的使用越来越多，并将在未来十年中有显著的增加。降低制造成本和缩短制造时间的研发将加速这一进程。

研究人员针对 2D 或 2D - 金属杂化互连结构已经进行了一些初步探索。其优点包括高电子迁移率和导热性。而这一方向的困难包括缺乏适合它们的大面积沉积技术、高面外接触电阻以及难以控制多层膜使其具有合适的电特性（迁移率、载流子浓度、电阻率等）。虽然研究人员已经提出了解决这些挑战的新方法，但许多概念仍处于初期阶段①。

2D 材料是下一代纳米机械器件的主要候选材料。范德瓦尔斯表面上的面内共价键和缺少悬空键的性质导致其具有高杨氏模量和断裂应变、化学惰性表面和层间低摩擦。就像力学上坚固的塑料薄膜或纸张一样，2D 材料的单分子层可以被操纵、转移和拉伸以形成异质结构、3D 结构或悬浮膜。此外，力学和其他物理性质（热、电、光）之间的耦合在探索新的应用中具有很重要的意义。基本的力学相互作用领域仍然需要探索，包括异质结构和集成器件的界面力学（黏附和摩擦）。

---

① Semiconductor Industry Association and Semiconductor Research Corporation, 2017, *Semiconductor Research Opportunities: An Industry Vision and Guide March*, https://eps.ieee.org/images/files/Roadmap/SIA - SRC - Vision - Report - 3.30.17.pdf.

3.4.4　拓扑材料

有一种材料的电、光、磁甚至结构性质都是受拓扑学控制的，这种材料的发展改变了我们对基础材料物理的理解，并将指导未来几十年对新物理性质的探索。例如，在探究半导体、半金属和超导体异质结构的电子、库珀对以及大量新出现的准粒子的电子特性时，我们发现了这些异质结构的拓扑保护传输特征。

利用拓扑属性可能会引出大量的应用。例如，无背散射这一特性可能为无耗散的纳米电子器件提供新的机遇，而螺旋自旋特性（Helical Spin Properties）为自旋电学器件提供了机遇。当拓扑材料与诸如铁磁体或超导体的系统耦合时，超快电感器和容错量子计算元件（Fault - Tolerant Quantum Computing Elements）等更先进的设备将成为可能。应当注意的是，拓扑效应通常在不需要低温或高磁场的极端条件下发生。力学超材料也是一个新的可能的重要研究方向。这些工程材料的结构赋予它们新的力学性能，包括负泊松比、负压缩性和声子带隙。研究人员特别感兴趣的是接近力学不稳定点的系统，其最近已被证明以由非平凡拓扑态（Nontrivial Topological State）确定的鲁棒方式分布力和运动①。拓扑材料领域的独特之处在于，它在很大程度上是由理论驱动的，随后是实验；然而，它仍然可以受益于更逼真的针对光谱和输运特性的建模。

3.5　聚合物、生物材料和其他软物质

本节介绍的主要（但不完全）为有机性质的材料。它是材料的一个巨大领域，既有丰富的基础科学问题，也有重要的商业和社会应用。本节标题的三个要素有很强的重叠性，因为聚合物是最具经济意义的一类软材料，在生物材料领域也占主导地位。因此，将这些要素放在一起讨论是合理的，也是有价值的。

3.5.1　聚合物

聚合物材料在日常生活中无处不在。在过去的一个世纪里，如尼龙、聚酯、聚烯烃等聚合物的大规模生产有了显著的增加。从日用纺织品到生物医疗设备和植入物，这些产品都来源于并且依赖上述这些材料。这些材料在应

---

① D. Zeb Rocklin, S. Zhou, K. Sun, and X. Mao, 2017, Transformable topological mechanical metamaterials, *Nature Communications* 8:14201.

对全球社会面临的重大挑战方面发挥着重要作用。

聚合物科学和工程研究与塑料工业密切相关。从生物医学技术到电子和通信，到结构材料，再到商品，聚合物（塑料）无处不在。当研究人员展望未来并思考重大的社会需求时，他们需要考虑聚合物科学和工程的挑战和机遇。聚合物对社会具有重要意义的应用领域包括对环境的影响、能源和自然资源应用、通信和信息以及生命健康，预计聚合物在这些领域将发挥重要作用。在这些应用领域中，我们可以确定几个有前景的具体工作方向。

- 对环境的影响：该领域的目标应该是以高效和可持续的方式使用原料和聚合物产品。研究人员特别感兴趣或有前景的具体研究方向如下：（1）开发被忽视的原材料（如农业、工业或人类废物的废品，或其他含碳或含硅物质，如二氧化碳和石灰石砂）以形成有用的聚合物材料；（2）对过去十年在自我修复材料方面取得的进展进行资本化，以提高其使用寿命、耐用性和回收利用能力（目前塑料包装的回收利用率为 14%，而钢铁为 70%~90%）；（3）开发分离或其他物理工艺流程，以使混合塑料能够循环再利用。

- 能源和自然资源应用：聚合物在风能、太阳能和燃料电池等可再生能源过程中发挥着重要作用。聚合物技术的进步可以提高这些过程的效率，降低其成本，并提高产能。研究人员特别感兴趣或有前景的具体研究方向如下：（1）提高储能系统的安全性和效率，包括固体电解质、全有机电池和用于液流电池的氧化还原聚合物；（2）用于能量转换应用的聚合物，包括有机光伏和 LED，以及将引出柔性和可穿戴系统的薄膜晶体管、热电元件；（3）用于能源 - 水资源关系（Energy - Water Nexus）的聚合物，如薄膜和抗菌材料；（4）提高能源效率和输送清洁水的智能建筑材料；（5）将绿色化学、绿色工程和生命周期/可持续性思维的原则应用和集成于商品和先进聚合物技术的设计和开发中。

- 通信和信息：通信和信息技术是聚合物发挥关键作用的重要领域。除了为通信和电子技术的封装以及光缆的保护涂层提供基础外，聚合物还作为活性材料发挥着重要作用。研究人员特别感兴趣或有前景的具体研究方向如下：（1）在聚合物和有机半导体中，仍需解决的问题包括相对较低的载流子迁移率，这限制了器件中的电荷传输，最高已占据的分子轨道能级和最低未占据的分子轨道能级的不稳定性导致其氧化稳定性差、工作寿命短，而且过高的带隙限制了对阳光的吸收；（2）光电应用的半导体有机和聚合物材料的设计和开发需要考虑结构 - 性能 - 加工工艺关系；（3）开发和应用通用数据储存库，让所有研究人员都能方便地获取原始数据，然后，可以对这些储存库进行挖掘和分析，以更快地推进该领域的发展。

● 生命健康：生物医学材料在健康事业中发挥着重要作用，近年来研究人员看到的许多进展都是由聚合物实现的。聚合物将在改善人类健康方面持续地占据至关重要的地位。研究人员需要成本低并且能够控制、治疗和诊断传染病的创新材料。此外，随着植入技术的不断发展以及药物输送系统和多功能生物传感器的发展，研究人员需要更好地了解聚合物如何在体内的动态环境和某些恶劣环境中发生反应。这些基本的见解将为新的生物医学聚合物技术打开大门。研究人员特别感兴趣或有前景的具体研究方向如下：（1）将聚合物基纳米材料的设计从组织再生和药物输送扩展到新的应用上，如免疫工程；（2）装置和支架的增材制造可以让人们更好地控制纳米结构和微结构，并且大大提高装置和植入物的定制、一次性、现场构建的可能性；（3）开发基于聚合物的组织工程，以在药物和材料测试中最大限度地减少动物模型的使用。

2016 年 8 月，NSF 的“聚合物科学与工程前沿”研讨会（由空军研究实验室/空军科学研究办公室、陆军研究办公室、DOE/基础能源科学、食品和药物管理局、NIST 和海军研究办公室共同主办）聚焦与聚合物材料相关的最有前途的研究方向①，并肯定了其中的许多应用方向。除了应用之外，基础聚合物科学的基础性进展机遇是巨大的。总体机遇包括以下几点。

1. 将合成、结构控制、性能表征和动态响应在多个尺度上联系起来的研究。这个机遇涉及仪器、理论和计算，并且将所得结果反馈结合到聚合物合成中。最令人兴奋的机遇是将分支学科和尺度关联起来。

2. 从同步加速器和中子散射到电子显微镜、核磁共振和流变学，创建和聚集先进的仪器，使单个机构可能无法获得的设施和能力成为现实。

3. 普遍存在的理论研究和计算研究应该通过对同时利用这两项技能的合作项目的投资，打破专注于理论和基于实验的研究人员之间的障碍。这就是 MGI 在聚合物科学中的应用。

4. 一个关键的机遇是开发易获得的可伸缩聚合物，其具有匹配或超过现有材料的性能基础（Property Matrix），同时具有更绿色的生命周期。

大分子科学是从合成开始的。正如在材料研究的其他领域一样，聚合物科学的重点之一是精密合成。人们需要更好地控制序列、组成、立构规整度、分支、结构、拓扑、维度、功能性和分散性。在基础科学意义上，在序列控制中能够接近生物精度（Near – Biological Precision）的技术代表着

① National Science Foundation, 2017, *Frontiers in Polymer Science and Engineering*: *Report of a* 2016 *NSF Workshop* (*Co – sponsored by AFRL/AFOSR*, *ARO*, *DOE/BES*, *FDA*, *NIST*, *ONR*), University of Minnesota Printing Services, Minneapolis, MN, p. vi.

一个令人兴奋的机遇，尽管同样令人兴奋的机遇是展示通过这种水平的精确合成可以实现什么新特性。合成也是考虑其他机遇的起点。绿色聚合物化学可以创造出提高可回收性、减少环境影响和控制聚合物耐久性的策略。

聚合物材料合成包括高阶结构形成和超分子组装，用于原位获得复杂的纳米物体并聚合预组装单体（Preorganized Monomers）以构建程序设计的结构。非共价键，包括通过索烃和轮烷的机械互锁（Mechanical Interlocking），在创造更高级的结构中尚未得到充分利用。人们不仅应该探索高阶组装过程以获得它们可以形成的独特结构，而且应该认识到，自组装和其他高阶组装过程虽然在热力学上是自发的，但不是瞬时的，因此，人们需要研究这些组装过程的动力学。引用 NSF 研讨会的报告："我们必须开始考虑组装不是一个由平衡定义的具有固定热力学状态的过程，而是一个具有产生更丰富和更复杂相空间的有用中间体的途径。组装可以采用类似化学反应路径的方式设计，在这个过程中许多单元的操作都同时利用了组装的动力学和热力学①。"

像材料科学的许多领域一样，聚合物材料科学现在也受到了数据科学的极大推动。这需要建立易于访问且管理良好的网络基础设施，以促进和鼓励存储、组织、管理、检索和有效使用关于聚合物性质的实验和计算数据。第一性原理预测是最终的途径。实时采集与更重要的针对采集数据的解释，是加速实验与分析结合方面的一个机遇。当人们关注更多的是聚合物加工领域而不是聚合物平衡结构领域时，这种机遇则更加明显。聚合物加工经常采用非平衡条件和非线性变形，以至于控制聚合物性能的加工方法的设计通常依赖研究人员良好的直觉和丰富的经验。尽管平衡和线性一直是有用的基础，但未来的机遇在于理解动态状态。聚合物材料在这些领域中具有独特的问题，特别是在将加工条件/工艺与聚合物结构相关联方面，最显著的是在半结晶聚合物中。一个特别的例子是，人们对聚合物材料失效的物理学机理知之甚少。

3.5.2 生物材料与仿生材料

为了实现对生物材料科学更深入的掌握这一广阔目标，未来我们要对先进的合成、新兴的表征工具以及计算进行整合。考虑到共价大分子在细胞成分与植物和动物的细胞外基质（Extracellular Matrices）中意义非凡，聚合物科学的进展将是发展这一前沿领域的关键所在。

---

① Ibid.，p. 8.

在未来十年中，有许多可能的研究方向，从软物质的自主行为到掌握如何制造具有与肌肉骨骼组织相似特性及功能的合成材料。对于后者，关键在于要学会如何在分子层面上，从一个较宽的分子量范围中应用多种成分来架构/编码形成分层结构。在研究自主行为时，其机遇主要集中在基于软材料分子编码的时间尺度的快速驱动和运动。相关的目标是要找到其有动态力学性能（Dynamic Mechanical Properties）的材料，这种性能应当源于其有重新配置其键合构型（Bonding Configuration）能力或在细胞骨架内进行可逆性自组装（Reversible Self - Assembly）能力的材料。

想在生物分子软物质上取得关键进展，可行方案有很多，而且在本报告发表之时，其中的某些方案可能是目前还无法预想的。而其中的某些方案可能正是基于先前已经报道的一些刚起步的工作而提出的。有这样一种方案，早些时候那还是一个被称为在过去十年中刚刚起步的新兴领域，这种方案希望将超分子相（Supramolecular Phases）与共价多聚物合理地整合在一起。这些系统在本报告的前文被称为杂化键合聚合物（Hybrid - Bonding Polymers）材料——当将共价多聚物和超分子聚合物合理地整合在一起时，这种材料将产生过去未曾发现的特性。在过去的十年中，有太多关于这种混合结构构成的自组装形成有序薄膜的例子。再如，同步共价超分子聚合化（Covalent and Supramolecular Polymerizations）过程已经产出了化学再生编码（Encoded for Chemical Regeneration）材料。鉴于过去十年来 DNA 纳米技术上的进展，是否可以在全合成系统中开发出具有核酸交互保真度的稳固和可延展（Scalable）的化学物质将非常重要。这一领域的一个重要目标往往也是一种实用的蛋白质合成技术。DNA 很容易按指定样式生产，而蛋白质则不然。找到可以真的“定制”蛋白质的合成方法，将是在生产仿生材料和生物分子材料及设备方面的一大突破。这还将对研发以可合成蛋白为基础的设备的能力产生巨大影响，这其中就包括以非生物氨基酸为基础的蛋白质。最后，一种重要的可行方案是研究生物分子软材料中的能源图景/领域（Energy Landscapes），这一领域在过去十年末期才刚刚起步。

未来十年生物材料领域的研究非常重要，不仅因为它对生物医学技术有直接影响，还因为这一领域的基础性和转化性研究将引导借由仿生材料进行材料创新。考虑到老龄人口的增长和社会对高质量生活的强烈关注，生物医学将占据至关重要的地位。生物材料的进步将催生仿生材料的巨大机遇，因为生物材料将被设计成直接与活的有机体相互作用，这就需要去模仿生命材料（The Materials of Life）。从历史上看，近四分之三个世纪以来，生物材料领域为了满足应用需求，普遍借鉴为工程技术而开发的材料。一个很好的例子就是具有高耐腐蚀性的金属和为纺织品和消费品开发的聚合物。随着研究人员开启下一个十年研究，这一过程正在逆转，而“新的生物材料”可能反过来激发具有在“活物质（Living Matter）”中观察到的能力的材料之发展，并且将其生产出来用于体外使用。这可能包括通过改变自身性能来适应环境的高度动态材料、具备自我修复能力的材料或者具有“机器人（Robotic）”特征的材料，这些材料可以被驱动或移动来执行有用的任务。其他研究投入，如由美国国立卫生研究院（National Institutes of Health，NIH）牵头的组织芯片计划（Tissue Chip Initiative）① 正在开发人体组织芯片，这种芯片可以准确地模拟人体器官的结构和功能，以改进药物筛选，推动半导体技术和软物质之间的前沿。

无机生物材料领域的一个重要机遇是进一步研究由生物金属组成的金属材料，这些金属材料不仅可以在植入后被吸收，而且可以递送金属离子以实现生物活性功能。研究人员已研究如何使用镁，但对于其他金属，如锌和铁基合金，他们还要进一步探索。这项工作还可能对植入活体组织或设计用于其他应用的生物可降解电子产品的发现产生影响。比较有价值的方向是创造生物材料或用于其他功能的材料，其中生物金属与软材料以复合材料的形式集成在一起。陶瓷生物材料领域也存在类似的机遇。对于生物材料，这将提供更多的选择，使植入物的机械性能与组织的机械性能相匹配，同时保持完全吸收的能力，甚至生物活性。对一般材料来说，这样的组合将带来更好的回收选择或更好的无毒生物传感器及可穿戴部件的选择。金属材料增材制造能力的扩展也极大地拓宽了原位制造金属生物医学部件的可能。

金属或陶瓷将整合生物材料或其他材料功能的另一个机遇是发展在硬材料上创造纳米尺度形貌（Topographies）的方法。在这一领域，从活体中观察到的形貌中获得灵感，可能会影响界面摩擦和黏附等特性。在陶瓷生物材料中，我们也有可能通过计算引导的设计，创造出生物相容的压电磷灰石基组合物，它可以通过电来刺激组织的再生。同样，任何按这些路线进行的研究都可能在生物材料以外的领域找到应用。

增材制造的应用方法，包括烧结、熔化或软硬混合油墨，都应该继续扩展金属和陶瓷作为生物材料和其他应用的功能。植入物内部结构的精确度可以用于合理指导血管和组织的向内生长。随着增材制造分辨率的提高和对植入物细菌定植的更多了解，甚至可以将其用于抗菌。使用无机粉末的增材制造可以在许多技术中产生重大影响，但在生物材料的背景下，在矫形外科、

---

① 见 National Institutes of Health，“Tissue Chip Initiatives & Projects.” https://ncats.nih.gov/tissuechip/projects，最后访问日期：2018 年 7 月 21 日。

心血管医学、牙科植入物以及生物医学设备生产等不断发展的领域中，它尤其重要。

软生物材料是促进再生的首选材料，部分原因是它们可以模仿软组织的结构和机械性能，当与无机成分结合时，它们又可以模仿骨骼和牙齿等硬组织的结构和机械性能。此外，它们还可以通过自组装策略，利用细胞组分及其细胞外基质中存在的生物分子结构进行设计。传统的软生物材料是由聚合物组成的，这一领域的机遇将随着本报告其他部分提到的聚合物科学的进步而继续发展。然而，在过去的十年中，超分子软生物材料创造了许多机遇，在这种材料中，自组装的“生物活性”分子被用作组件，以便直接向细胞发出信号并触发生物事件。

在这种背景下，考虑开发能够动态并自主地向细胞发出信号的生物分子材料是未来十年的一项重要科学投资。这意味着人们将有能力在不再需要的时候关闭信号，或者改变信号来引导生物过程的步骤顺序。这一能力在使用生物材料管理干细胞的扩增和转化以进行再生治疗方面将十分重要。同样重要的是，使用生物材料来驱动特定类型细胞的去分化，然后分化成不同的谱系，就像诱导多能干细胞时所做的那样。至于如何设计组件的连续组装和拆卸，以适应物理特性的时间变化这一关键动态行为，研究人员目前还没有头绪。最近的突破表明，将 DNA 化学物质混入软生物材料（见图 3.2）中，将帮助应用双螺

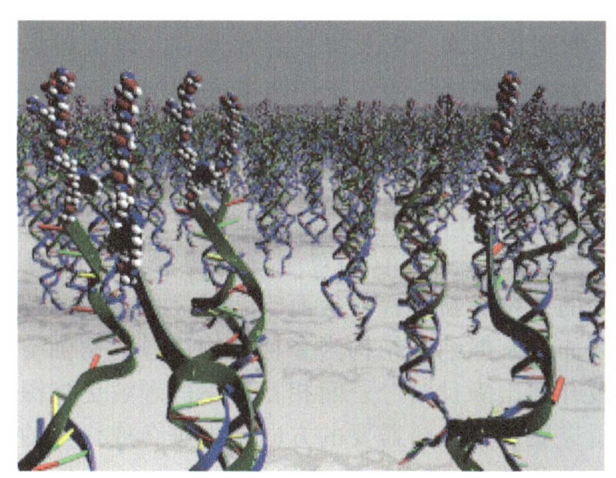

图 3.2　与生物材料表面共价结合的生物分子结构，以在环境中存在特定分子时向细胞触发动态信号。图中展示了含有共价连接到双链 DNA 的肽信号的生物分子结构。每个信号都用特定的 DNA 序列编码，在水环境中，它的互补链的存在会去除信号，该信号可以被可溶性 DNA 肽偶联物（DNA – peptide conjugates）重新激活。来源：见 K. Samuelson, 2017, “New Technology to Manipulate Cells Could One Day Help Treat Parkinson’s, Arthritis, Other Diseases,” *Northwestern Now*, July 10, https://news.northwestern.edu/stories/2017/july/manipulate-cells-treat-diseases；西北大学/Mark Seniw 提供。

旋中分子的移位来得到这些行为①。研究人员还可以开发相关的机制来触发生物材料力学性能的变化，以调节机械生物学领域发现的那些惊人的现象。此外，糖化学将是未来十年中生物活性材料领域的一个重要研究方向，因为如今生产可合成多糖（Synthetic Glycans）的能力仍然面临着巨大的挑战。

在接下来的十年里，软生物材料的有效发展需要我们在能力上取得进步，以达到目前不可能达到的更高水平的结构精度。同时，我们需要化学和物理两种策略来控制超分子组装以及在整个尺度上的其他极端层次结构中的纳米级特征。在这方面，重要的是要更多地了解用于制造软生物材料的组件的能源图景，以便为它们的合成选择正确的路径。可能最重要的机遇在于超分子组件的结构控制，这些组件的尺寸比它们的整体尺寸小得多——例如，在微米级别长的一维组件（如纳米纤维）中，分子在纳米尺度上自我分类（Self - Sorting）的细节。另一个重要的组成部分将是本报告其他部分描述的聚合物科学进展所提供的机遇与依赖分子间自组装过程而不形成共价键的超分子材料的结合。聚合物科学在这方面的一个重要机遇将是确定在合成聚合物中实现分子精确性这一长期追求的目标能否产生有意义的功能。

软生物材料的结构控制和动态行为的结合不仅在过去十年主导的生物材料再生和药物输送方面发挥着重要作用，而且一些重要的应用也可以利用这些新材料，如开发用于生物研究的有机体、基因编辑、微生物组控制、移植前的器官去细胞化修饰，以及研发芯片器官，以了解疾病和开发新的治疗方法等。由于软生物材料通常采用水凝胶的形式，进一步的进展还需要研究这些材料中水的组织学和动力学，作为其物理特性和细胞信号能力的基本特征。

拓展超分子生物材料用于生物医学功能的潜力将得益于对超分子动力学的理解和控制的进步。这在它们对生物环境做出反应的能力上非常重要，将促使它们的结构重新配置，从而改变或优化它们的功能。另一个重要的方向是了解如何掌握纳米结构内多种生物信号的精确空间定位。在更好的成像技术被开发出来且对分子间相互作用的理解更加深入后，这一领域也将随之取得进展。第三个需要的方向是推进合成化学的研究，以便除了能使用迄今为止更常见的肽，还能使用核酸和多糖来整合有力的生物信号。

---

① R. Freeman, N. Stephanopoulos, Z. Alavarez, J. A. Lewis, S. Sur, C. M. Serrano, J. Boekhoven, S. Lee, and S. I. Stupp, 2017, Instructing cells with programmable peptide DNA hybrids, *Nature Communications* 8:15982, doi:10.1038/ncomms15982.

3.5.3 软物质和颗粒材料

胶体自组装将变得越来越复杂，例如，它将逐渐发展为具有自我复制能力、更高效的制造过程和可进化能力的材料。DNA 将继续被用于基础构件，它将使更复杂和更有用的材料能够自组装。它还将用于建立模型系统，以增强我们对自然系统的理解。例如，具有三个或更多臂的纳米级交联剂被设计成连接在不同类型的线性聚合物上，并且这些纳米级交联剂的不同臂对（Pairs of Arms）均具有受控的角刚度，这样的纳米级交联剂可以产生具有定制力学或化学性质的新型聚合物网络。包括天然和人工设计的多肽在内的蛋白质纳米技术是一个不断发展的领域，它将与更成熟的 DNA 纳米技术进行补充和竞争。可折叠和可变形的乳剂和胶体结构将使这种技术部分达到微米尺度。所有这些发展都为科技的突破性进展提供了机遇。

在不久的将来，人们将有机会创造具有定制形状、尺寸、表面结构和化学性质的新胶体颗粒，以控制局部颗粒间的相互作用，并对其主流体（Host Fluid）或其他颗粒中的化学或物理变化做出反应和报告。这些定制颗粒将为控制自组装提供新的可能，会带来更高效的制造工艺或可进化的材料。它们将改进和拓宽对胶体 Jamming 现象的理解。颗粒形状和相互作用的数据库的扩张为探索可能的大颗粒团簇的自组装提供了机遇，上述大颗粒团簇仅在团簇处于特定构型时响应，或者大颗粒团簇表现出受控的变构型响应，其中特定颗粒之间的力引起其他特定的颗粒对之间的位移，有时是远距离的颗粒对之间的位移，这一点已经在随机框架中得到了证明①。关于被驱动进入非线性状态（Nonlinear Regimes）或更快的时间尺度的胶体系统（以及它们所模拟的系统），人们尚有很多东西需要学习和研究。对这些内容和现象的研究将得益于新技术的发展，这些新技术提供了对颗粒位置和局部应力的同步、高速、三维测量。

预期在不同传统领域之间的边界上进行研究是当前流行的趋势，包括最基本的领域到最实用的领域范围。在利用各种外部因素（光、pH、热）操纵液晶弹性体（Liquid Crystalline Elastomers）方面存在进一步发展的机遇，其应用包括人造纤毛或软体机器人中的可移动部件。研究将打开增加液晶在建筑行业得到应用的大门，如具有可变颜色和不透明度的玻璃墙体②，以及用于数

---

① J. W. Rocks, N. Pashine, I. Bischofberger, C. P. Goodrich, A. J. Liu, and S. R. Nagel, 2017, Designing allostery - inspired response in mechanical networks, *Proceedings of the National Academy of Sciences U. S. A.* 114(10):2520 - 2525.

② Merck KGaA, 2017, "Liquid Crystals for New Optical Applications: Collaboration with the University of Leeds," https://www.emdgroup.com/en/news/liquid-crystals-leeds-cooperation-18-05-2017.html.

字光学应用，如数字眼镜、可切换隐形眼镜和虚拟现实眼镜，甚至可以用于防伪①。

对液晶中的纳米尺度夹杂物的研究也存在很多机遇。例如，表面活性剂涂覆的纳米颗粒在手性胆甾醇型液晶囊泡（Chiral，Cholesteric liquid CrystalsVesicles）的表面上分离，可以形成遵循底层胆甾相的图案②；金纳米棒在向列型液晶中的向错线的纳米尺度核心中分离，引起由纳米棒浓度调节的表面等离子体共振③。这代表了液晶的发展趋势，即通过各种表面图案来更好地控制其各向异性、分层和缺陷结构的三维特征。目前基于排列向列相铁流体纳米片（Ferronematic Nanoplatelets）的向列相铁流体学（Ferronematics）仍处于起步的研究阶段。它们的磁性为对磁场的新响应提供了机遇，这可以转化为各种应用。更好的表面化学控制将允许在更短的长度尺度上实现表面边界条件的模板化（Templating of Surface Boundary Conditions）。

活跃物质中的研究机遇几乎是无限的。从创造新的微米级和纳米级颗粒，这些颗粒被预先编程为具有特定的性能，如移动、操纵物质和能量流或将一种形式的能量转换为另一种形式的能量的能力，然后继续设计新的功能介质来容纳新的颗粒，从而使组合系统呈现新的集体行为。长期目标是进一步理解这些主动系统的统计力学，并在理解的基础上，设计它们来执行有用的功能，如促进自组装或使操纵物质和能量流的软微型机器人成为可能。这是一个高度跨学科的领域，需要材料科学家、物理学家、工程师、化学家、应用数学家、计算机专家和生物学家的共同努力。

尽管近 20 年来研究人员一直对 Jamming 现象进行集中的研究，但他们在很多方面仍不了解，这为未来的研究提供了机遇。他们可以提出大量目前还无法回答的问题。微观结构（即颗粒形状、粗糙度和摩擦）和中间尺度结构（即颗粒的几何排列）如何影响静态干堆原电池（Dry Piles）内的流动动力学和力传递？这一点仍然没有被理解。对堆积物（Piles）线弹性的更详细了解会提供诸如雪崩之类的灾难性的破坏模式的信息吗？如何控制流动的干堆原电池中的静电积聚？

软物质实验目前收集了数量惊人的数据。例如，来自高速视频的数据。

---

① University of Luxembourg, 2018, "From TV to Tactile Robots: The Future of Liquid Crystals," press release, May 30, https://www.technologynetworks.com/informatics/news.

② L. Tran, H. - N. Kim, N. Li, S. Yang, K. J. Stebe, R. D. Kamien, and M. F. Haase, 2018, Shaping nanoparticle fingerprints at the interface of cholesteric droplets, *Science Advances* 4(10): eaat8597.

③ E. Lee, Y. Xia, R. C. Ferrier Jr., H. - N. Kim, M. A. Gharbi, K. J. Stebe, R. D. Kamien, R. J. Composto, and S. Yang, 2016, Fine golden rings: Tunable surface plasmon resonance from assembled nanorods in topological defects of liquid crystals, *Advanced Materials* 28(14): 2731 - 2736.

即使在这些视频中识别物理上相关的特征也是一项艰巨的挑战。此外，软物质系统通常非常复杂，以至于我们通常很难知道哪些参数支配着最重要的物理性质。新技术正在涌现，如机器学习、进化算法和网络方法，但我们还有更多的工作要做。模拟和建模在软物质中扮演着越来越重要的角色。在材料科学的其他学科中，有现成的代码，如用于运行分子动力学模拟的大量原子/分子的大规模并行模拟器，但需要新的代码来处理新的数据分析方法。软物质学界无法访问实验结果和 N 体模拟的大型数据库，但这些数据库可以缩短材料开发的时间和成本，对这种访问的需求正在增加。

3.6　结构化材料和超材料

人工构造的材料提供了定制的材料性能和响应，甚至超出了自然界中所发现材料的性能和响应。它们可以在轻量化、能效、光学/热学/声学设备和成像等领域取得关键进展。在通过计算进行新设计以及大规模高效制造的新技术方面都存在着挑战和机遇。

3.6.1　结构化材料

在结构化材料和力学超材料的设计中，形状的应用现在仅仅触及了皮毛。利用结构化材料（即具有经过设计的复合单元拓扑分布的材料）实现轻量化，可以提高能效、有效载荷能力和生命周期性能，并且通过侵入性较小的植入物、高性能假肢和功能性外骨骼可以提高生活质量。因此，通过设计和制造结构化材料来实现轻量化，为包括航空航天、交通运输、能源生产和使用大型旋转部件的行业在内的众多技术带来了巨大的希望。开发用于解耦和独立优化性能的稳健方法将引领多功能结构化材料的新浪潮。例如，提供热管理、环境保护、增强通信、传感或隐性功能的结构材料或蒙皮。多结构化材料系统（Architected Multimaterial Systems）的创建将进一步拓展材料的功能性，并可用于赋予更强的功能。超越折纸（Origami）和 Kirigami 启发的形状变换、单向波导、电磁传感、可编程刚度和定制的能量吸收都是可能实现的。

基于计算机的拓扑优化代码为解耦和独立地优化材料性能和功能提供了一个非常有前景的途径。此外，将这种数值方法与数字增材制造技术相结合可能会颠覆当前的工程设计和生产实践。为充分实现这一潜力，研究人员需要开发拓扑优化方法来对高度复杂和非线性现象进行建模、将制造中存在的约束合并到优化代码中、优化设计的数字传输以及具有所需精度和准确度的所需架构的性价比高的增材制造。在实现这些设计方面仍然存在挑战，特别是以性价比高的方式。此外，研究人员必须解决和克服与表面粗糙度、尺寸灵敏度、性能各向异性和性能均匀性相关的制造挑战。增材制造材料和元件的鉴定和验证受到了相当多的关注，我们必须解决这一问题，才能开发出令人兴奋的新应用，并推动基础科学的发展，为这一变革奠定基础。

3.6.2 用于光子学、声子学和等离子体的超材料

超材料是一类具有特定功能（如磁、电、振动或力学）响应的结构化材料，通常无法在自然界中找到。这些材料为新的光子、声子、等离子体激元和机电器件带来了巨大的机遇，这些器件可用于微波技术、集成光子电路、节能光源、光刻、传感应用、催化、热工程和超越衍射极限的成像技术等。超材料的早期研究包括产生诸如负光学折射率（用于亚波长成像）、隐形和超级透镜等特性的金属电路 3D 阵列。未来的潜力包括制造用于光子应用的纳米级结构，以及控制电磁相位匹配条件（Electromagnetic Phase - Matching Conditions）的非线性设计，并且还包括在非电子材料（Nonelectronic Materials）中产生负折射率的设计（可用于操纵弹性和声学响应等）。真正实现这些设备需要大规模 3D 纳米制造等技术的发展。金属超材料的另一个挑战是电子跃迁的固有损耗。由非金属制成的超材料提供的机遇包括电介质、设计金属或以最大限度地减少损耗影响的杂化体系等。在设计具有多功能特性的超材料方面也存在机遇，如导热性和导电性兼具，可以提高能量效率。

3.7 用于能源、催化和极端环境的材料

3.7.1 能源材料

能源支出约占世界经济产出的 10%；自 2003 年以来，美国每年的能源支出通常超过 10 000 亿美元，在过去 15 年中占美国国内生产总值的 6%~9%。虽然能源本身代表着一项重要的经济活动，但其作为几乎所有运输、工业和消费活动的关键促成因素的作用更具价值。因此，提供可靠和具有高性价比的能源解决方案是社会和科学的重大挑战。材料的发现和开发将继续成为任何有效能源战略的核心要素。

能源材料研究取得重大进展的机遇分为几大类，包括能源转换、能源储存、能源效率、能源材料和资源可持续性。本节前面已经介绍了一些令人兴奋的未来机遇的具体示例。从非晶硅和有机光伏的长期研究到钙钛矿的新研究，太阳能转化为电能的材料应该会继续带来红利。只有开发出一种廉价的

能量存储机制，才有可能实现充足和大规模的太阳能供应。在哈佛大学“人造树叶”项目的基础上，将太阳能转化为可储存和用于燃料电池的氢气值得进一步努力。太阳能的推广受到对能量储存材料需求的限制，至少与受到能量转换材料的限制一样多。从基础电化学到新型电池材料，再到燃料电池和新型电池设计，储能材料发展缓慢的步伐应该从各个方面进行调整和改革。

相反方向的能量转换——即以有机和无机 LED 以及固态照明的形式将电能转换为光能——也为能源效率的大幅提高提供了机遇。为了使固态照明充分发挥其巨大潜力，目前研究人员使用荧光粉来产生具有所需光谱的白光，最终必须让混合了蓝色、绿色和红色的多色半导体发生电致发光。这就需要开发新的发光材料。

能源效率是另一个需要关注的重要领域。在通过更好的热电材料来提高能量效率这一领域存在着机遇，其中研究人员正在探索一些有机和无机的范例。尽管目前其还不具备有效捕获和利用废热等所需的性能特征，但杂化材料似乎有可能取得一些进展。在某些情况下，将某些高性能结构材料的使用扩展到高温范围可以提高加工工艺的热力学效率。低功耗电子产品（Low - Power Electronics）是与能源效率相关的未来材料开发的另一个重要领域。功耗和由此产生的散热是先进高性能计算面临的主要障碍。神经形态计算是 20 世纪 80 年代后期发展起来的概念，描述了使用包含电子模拟电路的 VLSI 系统来模仿神经系统中存在的神经生物学结构，但神经系统明显具有更高的效率。新材料的开发，特别是与基于电荷的开关相反的电阻开关材料的开发，是神经形态计算发展的关键。适当设计的超材料可以在保持高强度的同时减轻质量，从而提高运输中的能量效率。

能源和水之间的相互关系最近得到了 NSF、DOE 和其他机构的共同认可。例如，2017 年 DOE/BES 基础研究需求研讨会的报告指出：“发电厂的冷却、石油的提炼、燃料的生产和从地球上提取能源资源占用水的很大一部分。相反，水处理、水的分配和使用需要大量的能源①。”材料研究问题和需求在这一领域大量存在。反渗透膜淡化海水的工作效率已经接近最大，但膜分离还有许多其他性能特征可以显著提高，如溶质选择性和抗生物污染能力。抗生物污损能力的提高也可以提高海洋运输的能量效率。2011 年的一项研究估计，生物污损大大增加了船舶的摩擦阻力，使美国付出了巨大代价。美国海军每年增

① 见 U. S. Department of Energy，2017，*Basic Research Needs for Energy and Water*，https://science. energy. gov/ ~/media/bes/pdf/reports/2017/BRN_Energy_Water_rpt. pdf。

加的燃料花销在 1.8 亿美元到 2.6 亿美元[①]。这些只是材料研究领域内与能源和水相关的重要机遇中的一小部分，这进一步丰富了能源材料方面的工作。

3.7.2 催化材料

对改进的催化材料的理论预测已经开始用于引导特定反应的催化剂的改进设计。通常，预测催化剂的组成和结构关注双金属和多组分合金的合成，揭示其表面的首选晶体取向（Preferred Crystallographic Orientations）。具有特定原子层数的壳金属的核壳纳米颗粒就是这样一个例子（见图 3.3）。这些是有前景的亚稳态物质，能够在低温下进行高选择性催化，其中催化剂的稳定性不是问题。然而，无机材料合成仍然是一大挑战，如由量子力学规定的形状选择的核壳纳米颗粒的合成。此外，在这些高效催化剂投入工业应用前，合成方案的可扩展性仍然是需要解决的问题。

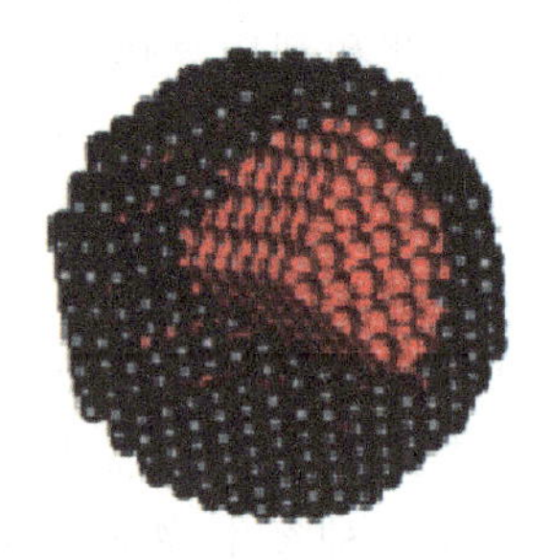

图 3.3 钌核/铂壳纳米颗粒在氢气存在的条件下对 CO 实现低温优先氧化。来源：Eichhorn Research Group，University of Maryland，Bimetallic Nanoparticles，http://www2.chem.umd.edu/groups/beichhorn/Eichhorn_Research_Group/Bimetallic_Nanoparticles.html.

材料合成的另一个挑战是实现催化反应中催化剂基团（Promoter Moieties）选择性沉积到活性位点上生成分布较窄的位点结构，从而优化催化剂性能。此外，这些含有明确活性位点的材料的合成使实验研究的结果可以与理论计算的预测结果相比较。

最近，研究人员对 2D 材料的兴趣重新推动了理解和操纵二硫化钼催化活性的努力。二硫化钼是一种常见的润滑剂，一种像石墨一样的层状材料，并且具有惰性基面，其 3D 形式已被用作加氢脱硫催化剂。因其令人难以置信的大表面体积比允许高密度的表面活性位点，使二维形式下诱导和控制反应性的能力极大提升，这将为催化新反应带来更多机遇。这些 2D 材料还具有优异

① C. Winner, 2012, "Barnacles and Biofilms: Could Tiny Predators Help Banish Barnacles?," *Oceanus Magazine*, December 5, https://www.whoi.edu/oceanus/feature/barnacles-and-biofilms.

的力学性能、高稳定性和耐久性。它们的高热导率可以促进放热反应过程中产生的热量的传导和扩散，而它们的高电导率使它们成为电催化或作为电催化剂载体的良好候选者。此外，2D 材料的电子结构明显不同于其块体形式。考虑到它们的结构和几何形状，我们可以找到多种方法来进一步操纵它们的电子结构，其中一个例子是单层二硫化钼包覆的纳米颗粒。

因此，缺陷、掺杂剂、杂化形成（Hybrid Formations）和层状异质结构都是正在寻求的策略，这不仅是为了生产 2D 二硫化钼，还包括生产其他 2D 过渡金属硫属化物，如石墨化氮化碳、六方氮化硼以及石墨烯。它们具有催化重要反应的潜力，如由组合气体（由一氧化碳和氢气的组合形成）形成高阶醇、氧气还原反应和析氢反应。最近的研究发现，含缺陷的六方氮化硼在烯烃加氢成烷烃方面具有很高的活性（见图 3.4）。

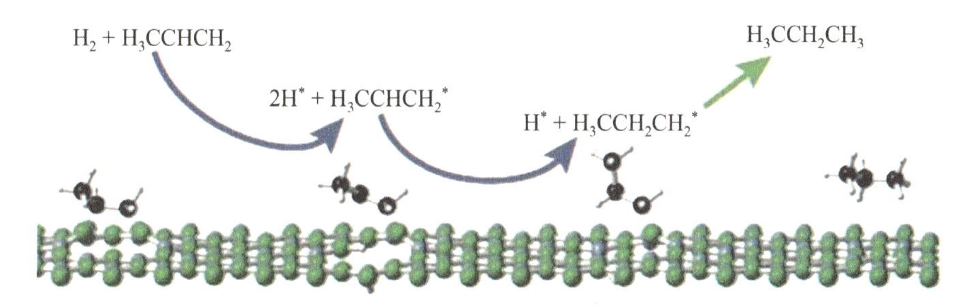

图 3.4　含缺陷的六方氮化硼催化烯烃加氢制备烷烃。来源：D. J. Nash，D. T. Restrepo，N. S. Parra，K. E. Giesler，R. A. Penabade，M. Aminpour，D. Le，et al.，2016，Heterogeneous metal – free hydrogenation over defect – laden hexagonal boron nitride，*ACS Omega* 1：1343，版权所有 2016 年美国化学学会。

3.7.3　适用于极端环境的材料

很多领域对能够在各种极端操作环境下稳定工作的高性能材料的需求日益增长[①]。这些要求严苛的应用包括轻质、高强度和高韧性材料等。对于航空航天领域的应用，关键问题是工作温度超过 2 000 ℃的高超声速飞行器和推进系统所使用的超高温材料。其他要求严苛的应用包括用于先进裂变或聚变能源系统的结构材料和燃料系统（能够在高热通量下抵抗高剂量中子辐射引起的性能退化）。另一些严苛的应用包括承受腐蚀性冷却剂和高机械应力条件的材料、使超临界化石能源动力系统成为可能的高温耐腐蚀材料。其他重要的

① K. T. Faber，T. Asefa，M. Backhaus – Ricoult，R. Brow，J. Y. Chan，S. Dillon，W. G. Fahrenholtz，et al.，2017，The role of ceramic and glass science research in meeting societal challenges：Report from an NSF – sponsored workshop，*Journal of the American Ceramic Society* 100(5)：1777 – 1803.

特定应用包括对超高循环机械疲劳具有优异抗性的结构材料、用于超高磁场的材料、半导体材料和用于高温环境的其他电子材料、耐介电击穿（Dielectric Breakdown）的耐高压绝缘体、具有高强度和高韧性的低温材料以及用于超高应变率（冲击波）环境的材料。在很多情况下，可选的材料很少，这一点突出了人们对新材料的发现/设计、加工策略以及在极端条件下确定其基本热力学性质的关键需求。新一代高性能材料的及时发现、设计和开发将影响多个先进技术平台。

在过去 10 ~ 15 年的研究进展基础上，现在对机械和力学原理的深入理解，使研究人员可以提出科学的设计思路，为下一代高性能材料量身定制，以使其在特定的极端环境下达到最佳性能。特别是，鉴于计算热力学工具有着已被证实的价值，人们对计算热力学工具越来越有信心，其可以指导确定新材料的适当成分和加工规范，结合对控制材料性能退化的单元工艺的基本理解的提升，提供了显著缩短设计、制造和验证定制材料性能行为时间周期的美好前景（如第 4. 3. 1 节以及 MGI 和 ICME 的讨论）。因此，我们有良好的科学依据来乐观地看待加速提高关键指标的前景，如抗拉强度（同时保持足够的延展性和韧性）或抗中子位移损伤性能退化。例如，尽管合金的抗拉强度已稳步提高（同时保持足够的延展性），但目前性能最好的材料仍比理想剪切强度极限低一个数量级以上。利用对材料中与温度相关的纳米尺度变形机制的理解的最新进展，现在可以想象。在未来十年内，研究人员可以设计和测试一系列新的合金，其在所需工作温度下的体积强度比目前最好的高强度商业材料高出两倍。尽管用于超高温应用的陶瓷材料的计算建模通常比金属更具挑战性，但基于 DFT 方法，现在研究人员能够在较宽温度范围内计算一些陶瓷的力学、电子和热物理性能，最近有理论为已报道材料中 TaC – HfC 的岩盐结构固溶体具有最大熔点这一事实提供了基本解释。类似地，对辐照材料中的单位辐射缺陷复合（“自我修复”）过程的进一步理解也带来了十分乐观的前景，即在能量相关的高温（Energy – Relevant Elevated Temperatures）下抵抗辐射引起的性能退化的材料，其位移损伤水平是目前性能最好的结构材料（即每个原子 >500 个位移）的两倍以上，可以想象这种材料将在未来十年内被成功开发出来。对腐蚀机理的科学理解也有类似的进步，在未来的十年中，人们可以借此设计新的耐腐蚀材料，其性能寿命可达现有材料的十倍。

最近开发的研究工具能够实现对材料在极端条件下的行为进行研究。激光技术现在允许在接近 4 000 ℃的温度下表征熔化（如 $HfC_{0.98}$，温度为 3 959 ± 84 ℃）。新方法还可以揭示材料在极端温度下的强度、热容、热膨胀、热扩散率和电导率。一个例子是超导电缆的发展，以及如何通过量热法测量损耗[①]。极端温度下热力学性质的测量可以使用最近开发的新型量热技术进行（例如，激光熔化的空气动力学悬浮）。在这些温度下，材料的控制是一个主要的实际问题，因为研究要求不能引入污染或测量伪影。相变可以使用 X 射线结合非接触加热方法（如四极灯炉）进行研究。尽管这些方法仍然局限于低于约 2 000 ℃的温度，通过利用其金属导电性进行电阻加热，也可以对高温陶瓷（如耐火硼化物）进行高达 2 000 ℃的氧化研究。金刚石压砧和高亮度同步加速器光源（High – Luminosity Synchrotron Sources）的组合允许原位测量材料在高温、高压条件下的结构、热学、输运、化学甚至磁学性能。总的来说，这些新型先进工具的出现为人们更好地理解材料在极端操作条件下的性能极限和基本退化机制提供了重要机会。

在研发方面，极端使用条件代表了一个研究材料的机会，既可以开发在极端条件下具有令人满意性能的新材料，也可以利用极端或非平衡测试条件获得关于材料性能和降解机制的新见解（例如，材料在极端压力下的相稳定性）。这项前沿研究提供了将独特的实验设施研究与理论和计算建模相结合的机会，以探索极端条件下的基本材料行为，验证模型预测性能，从而提高对材料的理解，并开发出新一代高性能材料。

3.8　水、可持续性和清洁技术中的材料研究

研究人员面临着开发新的集成材料和智能化技术的任务，以满足下一代人的需求，并且不会进一步危害地球环境。这些材料必须耐用、美观、轻质、模块化且廉价，同时还需要其以环保的方式被生产出来。对这些材料的需求范围相当广泛。它们一定包括建筑、基础设施和交通运输部门，因为需要替换当前老化的建筑、基础设施和其他系统，以满足不断增长的全球人口的需求。可持续的基础设施还包括充足的清洁用水的可用性与储备，减少对化石燃料的依赖从而为更可持续的交通运输模式提供燃料的稳定电网，以及强大的材料回收和再利用系统。

CO_2 是温室气体（GHG）的最大贡献者，虽然它主要来自化石燃料的燃烧，但材料研究在减少 CO_2 排放方面也发挥着重要作用[②]。混凝土是最常见的

---

① M. Kalsia, R. S. Dondapati, and P. R. Usurumarti, 2016, AC losses and dielectric losses in high temperature superconducting (HTS) power cables for smart grid applications: A comprehensive review, *International Journal of Control Theory and Applications* 9(41):309 – 317.

② Intergovernmental Panel on Climate Change, 2014, *Climate Change* 2014: *Synthesis Report*, Contribution of Working Groups Ⅰ, Ⅱ and Ⅲ to the Fifth Assessment Report of the Intergovernmental Panel on Climate Change (Core Writing Team, R. K. Pachauri and L. A. Meyer (eds.)), IPCC, Geneva, Switzerland.

建筑材料，也是最大的 CO_2 制造者之一，其排放量占全球人为排放量的 5%。化石燃料车辆的质量减少 10% 会使燃油经济效益提高约 6%，这又会使标准车辆（轿车和卡车）的平均温室气体排放量减少约 3%。与汽油或柴油动力汽车相比，由可再生太阳能驱动的电动汽车 CO_2 排放量低得多。车辆燃料中 5%~7% 的能量会被轮胎和路面之间的滚动摩擦消耗。减少或清除这种耗散能量的创新材料和装置可以大大减少温室气体的排放，其效果与汽车轻量化是相当的。用于碳捕获①和储存的材料研究方向拥有许多研究机遇，包括溶剂、吸附剂和基于膜的碳捕获材料；新型碳捕集材料，如金属有机骨架；电化学捕获；以及与地质材料的隔离（Sequestration With Geological Materials）。

有许多材料问题与充足的清洁水资源有关，其中很大一部分与膜、吸附剂、催化剂和地下地质构造中的界面材料科学现象有关。我们需要新材料、新表征方法和新界面化学的应用。大规模净化（可能包括海水淡化或废水回收）和补救（可能包括清理受污染的地下水或石油泄漏）两者之间的科学问题是不同的。专栏 3.1 描述了其中一项科研人员的成果，即 DOE 阿贡国家实验室的科学家开发的吸油海绵（Oleo Sponge）。虽然研究人员难以简单地通过制造新的膜来提高当前海水淡化过程的净化效率并降低其运行费用，这是因为它们在发挥功能时已经接近热力学极限，但是他们可以通过减少生物污染的表面处理方法来延长膜的寿命并降低海水淡化的费用，如两性离子聚合物的接枝层。更一般地说，目前，对“既超疏水又超疏油的（Omniphobic）”表面是有需求的，这也是一个很有前景的研究方向②。催化修复也是一个很有前景的方向，特别是在治理工业用水造成的污染方面。水和能源是相互依存的，这意味着提高清洁水供应效率的科学也会产生温室气体影响。

太阳能和风能需要储存，因为它们是间歇性的，而且每天都有。在追求经济可行的可再生能源存储方面，存在巨大的材料研究机遇。在过去 30 年的历史中，锂离子电池的能量密度提高得很慢。能量密度的快速提升（Transformational Jump）可能来自多价离子导体或新的电池材料化学，并且必须通过改进其循环寿命、充电和安全性来实现；许多所需的材料根本不存在。电池并不是大规模太阳能存储的唯一解决方案。将水转化为 H_2 和 O_2 是在全球范围

① L. Li, W. Wong - Ng, K. Huang, and L. P. Cook, eds., 2018, *Materials and Processes for CO_2 Capture, Conversion and Sequestration*, Wiley, February; D. Nocera, 2017, Solar fuels and solar chemicals industry, Accounts of Chemical Research 50:616 - 619, doi:10.1021/acs.accounts.6b00615.

② T. - S. Wong, S. H. Kang, S. K. Y. Tang, E. J. Smythe, B. D. Hatton, A. Grinthal, and J. Aizenberg, 2011, Bioinspired self - repairing slippery surfaces with pressure - stable omniphobicity, *Nature* 477(7365):443 - 447, doi:10.1038/nature10447.

专栏3.1　吸油海绵：阿贡发明了可重复使用的吸油海绵，这可能会给石油泄漏和柴油清理带来革命性进展

七年前，当“深水地平线（Deepwater Horizon）”钻井管道爆裂，导致美国历史上最严重的石油泄漏时，负责恢复工作的人员发现了一个新的问题：从海底冒出来的数百万加仑的石油并没有全部聚集在可以撇去或燃烧的海面上。其中一些形成了羽流，在海面下方漂浮并穿越海洋。现在，DOE阿贡国家实验室的科学家们发明了一种叫作“吸油海绵”的新型泡沫来解决这个问题。这种材料不仅容易从水中吸收油，而且还可以重复使用，可以从整个水体中提取分散的油，而不仅仅是表面。“据悉，吸油海绵提供了一系列前所未有的可能性，”联合发明人赛斯·达林（Seth Darling）说。他是阿贡纳米材料中心的科学家，也是芝加哥大学分子工程研究所的研究员。科学家们从普通的聚氨酯泡沫开始，这种泡沫被广泛应用于从家具坐垫到家庭绝缘材料的方方面面。这种泡沫有很多凹陷和裂缝，可以提供足够的表面积来吸附油；但他们需要赋予泡沫一种新的表面化学物质，以使其牢牢地附着亲油分子。此前，达林和他的同事阿贡国家实验室的化学家杰夫·伊拉姆（Jeff Elam）开发了一种称为顺序渗透合成（Sequential Infiltration Synthesis，SIS）的技术，其可用于在复杂的纳米结构中注入硬金属氧化物原子。经过反复试验，他们找到了一种方法来调整这种技术，即在泡沫内部表面附近生长一层极薄的金属氧化物“底漆”。在第二步中沉积的是附着亲油分子的完美吸附层（Perfect Glue）；它们的一端抓住金属氧化物层，另一端抓住油分子。其结果就是实现了“吸油海绵”的制造，这种泡沫块很容易吸附水中的油。这种材料看起来有点像户外的坐垫，可以拧干再用，而油本身也可以回收。

来源：摘自 L. Lerner, 2017, “Argonne Invents Reusable Sponge That Soaks Up Oil, Could Revolutionize Oil Spill and Diesel Cleanup,” March 6, https://www.anl.gov/articles/argonne-invents-reusable-sponge-soaks-oil-could-revolutionize-oil-spill-and-diesel-cleanup。

内储存太阳能最实用的碳中和方案之一①，其需要新的高效催化材料。通过分解水储存的太阳能可以通过燃料电池以有用的电的形式释放。目前不存在容

① 这种转换不仅在全球范围内需要，而且在太空旅行中也需要；见 C. Dunnill, “Method of Making Oxygen from Water in Zero Gravity Raises Hope for Long-Distance Space Travel,” *The Conversation*, July 10, http://theconversation.com/method-of-making-oxygen-from-water-in-zero-gravity-raises-hope-for-long-distance-space-travel-99554。

纳水分解/燃料电池能量系统的基础设施。而能够以高能量密度储存氢气的新材料的发现将大大加快这种基础设施的发展。

聚合物材料为可持续的清洁技术领域带来了独特的机遇和挑战。显然，它们在不同领域创造了许多价值，如食品保鲜包装、水净化膜以及用于运输和基础设施的轻质材料。但我们仍有更多的工作要做，包括开发由可持续资源生产的新塑料，旨在使其能够按需无害分解或回收和再利用。生命周期（Life Cycle）分析对可回收材料（如许多聚合物）来讲尤为重要[①]。此类分析考虑了聚合物的开发、生产、实施和销毁的所有方面，从而对聚合物对环境的影响进行了全面评估。人们在这方面正在取得进展，然而在使用自然中丰度很高但难以以有用的方式进行加工的聚合物（如纤维素）方面还需要做更多的工作。

在过去的十年中，材料研究中出现了一个明确的主题，那就是可持续发展。例如，这包括在寻求能源解决方案时，把需要使用自然界中含量很高的材料作为一条设计准则。此外，人们也应注重相关材料在整个生命周期内的回收和再利用，从而减少稀缺或关键材料的使用。最后，人们认识到，能源材料与水的利用直接相关，对能源可持续性采取系统的处理方法是至关重要的，包括需要在材料应用方面采取节能和节水的处理战略。这需要在更广泛的背景下考虑对材料的要求。

与针对能源需求开发材料解决方案的最新进展一致，许多材料研究方向已经接受考虑材料可用性和供应链的挑战。在该范式中，我们仅发现新的更高性能的材料是不够的，而是要将通过可靠的供应链提供足够数量的材料作为材料设计/选择标准，作为所需功能的重要元素。最近，关注作为进口供应有限的“关键材料”的稀土材料就是这一挑战的一个例子。缓解战略（Mitigation Strategies）不仅包括在此类系统中更有效地使用稀土，还包括寻找性能更好的非稀土替代品，并注重利用后的材料再循环/回收（见专栏 3.2）。同样，对先进燃料电池的研究应继续把寻找非铂催化剂当作研究重点，以降低成本和提高可持续性。

考虑材料生命周期是最近关注材料回收和再利用的一个更广泛的例子。为了提高可持续性，许多制造工艺正在探索材料回收和循环利用作为所需材料输入的来源（Source Term）。由于材料输入的不同形式，以及对材料在预期使用后回收的明确关注，这种关注影响了制造方法。因此，在整个系统的生命周期内，高效和有效地使用材料，而不是实现单一的功能响应，将成为总

---

① J. Cooper, M. Noon, C. Jones, E. Kahn, and P. Arbuckle, 2013, Big data in life cycle assessment, *Journal of Industrial Ecology* 17(6):796 – 799.

专栏 3.2　铝铈合金

作为艾姆斯实验室的一部分，关键材料研究所设想了铝铈合金（见图 3.2.1）作为一种利用稀土矿生产的过剩铈的方法，这种方法能够提高人们提取钕和镝等关键元素的经济效益。这种合金的强度来自共晶组织，并直接从熔体即可获得。尽管时效硬化可以提供额外的强化，但这里不需要铝合金典型的固溶处理和时效处理。铝铈合金展示出了以下特性。

- 优良的铸造性能；
- 在高温下具有优异的强度和保持强度的能力；
- 优异的耐腐蚀性；
- 加工能耗要求低；
- 不会因热处理而产生翘曲。

2017 年，这种合金获得了 R&D 100 大奖。

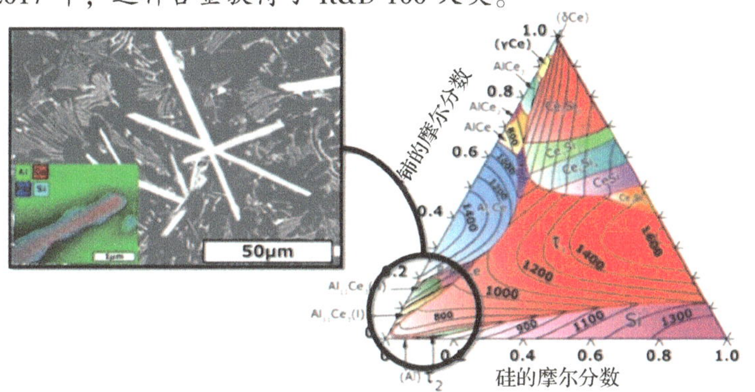

图 3.2.1　左图：合金铸造时的扫描电镜图像。右图：展示成分空间的三元图。来源：经英国皇家化学学会许可，改编自 Z. C. Sims，O. R. Rios，D. Weiss，P. E. A. Turchi，A. Perron，J. R. I. Lee，T. T. Li，et al.，2017，High - performance aluminum - cerium alloys for high - temperature applications，*Materials Horizons* 4：1070 - 1078，doi：10. 1039/c7mh00391a；经 Copyright Clearance Center 公司授权。

体目标。如果做得好，这种工程方法将极大地提升系统性能并降低整个生命周期的成本。

最后，可持续性战略的一个核心要素是认识到能源和水利用的密切联系。从材料研究的角度来看，这具有双重含义。对能源 - 水的可持续性的关注强调非能源或水密集型的高效材料加工和制造策略，增材制造的最新进展就是一个最好的例子。先进催化剂和分离科学领域的材料发展推动了能源和清洁水的有效利用，从而提高了能源和水的可持续性。

可持续发展作为材料研究的一个关键主题的出现，既需要更广泛地关注集成材料解决方案（Integrated Materials Solutions），也提高了这些材料新进展的实用性。通过将可持续性和可靠性作为寻求先进材料功能的"设计参数"，材料科学的进展就更容易被纳入系统解决方案。这种对可持续性的关注加速了这些突破的应用，也进一步强调了材料科学的发展对社会需求的影响。

3.9 用于传导、存储、输运和管理热的材料

从电池到高超音速飞机，热管理（Heat Management）已成为许多技术中最关键的环节之一。例如，集成电路尺寸的继续缩小受到电子器件热管理的显著限制（更多细节见第 3.3 节的讨论）。热管理也限制了高频和高功率放大器和开关的性能和可靠性①。此外，被人类以电能形式用于加热和制冷或运输的所有能量的 90% 以上都来自热过程。因此，即使在控制和转换热能的能力方面有很小的效率提高，也会对世界能源平衡产生重大影响。最后，随着地球上较温暖地区的世界人口增加，财富也随之增加，对气候控制的需求也会相应增长。这必须通过对气候变化影响最小的可持续制冷技术（Sustainable Cooling Technologies）来实现。

由于在高需求的设备和应用中，效率的小幅提高也会对能源使用产生重大影响，人们需要投入更多资源来开发可以存储、转换、泵送和以热量形式管理能源的材料。这种材料可以发展到与电子材料和结构材料相媲美的复杂程度。Shi 等人评估了热过程基础研究对重大技术影响的潜力②。

通常，热是以粒子（通常是原子和电子）的随机热波动的形式存储的能量。一级相变及其伴随的焓变可能是使用最广泛的热储存和转换形式。最普遍的例子是三个世纪以来仍然广泛使用的蒸汽动力系统，也是它促成了工业革命。

3.9.1 热能储存

太阳－热能发电目前正在被大规模使用③。现在这项技术比没有存储的光

① S. V. Garimella, A. S. Fleischer, J. Y. Murthy, A. Keshavarzi, R. Prasher, C. Patel, S. H. Bhavnani, et al., 2008, Thermal challenges in next－generation electronic systems, *IEEE Transactions on Components and Packaging Technologies* 31(4):801－815.

② L. Shi, C. Dames, J. R. Lukes, P. Reddy, J. Duda, D. G. Cahill, J. Lee, et al., 2015, Evaluating broader impacts of nanoscale thermal transport research, *Nanoscale and Microscale Thermophysical Engineering* 19(2):127－165.

③ 例如，见 NRG Energy and BrightSource Energy, "Ivanpah Solar Power Facility," http://www.ivanpahsolar.com/,最后访问日期：2018 年 6 月 6 日。

伏电力更昂贵，但它有一个主要优势，即可以在白天存储来自太阳的热量，然后在用电需求高的夜间使用。现在太阳-热能发电过程中的能量储存使用的是熔盐。发电的热效率随着工作温度的升高而提高。因此，想要进一步提高效率，我们就必须开发更稳定和更耐腐蚀的材料。研究具有更大熔化热变化的新型相变材料①也将产生重大影响，并提高转换效率。

3.9.2 固态热能转换

热电和热光电效应是没有运动部件的热转换发动机；因此，原则上，它们不会磨损，不需要维护，几乎拥有无限的寿命。它们可以用作制冷和冷却的热泵，或者用作发电机。热电制冷具有非常高的比功率并且不产生温室气体，当前人们已研究用于废热回收的热电发电。这两种技术都可以在非常广大的温度范围内应用，因为它们不依赖相变。在过去的几十年里，热电材料的效率翻了一番（以品质因数 ZT 来衡量）。由于现代热电材料的晶格热导率已经接近非晶极限，进一步降低晶格热导率（这是过去 20 年中实现 ZT 翻倍的主要原因）② 不太可能在未来取得重大进展。因此，我们需要全新的方法。请注意，制冷应用中使用的最佳热电材料与最佳拓扑绝缘体属于同一类材料③。有希望的方法包括具有与常规能带显著不同的能量色散关系的固体，如相关电子系统、具有拓扑或手性特征的系统或基于自旋的热电效应④。

磁热效应（绝热退磁）依赖伴随铁磁/顺磁相变过程的热量。电热效应依赖伴随铁电-顺电相变过程的热量，但这些比热量磁热效应小得多，可能不那么具有可行的希望。后两种技术都依赖相变，因此只能在固定温度下应用（不像热电转换），而且还需要热开关（见下文）。我们应该开发一些很有前景的材料，其不仅具有特别大的极化磁化焓（Enthalpies of Magnetization of Polarization），同时也有最小的磁滞（磁滞现象会导致循环损失）。

3.9.3 有源热器件、整流器和开关

上述所有技术都得益于新材料的发现和进一步发展，其中热传导是非线性的（热通量与温度差不成比例）或者由外部控制。我们对高效热整流器、放大器和开关仍存在技术需求。就像现代电子元件是以非线性电路元件（如二极管

---

① I. Gur, K. Sawyer, and R. Prasher, 2012, Searching for a better thermal battery, *Science* 335:1454.

② K. Biswas, J. He, I. D. Blum, C. -I. Wu, T. P. Hogan, D. N. Seidman, V. P. Dravid, and M. G. Kanatzidis, High-performance bulk thermoelectrics with all-scale hierarchical architectures, *Nature* 489(7416):414.

③ J. P. Heremans, R. J. Cava, and N. Samarth, 2017, Tetradymites as thermoelectrics and topological insulators, *Nature Reviews Materials* 2:17049.

④ K. Vandaele, S. J. Watzman, B. Flebus, A. Prakash, Y. Zheng, S. R. Boona, and J. P. Heremans, 2017, Thermal spin transport and energy conversion, *Materials Today Physics* 1:39-49.

和晶体管）为基础一样，如果以固态形式实现，这种有源热器件将特别有用。

有源非线性热材料（Active Nonlinear Thermal Materials）的技术影响体现在需要将材料保持在恒定温度的应用中，如电池，或者体现在必须使物体间歇冷却的应用中，如集成电路上的点冷却。另一个例子是固态热开关（Solid - State Thermal Switches）可以不考虑磁热和电热循环中的运动部件。有源热回路（Active Thermal Circuits）最吸引人的潜在应用是提高时间相关的下运行热机的热力学效率。事实上，将一对热开关与一对蓄热器（热能储存装置）相结合，可以增加热机运行的温差（见图 3.5），但前提是热机与循环热源（如太阳能热系统中的太阳）一起运行[①]。这又增加了这种热机的卡诺（Carnot）热效率。

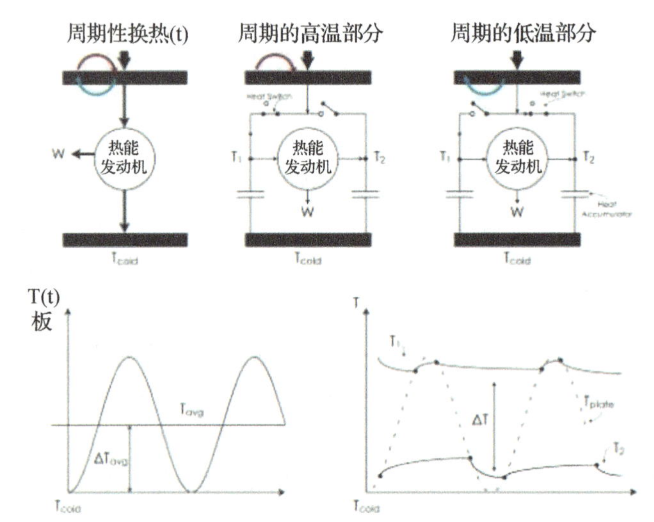

图 3.5　传导热量的材料：如果有实用的固态热开关，它们可以与蓄热器结合使用，以提高在循环热负荷下运行的热机的热力学效率，如太阳能热装置中的日/夜循环。根据热力学第二原理（卡诺原理），热机在较大温差下工作时效率更高。左边是传统的热力学循环，循环产生的热量做功 W：热机在平均温差 ΔT_{avg} 上运行。相比之下，如果在顶板很热时热量可以被转移至右边的蓄热器中（中间的框图），但当顶板较冷的时候，热量可以被转移至左边的蓄热器中（右边的框图），则热机的平均温差就会大于 ΔT_{avg}，从而提升效率。来源：转载自 G. Wehmeyer, T. Yabuki, C. Monachon, J. Wu, and C. Dames, 2017, Thermal diodes, regulators, and switches: physical mechanisms and potential applications, *Applied Physics Review* 4:041304，经 AIP 出版许可。

最近的文献对一些可以用作热开关或整流器的材料的思路进行了综述[②]。有源热材料研究的一个方向是将热性能与外力（如应变、电场或磁场）联系

① G. Wehmeyer, T. Y abuki, C. Monachon, J. Wu, and C. Dames, 2017, Thermal diodes, regulators, and switches: Physical mechanisms and potential applications, *Applied Physics Reviews* 4:041304.

② Ibid.

起来。另一个方向是探索要么由温度本身驱动，要么由上述相同的外力驱动的相变。新的想法正在不断发展，包括使用拓扑保护的表面状态①。

3.9.4　热障涂层

涂层技术也取得了显著的进步，并提高了可靠性，增加了多层磨损、热防护系统和环境保护系统的使用。在越来越多的应用中，层状材料体系正在取代先进的整体材料，其中每一层的独特性能和功能显著提升了材料性能，延长了材料寿命。金属镍基超合金的热障涂层和 CMC 的环境屏障涂层是用于极端环境的层状材料系统的两个例子，所述极端环境包括在 1 500 ℃左右的温度条件下的高应力、氧化和腐蚀性气体。化学上、机械上和物理上不同的层在涂层的整个生命周期发生相互作用和演变，并且影响性能和耐久性的重要现象在每一层中都会发生，特别是在不同材料之间的界面处。应变容限和低电导率涂层的成功应用显著延长了涂层的使用寿命。正如大多数专门为热应用而设计的材料情况一样，如果材料能够在更高的温度下工作并且能够更好地承受磨损和腐蚀，那么它们的应用范围将越来越广。

3.10　发现和建议

关键发现 1：材料基因组计划（MGI）和早期的集成计算材料工程方法认识到整合协调计算方法、信息学、材料表征以及合成和加工方法的潜力，以加速在产品中设计材料。将这些方法转化到特定行业，已经产生许多成功的应用，这些应用缩短了开发时间，并相应地节约了成本。

重要建议 1：美国政府应与 NSF、DOD 和 DOE 协调，支持开发新的计算方法和先进的数据分析方法，发明新的实验工具来探索材料特性，并设计新的合成和加工方法。美国政府应通过明智的机构投资，在目前的水平上加快努力，并在未来十年内等机构的大型设施，这些机构需要参与和投资现有设施的升级和更换的长期规划。

关键发现 2：对金属、合金和陶瓷的研究加深了人们对原子尺度过程的基本理解，这些过程决定了多种材料的合成 - 微结构 - 特性/性能关系。有了这种理解与最先进的合成、表征和计算工具，科学家可以制备出具有非凡性能的新型合金和微/纳米结构。材料研究的传统领域，如在多组分、高熵合金和无机玻璃方面，也可以实现令人惊讶的新发展。

---

① T. M. McCormick, S. J. Watzman, J. P. Heremans, and N. Trivedi, 2017, "Fermi Arc Mediated Entropy Transport in Topological Semimetals," arXiv:1703.04606.

重要建议 2：联邦资助机构（NSF、DOE、国防部）应维持强有力的资助计划，支持并在某些情况下扩展金属、合金和陶瓷等具有长周期的基础研究领域。

关键发现 3：量子材料科学与工程方面的研究，如超导体、半导体、磁体、2D 材料和拓扑材料等，代表了一个充满活力的基础研究领域。这些领域内的新发现和新成果有望在计算机科学、数据存储、通信、传感和其他新兴技术领域实现未来的转型应用。摩尔定律之外的新计算科学方向，如量子计算和神经形态计算，将成为传统高能耗处理器的替代品。NSF 的“十大理念”中有两个明确指出了对量子材料的支持（见《量子飞跃：引领下一次量子革命》和《中型研究基础设施》）。

重要建议 3：NSF、DOE、美国国家标准与技术研究院（NIST）、国防部（DOD）以及情报高级研究项目的重大投资和合作将加速量子材料科学与工程的进展，这对美国未来的经济和国土安全至关重要。与先进计算技术有关的美国机构，在美国能源部科学办公室、国家核安全管理局实验室和国防部研究实验室（陆军研究实验室、海军研究实验室和空军研究实验室）的领导下，应在未来十年内支持新的计划，以研究基于新计算模式下的基础材料科学。美国材料研究界必须在这些领域继续深耕和发展，以保持国际竞争力。

关键发现 4：涵盖整个材料体系的材料科学研究对地球环境质量和可持续发展有着巨大的影响。

重要建议 4：我们迫切需要在多个方向进行研究，以改善材料的可持续制造性，包括原料的选择、能源效率、可回收性等。NSF、DOE 和其他机构应开发出创造性的方法为材料研究注入资金，以实现可持续发展的目标。

发现 1：由于废弃聚合物材料在环境中的大量积累和聚合物材料可回收性面临的独特挑战，可持续性和环境影响在聚合物材料研究领域具有特殊的重要性。

建议 1：废弃聚合物材料的大量堆积表明我们需要采取一些行动，即推动和执行聚合物环境降解性的进一步研究，研究从废液体系中分离不相容聚合物更好的方法，研究无须分离的循环利用，以及进行聚合物研究中绿色化学可能性的基础研究。

发现 2：在过去的十年中，越来越明显的是，现代材料企业从原材料的开采到加工再到处理，往往会影响环境和生态系统，并消耗大量能源。

建议 2：所有资助材料研究的政府机构都应探索如何将可持续性、可靠性和生命周期分析纳入处理新材料的合理拨款中，特别是那些接近工业用途的材料。美国环境保护局和其他能够影响可持续性这一命题的机构应立即开始以在未来十年内推进材料的可持续发展的速度支持从分子到系统层面的基础研究。

发现 3：复合和杂化材料的实际和潜在重要性是巨大的，包括用于光伏的有机金属氢化物钙钛矿，用微米或纳米级无机颗粒增强以产生独特性能的聚合物，以及在其性能中具有陡峭空间梯度（Steep Spatial Gradients）的天然生物杂化材料。复合或杂化材料中的重要区域通常位于不同材料类型之间的界面处。

建议 3：NSF、DOE 以及在复合和杂化材料领域有利害关系的其他机构，应支持两年一次的研讨会和中心（类似于弗劳恩霍夫研究所）等模式，以促进横跨所有相关学科的复合和杂化材料的基础研究。这两项工作最迟应在 2022 年开始，并得到至少十年的支持。

发现 4：以超材料为代表的光子学、声子学和等离子体激元领域具有令人印象深刻的成长潜力，并可能对下一代定制功能材料产生重大影响，因为这些材料具有超越自然界已存的特性。在创造多材料、多尺度和多功能结构方面存在新的机遇。

建议 4：我们需要推进以超材料为代表的光子学、声子学和等离子体激元领域，推进新的计算技术，并且专注于解决制造方面的挑战。这种对新的计算技术和解决制造方面挑战的需求，在涉及制造材料的质量和控制以及新技术（如三维纳米制造）的开发时尤为突出。

发现 5：对各种超材料及其相关特性来讲，使用结构和几何形状来定义材料响应的好处已经毋庸置疑，但超材料的设计、制造和使用仍处于初级阶段，然而在许多领域都已经可以看到超材料的贡献。

建议 5：NSF 和 DOE 应创建支持跨学科工作的生态系统，将拓扑优化和其他基于计算机的设计工具与具有成本效益的制造工艺相结合，这将促进具有必备的内部形状和架构的多功能超材料的生产。

发现 6：从聚合物物理到新的、应用的、功能性的有机材料，聚合物科学的全面进步通常是由强大的聚合物合成能力推动的。

建议 6：在聚合物材料合成方面，应该大力发展的方向的例子包括精密合成（瞄准在生物水平上控制大分子结构的合成方法）；自组装和非共价合成（包括促进对疏水、静电、氢键、Ⅱ－Ⅱ和阳离子－Ⅱ电子相互作用的理解）；以及动态共价键和自我修复。这一建议首先针对的是聚合物合成研究团体，以继续沿着这些思路产生新的想法，但随后需要支持聚合物合成研究的资助机构采取行动。

发现 7：软物质涉及各种各样的材料，包括聚合物、胶体、泡沫、乳液、液晶，甚至流动的泥土和水的混合物，即泥石流。它是液晶显示器、微流体的根基。它能够提供对拓扑缺陷和奇怪形状物体的最大集合（Maximum Packing Of Odd－Shaped Objects）等基本概念的见解。它可以为软机器人提供可根据环境线索改变形状的智能材料和部件。它正在引领自组装和活性物质这一令人兴奋的新领域的研究，对生物材料和仿生材料等相关领域的影响将继续加强。软物质成为国家材料研究的一部分是至关重要的。

建议 7：鉴于软物质研究方向的多样性，资助材料研究的联邦机构，特别是 NSF 和 DOE，应通过重点研讨会了解软物质的进展，并为自组装和活性物质等显示出巨大前景的主题研究提供支持。

发现 8：在生物环境中使用的材料研究（生物材料）和通过对生物学（生物启发材料）的理解对新材料科学的洞察力这两个领域的交叉点非常丰富，并将不断产生新的材料科学。

建议 8：NIH、NSF、DOE 和 DOD 等机构应共同努力，为生物材料和仿生材料的研究提供跨部门支持，因为这类研究具有基本的跨学科性。

发现 9：极端操作条件（超高温、高压、高应变率、高剂量辐射或腐蚀性环境）对材料发现、合成、加工和验证提出了挑战。计算建模和创新极端测试方法的最新进展为材料结构和行为提供了新的见解，如在接近 4 000 ℃的温度下熔化的非氧化物陶瓷系统。

建议 9：为了加强对极端条件下材料的理解，联邦机构（NSF、DOE、NASA、DOD）应协同工作，为计算建模以及极端条件下共享实验设施的开发和运行提供支持。

发现 10：热管理是许多系统设计中不可或缺的一部分，对电池、电子电路、发动机、涡轮叶片和极端环境下的材料也是如此。热管理、储存、转换为电能以及热流的主动控制有望在各种技术中提高能源效率，并缩小尺寸、降低成本。实现这些技术需要材料。

建议 10：对材料热性能的基础研究应纳入材料设计过程，而不仅仅局限于材料选择过程。在许多情况下，对材料热学性能的研究应与对材料电子或力学性能的研究受到同等对待。在新材料的设计中，研究人员应开发热导率、热容和其他热性能的预测工具。我们应鼓励研究超越经典能带结构和晶格性质的新方法。NSF 和 DOE 应采取措施，可能与其他政府机构（如 NIST 和 DOD）合作，鼓励与热能转换、整流和开关的固态设备相关的研究提案。

发现 11：长期以来，金属和半导体一直是美国经济最重要的驱动力之一，它们提供了从摩天大楼到计算机芯片的一切。然而，它们还在继续为进一步发展提供有趣和重要的机遇，如通过高熵合金或半导体材料制造中的原子级精度来定制材料的可能性。

建议 11：政府资助机构应密切关注金属和半导体等领域令人兴奋的进步和机遇，而不是忽视这些和其他传统领域相比更成熟但仍然重要的项目。在这些领域中，递进式的发展仍然可以产生巨大影响。

发现 12：计算机芯片中硅基技术的缩放或微型化的物理极限预计将在未来十年内达到。考虑到将用于计算领域的新材料投入制造的多年时间，支持新计算方法的材料研究是必不可少的。

建议 12：DOE、DOD、NSF、NIST、NIH 和其他与先进计算有利害关系的机构，在未来十年内应高度重视推进信息技术新模式材料的研究。

发现 13：设计用于再生组织的生物材料越来越需要力学以外的功能特性，如用于信号转导的分子生物活性或安全快速的生物降解，这是对基础研究能力的挑战。以上这些定义了材料研究的一个广泛的新方向，并且将创造必要的知识，使合成材料和由其制成的设备与人体生理学进行更密切的功能接触，无论是在内部用于医疗目的，还是在外部用于各种潜在的可穿戴设备。

建议 13：所有机构，特别是对生物材料特别感兴趣的 NIH，应在未来十年内，都在与其使命相关的层面上参与支持这些材料的基础科学。DOD 应扩大其在该领域的研究投资，作为其对人机交互和作战人员性能增强的一部分。

发现 14：污染环境和威胁地球生态系统的废物扩散是一个需要国际合作的世界问题。

建议 14：所有政府机构，特别是那些资助包括生命周期研究在内的材料研究的机构，应在 2020 年之前与其他国家的类似机构之间建立交流联系，以使世界上最好的研究成果对污染环境和威胁地球生态系统的废物扩散问题产生作用。

第4章

研究工具、方法、基础设施和设备

在过去的十年中，材料研究人员在材料表征（第4.1节）、合成和加工（第4.2节）以及计算（第4.3节）能力方面取得了重大进展。这些技术使以前无法实现的材料研究成为可能，尤其是在组合使用这些技术时——例如，原位测量技术与新型合成策略的调控，或新型数据分析策略与先进图像诊断技术的综合应用（第4.4节）。这些技术的开发本身即前沿的研究方向，值得进一步大力发展。本章主要介绍了部分方法的进展及其对材料领域的影响。技术的不断改进需要对基础设施进行建设投入，以确保最先进技术的可用性（第4.5节）。本章也对这种新的投入模式进行了讨论。最后，本章强调了中等规模设施以及国家级设施在当前情况下展现出的科研能力（第4.5节）。

4.1 表征工具

4.1.1 电子显微镜

透射电子显微镜（TEM）是材料科学领域的关键技术，因为它有助于揭示材料的内部结构，表明结构如何由合成和加工过程确定，以及与其物理性质和性能的关联关系。成像、衍射和光谱学研究都可以利用TEM技术在原子到微米尺度范围内进行，该技术通常在同一透射电子显微镜内和同一样品上进行。

在过去的十年中，TEM仪器发展取得了巨大的进步，特别是球差和色差校正器、单色仪和新型探测器（见图4.1）。以像差校正的持续发展为例，先进的像差校正扫描透射电子显微镜（STEM）可以在TEM中达到0.5 Å的分辨率，并且在STEM模式实现0.1 eV的能量分辨率[①②]。另外，球差校正技术带来的进展包括原子位置确定方面的皮米级精度，以及原子级电子能量损失和能量色散X射线光谱图像质量的巨大提升，后者实现了与新大立体角探测器的结合。在寻求进一步改进仪器以实现更高空间分辨率的过程中，探究限制分辨率提高的因素是该领域研究的主题。单色仪的进步是能够在电子能量损失谱中达到30 meV（或更好）的能量分辨率，足以进行声子的研究。过去十年中通过开发更快的信息采集系统和新型样品支架，为研究材料的原位大范围变化情况提供了新的可能。正在进行的重要研究包括高速像素阵列探测器，其允许作为探测器平面位置的函数来探测散射电子。这些新的探测器可以利用新的成像模式（如差分相位对比来成像电极化），从而更广泛地提高了电子显微镜图像的成像特征和分辨率。

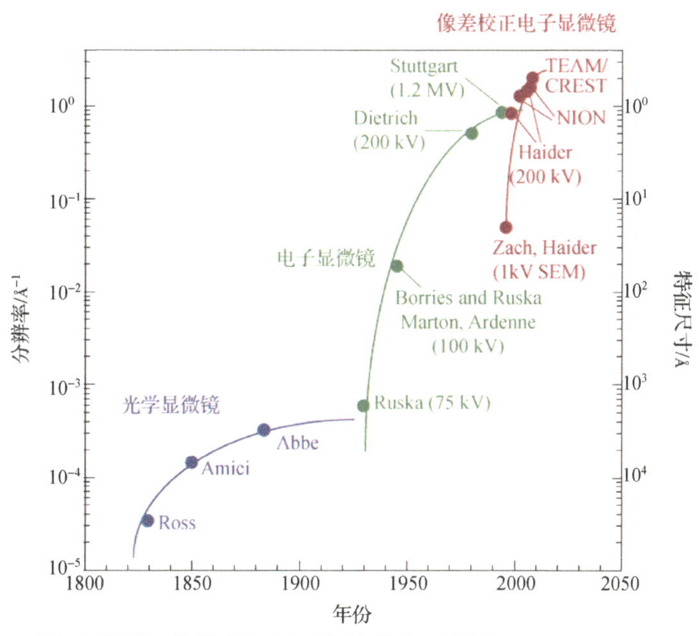

图4.1 光学和电子显微镜空间分辨率的提高。来源：经Springer Nature许可转载：D. A. Muller, 2009, Structure and bonding at the atomic scale by scanning transmission electron microscopy, *Nature Materials* 8:263, 版权2009。

在仪器研制发展的同时，电子显微镜技术也取得了实质性进展。电子成像的主要优势之一，即电子与物质的强烈相互作用，长期以来被认为在对图

① S. J. Pennycook, 2017, The impact of STEM aberration correction on materials science, *Ultramicroscopy* 180(1):22–33.

② Q. M. Ramasse, 2017, Twenty years after: How "Aberration correction in the STEM" truly placed a "A synchrotron in a microscope," *Ultramicroscopy* 180(1):41–51.

像强度的定量解释方面面临挑战。在过去的十年中，对图像强度的真正定量解释，通过根据样品中原子的位置与含量得到了实现，开启了原子分辨率图像的定量分析。另一个高度活跃的研究领域是晶体样品的 3D 成像（电子层析扫描）①。该领域正在积极开发一些不同的方法。这些方法已经应用于分析纳米颗粒中原子的 3D 位置。此外，层析成像也已经用于晶体缺陷的衍射衬度成像，并且与原位应变相结合，实现了位错与晶界相互作用的动态可视化②。

4.1.2 原子探针断层成像

物理和生命科学中的主流和新兴研究领域，越来越需要对材料的结构和化学性质在原子尺度上进行测量。这种原子尺度的信息使纳米科学研究能够跨越广泛的学科，包括材料科学和工程、基础物理学、化学催化、纳米电子学和结构生物学。

原子探针断层成像（APT）是目前唯一提供原子尺度信息，并同时进行 3D 成像和化学成分测量的材料分析技术。它提供 3D“地图”，显示材料内给定体积中数千万个原子的位置和元素种类，其空间分辨率与先进的电子显微镜相当（深度分辨率为 0.1～0.3 nm，横向分辨率为 0.3～0.5 nm），但分析灵敏度更高（<10 appm）。商业上可用的脉冲激光原子探针系统能够实现在非导电系统中对材料成分和结构进行原子分辨率的 3D 分析，如陶瓷、半导体、有机物、玻璃、氧化物层，甚至包含金属和合金以及生物材料。新的聚焦离子束（FIB）方法能够为更大通量的原子级显微镜定制特定部位的样件。

最新一代的原子探测仪器实现了在多种金属、半导体和绝缘体材料上探测效率的提高，将被探测到的原子比例从大约 60% 增加到大约 80%，且提高了灵敏度。更快和可变的重复率显著提高了数据采集的速度，先进的激光控制算法可显著提高样本量。原子探针实验具有低通量特性，实验进行的速度限制了表征结果，因此，在获取速度的提高和数据集产量方面的提升有望成为技术取得巨大进步的方向。这使单位体积的灵敏度更高，对微量材料的测量非常有用，并对地理学的发展应用有很大的帮助，如矿物年代测定、纳米颗粒或量子设备的测量。

开发新的探测器或探测器技术，使原子探测极限接近 100%，并提高实现

---

① E. Maire and P. J. Withers, 2014, Quantitative X－ray tomography, *International Materials Reviews* 59 (1):1－43.

② A. King, P. Reischig, S. Martin, J. F. B. D. Fonseca, M. Preuss, and W. Ludwig, 2010, "Grain Mapping by Diffraction Contrast Tomography: Extending the Technique to Subgrain Information," in *Chal lenges in Materials Science and Possibilities in 3D and 4D Characterization Techniques: Proceedings of the Risø International Symposium on Materials Science*, hal－00531696, Risø National Laboratory for Sustainable Energy, Technical University of Denmark.

动能鉴别的可能性，是技术领域新的发展机遇，这将允许对重叠同位素进行去卷积测试。另一个重要的机遇在于开发多模态仪器，将透射电子显微镜或扫描电子显微镜（SEM）直接集成到 APT 系统中，或进行相反的集成，以提供实时或间歇成像或衍射数据。这可以在 APT 分析过程中评估样品的形状和晶体结构，可以显著提高复杂非均质材料的重建精度。其他一些发展机遇包括程序的自动化，如样品对准和特定应用控制，这可以使用户从监控采集中解放出来，并鼓励优化分析条件，因为在分析过程中会涉及不同的材料类型或界面。

目前，关于 APT 标准的制定正在研究当中。这些发展有助于在全球范围内为 APT 样品制备、数据收集过程、数据重建和分析以及结果报告制定统一的标准。所有这些发展都可以为 APT 作为一种表征能力的未来奠定基础，这种表征能力可以让材料科学家与来自多个学科（包括地质学、生物学和固态材料）的研究人员更接近实现材料原子的 3D 组成、结构和化学状态的目标。在可视化技术之外，复杂的数据分析工具可将该技术的应用范围拓展，提取对材料设计有用的定量信息（如热力学计算或晶界工程）。这一领域的深入研究有望提升这一强大的技术在广泛科学研究领域的应用潜力①。

4.1.3　扫描探针显微镜

从根本上来说，扫描探针显微镜（SPM）依赖针尖和表面之间的原子相互作用。在其发明后的 20 年里，进展集中于提高空间分辨率、发展样品－探针相互作用的定量理论和提高信号的稳定性上。SPM 的第一次发展浪潮，将研究范围扩展到表面结构之外，产生了电场力显微镜、扫描开尔文力显微镜、压电响应力显微镜、扫描电容显微镜等。

在过去的十年中，通过利用施加和探测信号的频率依赖性，研究人员实现了低检测极限，提高了扫描和探测速度，并管理了空间和时间分辨的功能数据采集，因此其可探测的特性得到了极大的扩展。这些发展允许我们探测材料的基本物理性能，不仅获得了纳米分辨率，并且推动了以下进步。

- 从阻抗探测中不仅可以得到电容和电荷，还可以得到有机、无机和生物材料中介电函数的实部和虚部；
- 太阳能电池材料光生电荷的空间分辨的量子效率；
- 用于亚表面成像的超声力检测；
- 电池材料中的电化学应变与离子扩散；
- 相变动态过程，包括表面扩散和实时形核以及生长；

---

① A. Devaraj, D. E. Perea, J. Liu, L. M. Gordon, T. J. Prosa, P. Parikh, D. R. Diercks, et al., 2018, Three－dimensional nanoscale characterisation of materials by atom probe tomography, *International Materials Reviews* 63(2):68－101.

- 铁电翻转和畴壁动力学；
- 水、有机或无机材料中的挠曲电效应；
- 以力调制模式来量化局部弹性模量和局部能量耗散；
- 核磁共振，自旋分辨扫描隧道显微镜（STM）和磁粒子光谱；
- 多针尖 STM 定量研究了纳米管、石墨烯和 2D 材料的输运和电子结构；
- 2D 材料极化子翻转和其他近场红外光谱。

最近，扫描探针显微镜已经成为常规表征手段，并将在未来十年继续提供简单的表征，以推动材料研究和应用的进步。

而有一些即将面临的挑战则需要取得更多进展。例如，在化学环境、温度和压力方面接近实际条件的原位测量扩展将消除这些需要，即为了达到实际应用的条件而外推的简化测量。该领域的发展机遇包括电池材料、燃料电池、腐蚀、催化、薄膜生长和纳米电子制造。成像率在不断提高，但还没有达到常规的视频成像率。随着更多的扫描探针达到这一速度，定量的动态过程中扫描范围也会扩大。

虽然最优发展路径尚不清楚，但量子力学有关的行为参数在以下情况下可以满足量子计算的潜在要求，如多频段的量子光学，在多种材料状况下电子传输和原子尺度的物质操纵。这些应用场景中的材料，包括石墨烯和其他范德瓦尔斯材料、拓扑绝缘体、硅量子比特。

SPM 技术通过力学相互作用，可以获取表面下的层析图像，实现在额外维度进行表征。将性能层析成像技术提升到新的水平，可促进对薄膜异质结、细胞和生物材料、复合材料以及太阳能电池的理解。

许多 SPM 技术已经发展出可以同时探测结构和多属性的功能，从而创建相互联系的大型数据库。整合大数据和机器学习的概念可以从功能材料的复杂行为获得新的发现。

4.1.4 超快时间分辨技术

在过去的十年中，超快时间分辨技术取得了重大进展，如皮秒分辨率测试已经成为常规操作，飞秒分辨率测试广泛应用，阿秒分辨率测试开始出现。这些方法使材料的原子尺度动力学研究成为可能。原子尺度的超快动态运动是所有功能材料和器件性能的基础，解决这些问题的能力激发了材料提高性能和创造新功能的潜力。从斯坦福线性加速器中心（SLAC）的直线相干光源（LCLS）开始，这一技术实现了桌面级的应用，这得益于激光技术的进步，以及 X 射线自由电子激光设备的出现。为了提高它的性能，研究人员已经开始进行 LCLS 技术的升级。更大强度的相干同步加速器光源开始应用，这也将使更大范围的更多时间分辨实验研究成为可能。

超快光谱学在研究急速生物过程时十分有用，如光诱导的质子、电子或激发能转移。相关结果表明，时间分辨光谱技术对理解这些高速过程非常有用。所有的电子转移步骤，尤其是最初的转移步骤，都是转瞬即逝的，早期的飞秒泵探测实验已揭示这一过程的细节①。原子和离子扩散是各种材料的功能性、合成和稳定性的基础，急速分析方法对其研究同样具有显著影响。特别是，电活性离子在复杂电极材料中的扩散，是燃料电池、电池和海水淡化分离膜的核心功能。虽然从第一性原理建模和模拟中我们了解到很多关于离子如何在晶格中扩散的信息，但我们在实验中对涉及的原子尺度过程知之甚少②。相邻间隙位点之间的单个离子跳跃行为可以接近约 100 fs 的时间尺度，并与晶体应变场的显著变化有关③，这反过来会影响邻近离子的动力学。

许多复杂材料对电磁辐射有较大响应，使应用短而强的光子脉冲对这些材料属性进行超快调控成为可能。这一新型研究在许多方面都显示出前景，尤其是对于强关联电子材料。以多铁材料为例，通过电场可以控制磁序，其具有巨大的潜在应用前景。然而，磁电耦合的基本物理原理和耦合速度在很大程度上仍未被探索。利用超快共振 X 射线衍射可以揭示多铁 $TbMnO_3$ 的自旋动力学，其在强短周期的太赫兹光脉冲的相干驱动下，调谐到共振电磁子模式④。结果表明，原子尺度的磁场结构可以在亚皮秒的时间尺度上直接被光电场控制。

X 射线在量子材料研究中的应用包括高温超导性研究，使用 X 射线光谱显微镜对自旋电流的探测和空间映射，以及用角分辨光电子能谱直接演示和发现拓扑量子物质的新电子相。尽管我们在理解基础物质物理学方面取得了重要进展，但 X 射线工具对量子信息技术的直接影响迄今为止还很小。这是因为 X 射线工具目前缺乏在相关长度尺度上探测量子物质的空间分辨率。

新兴的高亮度 X 射线光源的光谱、空间和时间灵敏度将极大地改变这种情况。目前，X 射线束的尺寸通常为 10～100 μm。在大多数情况下，这远远大于潜在的量子相干长度和任何量子信息的平均值。新光源将使强大的光谱

---

① W. Holzapfel, U. Finkele, W. Kaiser, D. Oesterhelt, H. Scheer, H. U. Stilz, and W. Zinth, 1990, Initial electron－transfer in the reaction center from Rhodobacter sphaeroides, *Proceedings of the National Academy of Sciences U. S. A.* 87(13):5168－5172.

② G. Sai Gautam, P. Canepa, A. Abdellahi, A. Urban, R. Malik, and G. Ceder, 2015, The intercalation phase diagram of Mg in V2O5 from first－principles, *Chemistry of Materials* 27(10):3733－3742.

③ A. Van der Ven, J. Bhattacharya, and A. A. Belak, 2012, Understanding Li diffusion in Li－intercalation compounds, *Accounts of Chemical Research* 46(5):1216－1225.

④ T. Kubacka, J. A. Johnson, M. C. Hoffmann, C. Vicario, S. De Jong, P. Beaud, S. Grübel, et al., 2014, Large－amplitude spin dynamics driven by a THz pulse in resonance with an electromagnon, *Science* 343(6177):1333－1336.

纳米探针具有纳米级的空间分辨率。这些纳米探针能够测量波函数的退相干性，器件形态对涌现量子现象的影响，以及处于新兴量子技术核心的量子信息的运动。这些实验将不仅能够研究理想情况下纯材料的空间和时间波动，还可以实现对其在现实环境中表现的研究。

4.1.5 3D/4D 原位测量方法

在过去的十年中，3D 和 4D 表征技术获得了巨大的发展，这些表征技术专门用于量化中尺度微观结构及其在刺激下的响应。这一发展受益于基于计算机的控制、传感和数据采集方面的重大进展，并孕育出了十年前不可能出现的新的实验工具集和方法。这些进步使从定性观察向数字数据集研究的转变成为可能，这些数据集可以被挖掘、过滤、搜索、量化，并在存储时保留更高的保真度和可操作性。

X 射线材料的中尺度 3D 和 4D 表征可以分为两个子领域，即断层扫描① 和基于衍射的显微镜技术。前者，通常被称为微 CT，包含收集多张具有微尺度分辨率的 X 射线照片和计算机的重建技术。基于数据库系统可以很容易地生成软材料和晶格材料的 3D 渲染图，但硬材料吸收 X 射线的效率要高得多，而且需要更高的能量来源，在某些情况下还需要同步加速器实验。相比之下，基于衍射的 3D X 射线显微镜涉及扫描穿过样品的光束，并从倒易晶格重建多晶微观结构。探测器从近场到远场的位置变化使人们可以确定样品中个体体元的方向，而对远场模式的仔细检查有助于局部弹性应变的测量。

连续切片技术，结合光学或电子显微图像或定位图和化学图已成为收集和构建 3D 数据集的另一种方法。FIB - SEM 允许以亚微米的精度成形和提取材料信息（见图 4.2），但传统 FIB 的铣削速率无法用于中尺度研究。更快速的加工技术已经出现，并实现 3D 表征体积从立方微米到小范围立方毫米的研究。对于硬质材料，新兴的技术包括超短（飞秒）激光烧蚀、等离子体源 FIB（P - FIB）、宽离子束切片和机械抛光。通过扫描电镜内部操作的金刚石刀切片系统，结构生物学研究人员能够从扫描电镜的中尺度成像中收集大量的 3D 数据集，如对斑马鱼幼体的整个大脑进行切片②。在软材料和金属的研究中同样也有切片法③。

---

① S. R. Stock, 2010, Recent advances in X - ray tomography applied to materials, *International Materials Reviews* 53(3):129 - 181.

② D. G. C. Hildebrand, M. Cicconet, R. M. Torres, W. Choi, T. M. Quan, J. Moon, A. W. Wetzel, et al., 2017, Whole - brain serial - section electron microscopy in larval zebrafish, *Nature* 545(7654):345.

③ T. Hashimoto, G. E. Thompson, X. Zhou, and P. J. Withers, 2016, 3D imaging by serial block face scanning electron microscopy for materials science using ultramicrotomy, *Ultramicroscopy* 163:6 - 18.

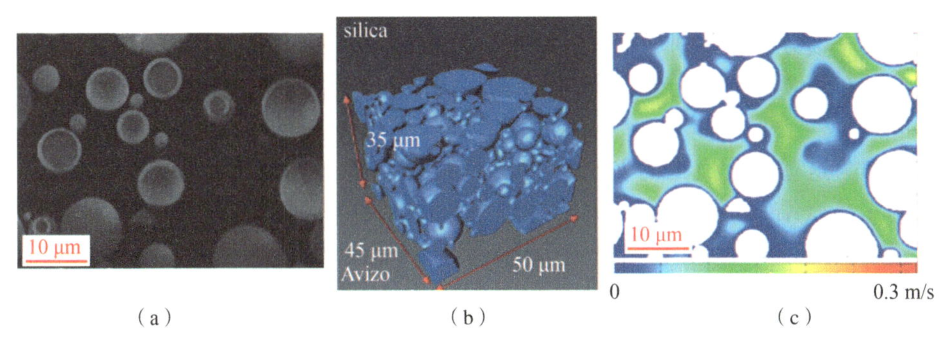

图 4.2　FIB/SEM（聚焦离子束扫描电子显微镜）断层扫描切片，样品为嵌入硅珠的环氧树脂（a）；重构的二氧化硅相的 3D 结构（b）；垂直于入口方向的平面内的气流速度场，在 0.3 m/s 入口速度和输出大气压力边界条件下计算（c）。来源：A. Rezikyan，2016，FIB/SEM tomography of porous ceramics，*Microscopy and Microanalysis* 22(s3)：1884－1885，经许可转载。

在完成数据收集之后，研究人员需要通过许多步骤从 3D 数据集中提取相关的有用信息。数据处理的典型流程包括配准、重建、分类和分析。原始数据通常是错位且失真的，研究人员必须通过基准点的配准来消除这些失真和错位。数据重建过程包括从一系列 2D 图像映射到对应的 3D 实体模型。在连续切片的情况下，研究人员通常假设切片表面测量的任何性质在该切片的厚度方向上保持一致。只要切片厚度与测量特征的变化相比较小，假设即合理，但在数据测量时，研究人员应注意这一点。区域划分需要借助明显的特征值。这一影响可能微乎其微——例如，通过背散射成像或断层扫描，研究人员可以十分容易地识别具有大密度差异的沉淀物，并且可以通过在取向图中的取向梯度上设置阈值来突出显示晶界。但是，在许多情况下，研究人员通过对比区分两个区域是十分困难的。使用人工智能对模式识别和分类具有极大的优势，并且不受图内大异常情况的影响，通过上下文和储备数据可以十分容易地推断和识别一组图像内的相关特征。然而，在大多数成像模式中，用于基于计算机来确定特征区域的方法不具有这种优势，并且体积的分割通常比预期要困难得多。

最后一步是对结构的分析，这可能包含各种各样的测量，包括尺寸、排列、形状度量、晶体取向织构和梯度。3D 数据处理和分析的最大困难之一是缺乏成熟的 3D 分析软件包和工具。材料研究人员必须开发定制代码和通道。虽然开发自定义处理工具可能具有某些优势，但它被当前跨不同小组的大量重复工作抵消，而缺乏使可互操作工具更易于开发的数据描述和文件格式标准则进一步加剧了这种情况。例如，DREAM. 3D 软件包[①]的开发对扭转这一趋势极为有利。该平台最初是为分析 3D 电子背散射衍射数据而开发的，现在继续发展以分析多光谱数据，为数据、处理格式和文档提供一套标准。

作为这些方法成功的例子，我们已获得各种航空航天用铝、钛和镍合金的多晶微结构的 3D 数据集，并且最近的原位 4D 同步加速器实验已经阐明残余应力和塑性变形过程中应力重新分布的重要性[②]。一种紧凑型超高温拉伸测试仪器已经用于使用同步辐射的原位 X 射线显微断层成像，在温度高达 2 300 ℃的受控环境中，用于获得陶瓷 - 基体复合材料在机械载荷下的失效机制的实时 X 射线显微数据[③]。还应注意的是，硬质的 X 射线衍射的研究历来是在多用户同步加速设施（Multiuser Synchrotron Facilities）中进行的，但近年来出现了显著增强的实验室规模的系统，有希望更广泛地提供和使用这种技术。

同时，实验工具的改进以及伴随的从纳米尺度到微米尺度的机械性能建模，使机械性能可以在各种长度尺度下量化到 100 nm，从而能够以前所未有的空间精度定量研究微观和介观尺度的单元变形过程。类似地，人们已经报道多种技术，其允许在微米级深度中精确地测量诸如热扩散率的整体物理性质。这允许研究人员对通过表面硬化或离子注入/等离子体表面改性材料的机械和物理性能进行更全面的评估。此外，这些技术还允许研究人员对离子辐照材料的近表面区域的物理和机械性能进行定量评估。这些技术作为中子辐照的替代，可能是困难、昂贵且耗时的（需要多年的实验）。例如，多晶块体材料中单个晶粒的原位测量和 3D X 射线表征，为更好地理解辐照材料的微观结构异质性和局部变形铺平了道路。这些信息对预测核电站的材料老化和退化，以及设计下一代核反应堆的新型抗辐射材料至关重要。例如，研究人员利用高能同步加速器 X 射线研究了中子辐照块状材料的原位异质变形动力学，通过高能同步辐射 X 射线捕捉微观和中观的物理现象，并将其与反应堆设计中相关的中子辐照材料的宏观尺度力学行为联系起来。

很明显，在过去的十年中，通过破坏性和非破坏性的实验方法，在微观

---

① M. Groeber and M. Jackson, 2014, DREAM. 3D: A digital representation environment for the analysis of microstructure in 3D, *Integrating Materials and Manufacturing Innovation* 3:5, doi:10. 1186/2193 - 9772 - 3 - 5.

② Various works of Carnegie Mellon University, the Air Force Research Laboratory, Los Alamos National Laboratory, and Japanese groups.

③ A. Haboub, H. A. Bale, J. R. Nasiatka, B. N. Cox, D. B. Marshall, R. O. Ritchie, and A. A. MacDowell, 2014, Tensile testing of materials at high temperatures above 1 700 ℃ with in situ synchrotron X - ray micro - tomography, *Review of Scientific Instruments* 85(8):083702.

到宏观尺度上的体积表征已经非常成熟，使不同的材料系统中存在多个长度尺度上提供高保真微观结构信息的工作流程成为可能。但是仍然有许多障碍限制了它在材料界的应用。对于破坏性和非破坏性工作流程，未来十年迫切需要的进步是数据收集程序的原位数据分析。绝大多数体积数据收集是异步执行的，并且通常独立于信息的分析和最终利用。“智能”数据收集，即在关键区域对数据进行细化，以便在需要时提供额外的分辨率，或需要额外的模式来提供材料状态的其他属性。动态采样方法，其中基于使用机器学习方法的预先训练来有效迭代地收集数据，已经出现在使用单一模态的2D数据收集的文献中①，并且由于收集时间的指数增长，这些方法将在3D中带来更大的益处。

其他示例包括使用查询表和基于字符库的方法检测数据收集中的异常和其他罕见特征，这使基于预期结构动态地完善对未知特征的分析成为可能。此外，根据仪器价格、采集时间或表面处理要求，只有使用这种集成方法才能真正将多模式的“昂贵”信息整合到3D实验中。其他发展方向包括在微观结构分类中利用机器学习开发直接提取特征的高效收集方法，收集和使用更多信号——超声、接触方法（纳米压痕），继续推动更大体积的开发以生成更高水平的统计数据，以及用于连续切片的闭环材料去除。

4.2 合成和加工工具

鉴于过去十年中材料表征工具性能的提升和仪器数量的增加，人们相应地需要提高材料合成和加工的能力。这些先进的工具不仅有助于更快地发现新材料，而且能够以与先进测试相匹配的精度对材料进行合成和加工。预测新材料的先进计算方法通常有助于材料合成的发展。

4.2.1 精密合成

完全实现跨尺度精密材料合成（尺寸、形状、成分、结构等）将以革命性的方式改变材料科学。精密合成的可能性和其力量体现在用于选择性反应的催化材料的分子工程，用原子材料精确控制电化学能量转换，通过分子序列控制降解速率的新型生物降解聚合物，在金刚石中精确放置氮空位中心缺陷以产生用于量子信息的材料，以及将肽两亲物（Peptide Amphiphiles）自组装成具有超高生物活性的纤维和胶束结构等方面。而这些也只是这个领域显露的冰山一角。

---

① Charles A. Bouman, School of Electrical and Computer Engineering, Purdue University.

揭开整个“冰山”的面纱是一个雄心勃勃的目标，同时也是一个非常值得投入的研究方向。这不仅意味着人们要把材料中的每个原子放在想要的地方，而且人们要知道想把原子放在哪里，放在那里的原因，并能够确定是否真的能够把它们放在那里。因此，其乍听起来是“合成”的挑战，实际上是对合成材料化学、理论、模拟和仪器表征的挑战。这一挑战中的“跨尺度”部分带来了多方面的挑战。研究人员需要对不同的尺度具备足够的了解，以预测原子和分子水平结构的精确控制如何调整宏观的行为和性质。同时，他们需要了解实现特定目标所需的精确度。此外，正如 DOE 基础能源科学《基础研究需求》综合科学报告中指出的那样，“掌握层级结构（即跨尺度）的这一挑战贯穿了所有的材料合成领域。在界面、超分子生物分子和混合物质中，层级结构是导致不同功能的根源”①。实现这一目标将需要不同的合成技术和化学工具，而所有这些都在不同的尺度上操作。例如，共价电子化学将用于制造构件，然后将构件通过非共价键组装成更大的结构。当然，这是已经在进行的研究，但还没有实现对样品的实时监测和控制，以及对结果的优化。原子层沉积和分子束外延（MBE）是宏观增材制造在原子尺度上的缩影。

传统上，如自组装等分级合成过程应被视为动力学过程；它们由热力学驱动的事实并不意味着它们没有动力学轨迹（通常是缓慢的轨迹）。动力学稳定相和亚稳相可能正是我们所需的产物。对跨尺度材料有更广泛的理解可以使更多的材料类型合并到一个成品中，或者更有可能的是，这需要合成器的整合，以掌握这些材料的制备方法。

4.2.2 来自 DNA 构建模块的 3D 结构

DNA 折叠是通过使用短链 DNA 寡核苷酸（即所谓的链）将长链 DNA（即支架）折叠成纳米级物体。在过去的十年中，构建 3D 结构的技术工程取得了显著的进步，并且随着每一次发展，制造的自由度都在提升，这使构建形状更复杂的 DNA 成为可能。实现 3D 结构的第一种方法是通过将 DNA 螺旋捆绑在蜂巢结构中。通过添加或删除螺旋支架之间的连接，我们可以实现对象的弯曲。另一种方法是通过弯曲的环来控制形状。从捆绑的螺旋结构中产生了网格图案或三角形网格的框架设计。这一进展对生物医学的应用具有重要意义，因为通过这些方法产生的结构在生理条件下对阳离子的消耗具有更高的耐受性。

---

① 见 U. S. Department of Energy，2017，*Basic Research Needs Workshop on Synthesis Science for Energy Relevant Technology*，https://science.energy.gov/~/media/bes/pdf/reports/2017/BRN_SS_Rpt_web.pdf，图 6。

caDNano、DAEDALUS 和 vHelix 等设计平台软件包加快了支架结构的发展。

DNA 乐高积木（图 4.3）是在过去十年中开发的[①]。每个基本结构由四条短的 DNA 单链组成；两个头域和两个尾域。通过选择基本结构，我们可以自组装几乎任意复杂的 3D 结构，而无须使用支架。

这种折叠结构已被用作制备 Au 纳米颗粒、Au 纳米棒和量子点的样件；合成纳米颗粒的模具；微光刻技术中的网格和生物传感器；以及用于药物递送等。此外，主动系统、行动系统、机器和工厂都已经在平台上进行演示[②]。在没有受到太多关注的领域，当使用 DNA 作为结构材料时，DNA 可能会以一种意想不到的方式促进该领域的发展。

除此之外，长链 RNA 支架进行折叠也被证明是可行的，这首先是通过使用 DNA 短链（Staples），后来又使用 RNA 短链来实现的。

4.2.3　2D 形变材料

在过去的十年中，一类可重构的超材料研究取得了相当大的进展。它是一种基于 2D 薄膜的材料，可以折叠或弯曲成预定的 3D 结构。这些材料在生物医学设备（如可自展开支架）、能量存储（如可拉伸锂离子电池）、机器人和建筑（控制光反射的智能窗帘）方面具有应用潜力。微米和纳米尺度上制造 3D 结构的研究已经取得了一些进展[③]。这包括基于金属、金属氧化物、生物材料和生物相容性聚合物的增材制造技术和原料的进步。开发 3D 纳米结构也可以通过残余应力、毛细效应和自驱动材料的作用来实现薄板的弯曲和折叠。对外部刺激（如热源和水）做出反应的 3D 结构也可以生成。由折叠（Origami）和切割与折叠（Kirigami）启发的设计思想，扩展了材料的发展空间，包括未来先进技术所需的重要材料。力学处理过程的示意图如图 4.4 所示。坚固的 3D 结构的形成需要整体应变的最小化，并避免局部应变的集中。研究人员通过使用有限元建模实现了应变的最小化，这表明 Kirigami 切割的长度和宽度是很重要的。事实证明，长的切口比短的切口更好，因为长的切口避免了应力集中；而且宽的切割效果优于窄的切割效果，因为其减小了最大应变。

---

① Y. Ke, L. L. Ong, W. M. Shih, and P. Yin, 2012, Three - dimensional structures self - assembled from DNA bricks, *Science* 338:1177 - 1183, doi: 10.1126/science.1227268.

② H. Gu, J. Chao, S. - J. Xiao, and N. C. Seeman, 2010, A proximity - based programmable DNA nano - scale assembly line, *Nature* 465:202 - 205, doi: 10.1038/nature09026.

③ Y. Zhang, F. Zhang, Z. Yan, Q. Ma, X. Li, Y. Huang, and J. A. Rogers, 2017, Printing, folding and assembly methods for forming 3d mesostructures in advanced materials, *Nature Reviews Materials* 2:17019.

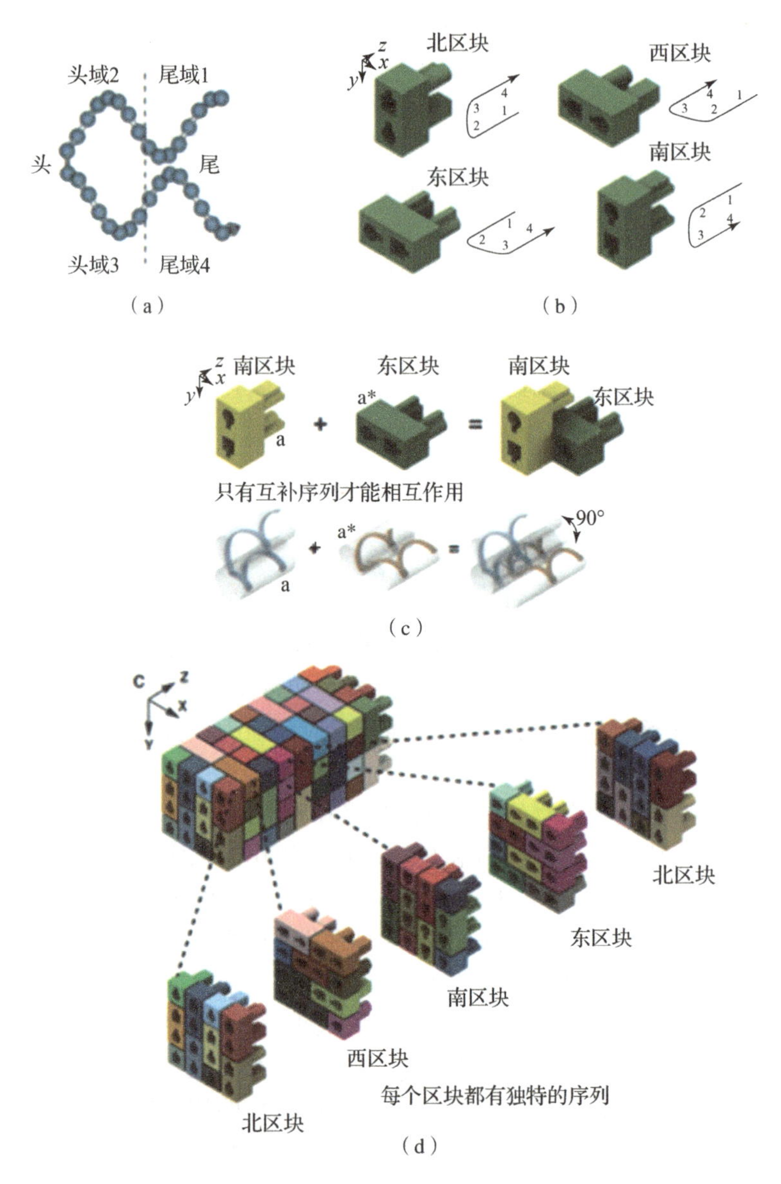

图 4.3 乐高积木。(a) 单链 DNA 结构的四个结构域;(b) 用乐高积木代表四个可能的不同方向。尾域(1 和 4)由突出的销表示,头域由积木中的孔表示。可能的连接是在结构 1 和 3 以及结构 2 和 4 之间,并且突出部分的形状必须与孔的形状匹配;(c) 连接南区块和东区块以形成所需的 90 度角,以及连接两个互补域 a 和 a*;(d) 将积木连接成一个结构。第一块和第五块相同。来源:Y. Ke, L. L. Ong, W. M. Shih, and P. Yin, 2012, Three - dimensional structures self - assembled from DNA bricks, *Science* 338: 1177 - 1183, doi: 10.1126/science.1227268,经 AAAS 许可转载。

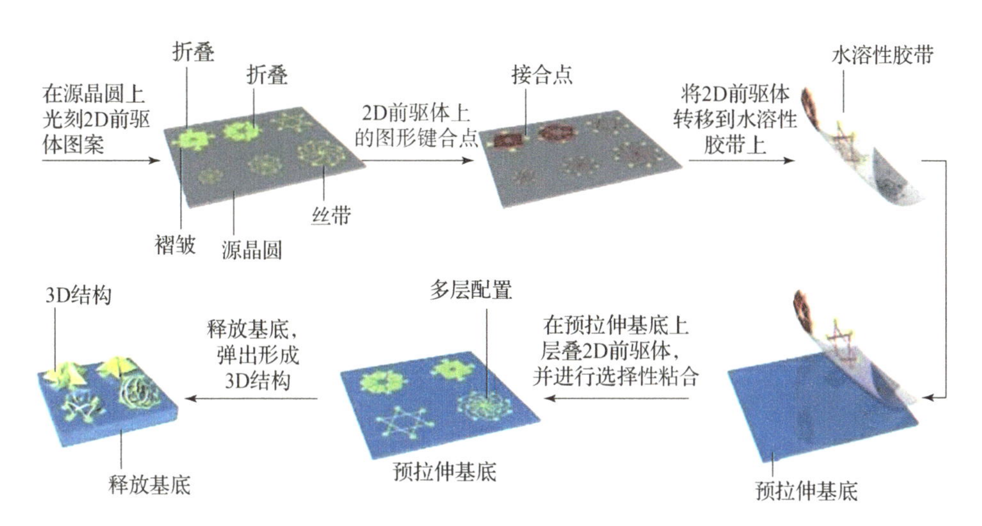

图4.4 通过使用光刻技术形成的2D前驱体的受控机械屈曲制造3D介观结构的步骤示意图。来源：经 Springer Nature 许可转载：Y. Zhang，F. Zhang，Z. Yan，Q. Ma，X. Li，Y. Huang，和 J. A. Rogers，2017，Printing，folding and assembly methods for forming 3D mesostructures in advanced materials，*Nature Reviews Materials* 2：17019，版权 2017。

图4.5显示了2D方形硅膜①由于 Kirigami 切割的引入而导致的应变最小化。这一点展示了有限元建模可推进3D稳定结构的设计。

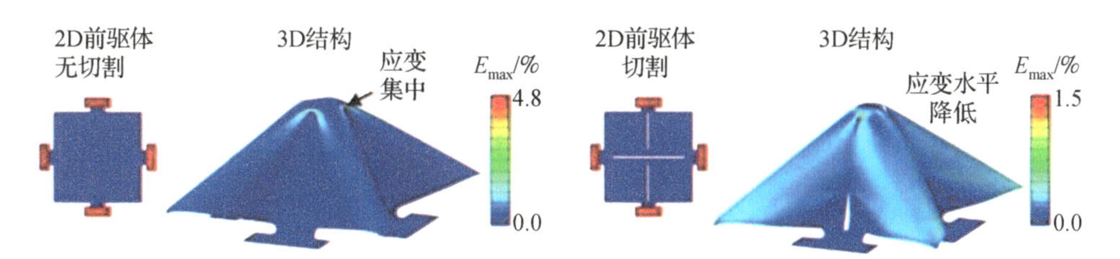

图4.5 在没有和有 Kirigami 切割的情况下，对折叠2D的硅正方形产生的应变进行有限元分析。两种结构都包括硅/聚合物的双层，并且预应变为80%。颜色表示应变的大小。来源：Y. Zhang，Z. Yan，K. Nan，D. Xiao，Y. Liu，H. Luan，H. Fu，et al.，2015，A mechanically driven form of kirigami as a route to 3D mesostructures in micro/nanomembranes，*Proceedings of the National Academy of Sciences* 112（38）：11757－11764.

Kirigami 结构的一种应用是作为百叶窗以控制进入空间的光线，从而制造出自适应的节能结构。为了控制百叶窗的倾斜，弹性体片材上的线性切

① Y. Zhang，Z. Yan，K. Nan，D. Xiao，Y. Liu，H. Luan，H. Fu，et al.，2015，A mechanically driven form of kirigami as a route to 3d mesostructures in micro/nanomembranes，*Proceedings of the National Academy of Sciences U. S. A.* 112(38)：11757－11764.

口的网格可通过片材一侧或另一侧的凹口来扩大，该技术由于在切口上增加切口，被称为 kiri－kirigami①。拉伸时，切口张开成菱形孔，这些孔由窄段限定，这些窄段会发生平面外弯曲和扭曲，其方向由切口的位置控制。重要的是，在该设计中，接头的扭转方向与荷载方向无关。拉伸段的反射率取决于扭曲的方向。这可以通过机械拉伸或在 kiri－kirigami 结构的前凹槽和后凹槽进行切割来对材料进行被动控制。图 4.6（a）是单向和双向载荷对材料晶胞变形方向的影响示意图。在这里可以看到，扭曲的方向总是相同的，光线的图像实际上进入了有窗户的空间，而 kiri－kirigami 百叶窗的有无对结果没有影响。研究人员已经对基于这种设计的窗口进行了测试，以确保使用这种结构来控制光的能力。

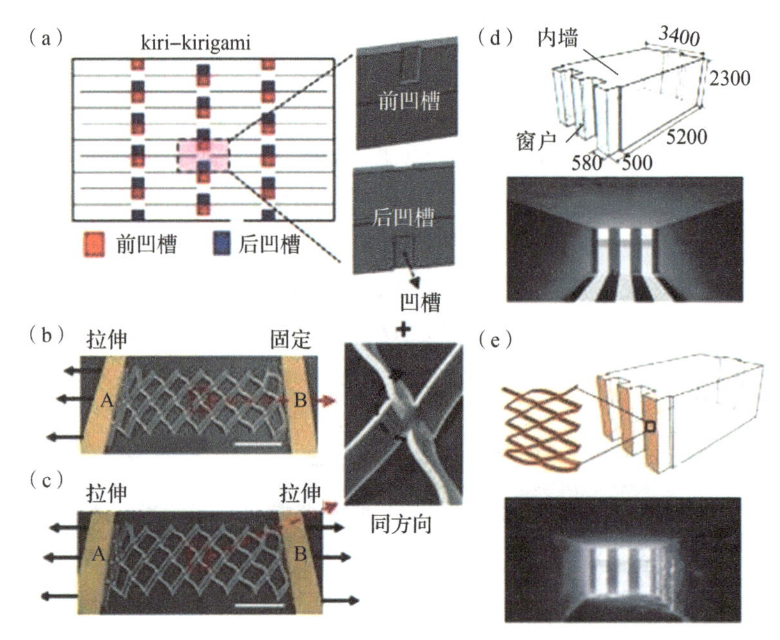

图 4.6　Kiri－Kirigami 结构。(a) 切割和缺口模式；(b) 和 (c) 当以不同方式拉伸时，可以实现可控和可重复的局部倾斜；(d) 有窗户的空间，入射光会产生阴影区域和强光投射区域；(e) 同样的空间，但窗口被精心控制的 Kirigami 结构覆盖，在空间里投射出更柔和的光线。来源：Y. Tang, G. Lin, S. Yang, Y. K. Yi, and R. Kamien, 2017, Programmable kiri－kirigami metamaterials, *Advanced Materials* 29：1604262, © 2016 WILEY VCH Verlag GmbH & Co. KGaA, Weinheim.

这些 origami－kirigami 结构的实验蕴含复杂的理论，其中一个例子是在特殊情况下，kirigami 切割受到蜂窝几何形状的限制，并以它们在晶格中产生的

① Y. Tang, G. Lin, S. Yang, Y. K. Yi, and R. Kamien, 2017, Programmable kiri－kirigami metamaterials, *Advanced Materials* 29:1604262.

旋错和位错为特征①。这项工作的最终产品是一种算法②，其可用于产生任何形状的 kirigami 切割网格。类似地，人们也开发了一种算法，其成功地产生折叠图案，可以在最少数量的折叠中产生任何多面体形状。

4.2.4 增材制造

一些制造上的创新已经改变了生产复杂部件的方法。在过去的十年中，金属部件的增材制造已经从一项刚刚起步的研究工作转变为一项引人注目的商业活动，对航空航天和医疗植入应用产生了巨大的影响。增材制造是指通过逐层或逐点沉积材料以直接从计算机辅助设计模型制造复杂部件的能力。专栏 2.6 中提供了一个范例。增材制造的材料组成从金属扩展到聚合物、陶瓷、复合材料和生物材料，并采用各种不同的组装技术。在中国，甚至连公寓楼现在都是增材制造的③。作为对增材制造关注度的指标，目前其工业增长率每年的涨幅约为 30%④，并且在 2006—2016 年期间，相关领域同行评审出版物的数量每年翻两番。

在追求主流应用的增材制造中，有四个目标支持更快速和更广泛地使用该技术。

1. 通过材料开发提高增材制造元件的性能；
2. 开发用于确保添加剂组分构成的新方法；
3. 提高集成计算材料工程能力以及高通量表征技术，以加速增材制造的开发至应用周期；
4. 开发具有高沉积速率、大构建体积和性能优异的新工艺和机器。

材料开发、认证以及集成表征和建模（目标 1－3）是重要的投资方向，因为它们有可能实现制造业的颠覆性变革。

增材制造仍然是一个非常小的市场，全球销售额约为 40 亿美元，并以每年约 34% 的速度增长（与全球制造业每年 11 万亿美元相比），但据估计，到

---

① 见 L. Hardesty, 2017, "Origami Anything: New Algorithm Generates Practical Paper – Folding Patterns to Produce Any 3 – D Structure," MIT News, June 21, http://news.mit.edu/2017/algorithm – origami – patterns – any – 3 – D – structure – 0622。

② C. Modes and M. Warner, 2016, Shape – programmable materials, *Physics Today* 69(1):32 – 38.

③ 见 *3ders. org*, 2015, "WinSun China Builds World's First 3D Printed Villa and Tallest 3D Printed Apartment Building," January 18, http://www.3ders.org/articles/20150118 – winsun – builds – world – first – 3d – printed – villa – and – tallest – 3d – printed – building – in – china.html。

④ D. L. Bourell, 2016, Perspectives on additive manufacturing, *Annual Review of Materials Research* 46: 1 – 18.

2023 年，其价值将达到 330 亿美元①。增材制造系统受到材料成本、制造速率、工艺可靠性、与其他工艺的集成以及逐层沉积的限制。其历来一直局限于低沉积速率的小构造外壳，并且受材料种类限制。下一代系统将探索控制、原料供给条件、硬件和软件的革新，以使用可用的低成本原料开发出具有高沉积速率、大构建体积的性能优异的新机器。随着系统的增强，更多的应用成为可能，从而增加了对该技术及其潜在影响感兴趣的公司数量。新的控制和机器人系统正在推动增材制造技术的进步，有可能实现面外沉积，从而产生真正的增材制造，并可以在同一机器中沉积多种材料。广泛的原料，包括不规则的颗粒形态和其他形态，有可能降低原料的总成本。智能化或强化原料供给机制也将提高可靠性和对总体成本的影响。所有这些改进都旨在实现增材制造从 1 ~ 2σ（30% 到 70% 的成功率）到 6σ（百万分之 3.4 的失败率）的转变。实现这一目标需要特别关注新工艺设计规则，我们要通过先进的切片软件开发稳定的刀具路径，以最大限度地减少残余应力和零件缺陷，开发机器设计、工艺监控和控制，以提高沉积工艺的可靠性和可重复性，以及逐层检查和自适应过程控制，以纠正制造过程中的零件缺陷。增材制造工艺和机器的改进与材料的开发同时进行，这将扩大该技术的潜在用途。增材制造技术依然需要改进，一个典型的方向是增强控制表面光洁度的能力。

4.2.5 冷喷涂

冷气动力喷涂，通常被称为“冷喷涂”，是一种用粉末颗粒高速喷射到基底上的固态材料沉积方法。粉末颗粒在受到冲击时发生塑性变形，在粉末和基底之间形成冶金结合。该方法利用加速气流（氮气、氦气或空气）以 300 ~ 1 200 m/s 的速度将颗粒喷涂到基底上，从而实现固态颗粒固结和材料快速堆积。虽然冷喷涂从根本上来说是一种固相工艺，但其温度范围可达到材料熔点的 50% 以上。冷喷涂的优点是对基材的热冲击小，无燃料/气体的燃烧，不熔化涂层材料，并且生成的涂层具有高密度和适中的残余压应力。更重要的是，冷喷涂可用于现场环境中的增材修复。

随着冷喷涂沉积技术的快速发展，许多关键和棘手的科学问题被发现，且亟待解答。关于单粒子碰撞的实际物理现象仍然是一个悬而未决的问题。研究人员利用激光冲击加速度结合超高速照相机的基础实验，使单粒子碰撞动力学的成像和测量成为可能。这些新的测量手段正在提供重要的实验数据

---

① 见 Markets and Markets, “3D Printing Market by Offering (Printer, Material, Software, Service), Process (Binder Jetting, Direct Energy Deposition, Material Extrusion, Material Jetting, Powder Bed Fusion), Application, Vertical, Technology, and Geography—Global Forecast to 2024,” https://www.marketsandmarkets.com/Market-Reports/3d-printing-market-1276.html, 最后访问日期：2018 年 5 月 12 日。

来支撑、传递和验证已开发和正在开发的冷喷涂沉积理论模型。金属颗粒的突然撞击也会导致晶粒/微晶结构尺寸减小一个数量级，但这种在不到 100 ns 的时间内发生变化的机制仍然未知。在这一点上，该领域确实需要更多关于冷喷涂工艺产生的微观和纳米结构的量化信息。

4.2.6　非平衡处理

无论是天然的还是人工制造的材料，很少是平衡过程的产物。在所有例外情况当中，晶体和合金是热力学稳定的，通过缓慢冷却生成。生命系统用蛋白质制造各种各样的功能材料。它们利用核糖、核酸和遗传信息组装特定的氨基酸，通过一个活化的过程持续生产这些蛋白质。一半以上的代谢能量消耗在了蛋白质的生产上。制造过程中使用能量来加热、冷却、混合、加压、诱发化学反应，或以其他方式调控成分，使其具有在热力学稳定形式下无法获得的特性，如淬火等热处理加工技术可产生亚稳定材料。

尽管研究人员在使用从半导体到增材制造的非平衡处理技术方面越来越成熟，但其中的内在科学原理仍不清晰。热力学和统计力学提供了众所周知的经典或量子态的动力学平均法则，以获得材料和处于平衡状态的多粒子系统的宏观性质。在过去的两个世纪里，具有普遍性、易用性和充分校核的法则有着坚实的基础。它给出的答案来自自由能和相关的状态函数的极值化。然而对于非平衡过程，不存在这样的普遍法则或一组可被极值化的类自由能函数——例如，在某些情况下，耗散被最大化；在其他情况下，它却被最小化。在材料科学中，对非平衡现象进行更深入理解的需求是最为迫切的。

最近的进展，如增材制造，为使用和理解非平衡过程带来了新的挑战和机遇。“基于激光的增材制造工艺通常具有复杂的非平衡物理和化学性质，其依赖材料和工艺。需要阐明材料特性和加工条件对增材制造加工部件的冶金机制，以及由此产生的微观结构和机械性能的影响[①]。”这种由加工过程带来的极端温度、溶剂作用或极端应力梯度将有助于理解远离平衡的反应及其产生的亚稳态材料的性质。

悬浮既是一种合成方法，也是一种表征方法，因为它消除了容器对测量的影响。悬浮法的最初用途与金属玻璃、高熵低温熔化材料和非平衡结构研究相关。悬浮法已扩展到包括声学、空气动力学、电磁学和静电学的学科领域，具体取决于加热源和产生的样品大小。X 射线和中子表征都可以应用于悬浮材料。悬浮法制备的样品是高度不稳定的，且必须明确蒸发是否在该样

① D. D. Gu, W. Meiners, K. Wissenbach, and R. Poprawe, 2012, Laser additive manufacturing of metallic components: Materials, processes and mechanisms, *International Materials Reviews* 57(3):133 - 164.

品的制备过程中起作用。这些技术有助于阐明材料高温经过各种冷却途径的结构路径。无容器合成材料的表征对理解和设计新材料非常有帮助。

4.2.7 单晶生长

基础和应用材料的发展由多功能、多系列晶体材料的研究推动①。两个主要途径包括（1）合成高纯度、化学成分简单且储量丰富的材料；（2）合成复杂化学计量比/复杂结构且具有多个可调控的能量尺度的系统。第一类途径的例子包括锗、硅和砷化镓，而第二类途径的例子包括强稀土永磁体、高温超导体和许多其他量子材料。尽管晶体生长对许多不同的科学和商业目的都非常重要，但它通常更多是一种艺术或技术，而不是一门科学。此外，在过去的几十年中，许多常规合成方法仅取得了微小的进展。一般包括（1）固-固反应；（2）固-液反应；（3）气-固反应。这里主要聚焦于块状晶体的生产方法，但下面的论点也适用于薄膜晶体制备。例如，（1）固态反应和等离子烧结；（2）熔融生长、电弧炉和感应炉熔炼、提拉法和布里奇曼法；（3）气相传输（如使用碘）和薄膜技术。有关大多数此类方法的详细综述，请参阅 1975 年首次出版的潘普林编写的书籍②。请注意，至少在 40 年前，这些合成方法的详细描述就已经出现，在许多方面，这些方法仍然是最先进的。这里强调了开发新策略的难点，但也指出了这是一个有很大机会取得变革性进展的领域。

尽管晶体生长方法很有用，但大多数方法都受到一些实际问题的限制，不过这些限制是现在可以解决的。首先，晶体形成过程难以定量描述。相反，大多数过程的描述都是通过反复试验积累起来的，甚至一些哲学方法以个人或特定团体的定性经验为指导——也就是说，通过口述方式进行。为了突破这些限制，人们有必要开发能够研究反应过程中的详细机理的常规方法，还有必要开发能够实时调控晶体生长速率的计算模型。最近这方面的尝试有限，例如，通过中子散射观察晶体生长过程，但这一领域仍有很大的发展空间。同样重要的是，真实材料在所有长度尺度上都存在缺陷，这些缺陷很难被表征，甚至更难被纠正。一个简单的例子是，从熔融体中提取的单晶（如使用提拉法），很容易观测到沿生长方向的化学梯度。对量子材料而言，这种变化通常对电子和磁性有很大的影响。人们需要掌握这种变化，但掌握的方法尚未开发。对生长过程的深入了解和控制可以缓解这些问题，还可以提供另一

---

① 见 National Research Council, 2009, *Frontiers in Crystalline Matter: From Discovery to Technology*, The National Academies Press, Washington, D. C. ,https://doi. org/10. 17226/12640。

② B. R. Pamplin, ed. , 1980, *Crystal Growth*, 2nd edition, Pergamon Press, Oxford, U. K. https://www. elseviercom/books/crystal-growth/pamplin/978-0-08-025043-4.

个调节参数来控制材料的性质。

为了实现这些目标，人们需要在材料研究领域内开展多方面、资金充足的研究，为晶体生长开发新的交叉点。在这种情况下，晶体生长将被视为一个独立的研究领域，与特定类别的材料或主题没有严格的关联。两个有前景的研究方向是（1）快速通量/表征方法；（2）极端条件下（如施加压力、磁场、电场等）的合成方法。这项研究需要一系列材料分析（如中子、X 射线散射和微观分析）和计算协作以促进发展，同时还需要广泛传播信息的方法。

4.3　模拟和计算工具

计算能力在材料研究中具有广泛的优势和性质，但这些优势和性质会依据材料的类别或应用而表现在截然不同的方面。例如，发达的半导体和航空航天工业与新材料研究中有用的计算工具非常不同，后者仍然存在基础问题，并且没有复杂的数据库来挖掘或应用人工智能。然而，无论是大尺度还是小尺度，计算能力的提升将继续推进材料研究领域的发展。

4.3.1　集成计算材料工程和材料基因组计划

美国在过去十年中开展了两项计划，旨在通过倡导实验和计算的协同，以及制造全过程与计算机辅助材料设计的耦合，来缩短材料从开发到应用的周期。

美国国家科学院在 2008 年详细介绍了第一项计划，即集成计算材料工程（ICME）方法①。ICME 方法旨在整合不同长度尺度（多尺度）的材料模型和计算方法，以捕捉合成与加工、结构、性质和性能之间的关系。ICME 的初步成功得益于过去几十年研究中产生的特定材料系统的大量数据②。

2011 年，第二项计划开始实施，当时奥巴马总统启动了材料基因组计划（MGI），目的是“以低成本、两倍速，发现、制造和使用先进材料③”。这一愿景的核心是计算工具、实验工具和数据的同等权重和集成。后者包括合成和加工以及材料表征和性能评估。人们认识到，在每一个方向，都需要开发新的工具和能力，以推动该方向的发展，并探索三者之间的交集。该计划认

① National Research Council, 2008, *Integrated Computational Materials Engineering: A Transformational Discipline for Improved Competitiveness and National Security*, The National Academies Press, Washington, D. C. , https://doi. org/10. 17226/12199.

② G. B. Olson, 2013, Genomic materials design: The ferrous frontier, *Acta Materialia* 61:771 – 781, http://dx. doi. org/10. 1016/j. actamat. 2012. 10. 045.

③ 见 Office of Science and Technology Policy, 2011, *Materials Genome Initiative for Global Competitiveness*, June, https://www. mgi. gov/sites/default/files/documents/materials_genome_initiative – final. pdf。

识到数据的重要性，以及开发数据库和工具以达成数据可视化查询的必要性。这一需求对计划的成功极为重要，因为只有少数几个材料系统存在广泛和可访问的数据库。重要的是材料开发七个阶段的连续体构成了综合工具框架（七个阶段分别是发现、发展、性能优化、系统设计和集成、认证、制造和投入使用）①。

遵循这两项计划指明的方向，美国已经取得了一定的成功②。例如，福特汽车公司使用 ICME 框架将铸铝动力传动系的产品开发时间缩短了 15%～25%。对于铸铝部件，制造过程或部件设计中的细微变化可能会导致发动机耐久性问题和项目延期，但模拟生产过程对发动机耐久性的影响使福特避免了这些代价高昂的延迟。

最近，集成了材料性能数据库的计算方法已成功应用于开发两种钢材，这两种钢材已授权给美国钢铁生产商（QuesTek Innovation，LLC），然后按需使用。第一种合金钢应用于美国空军（USAF）：超高强度和耐腐蚀的 Ferrium S53，摒弃了有毒的镉镀层，现在作为美国空军 A－10、T038、C－5 和KC－135 的关键起落架，以及许多 SpaceX 火箭飞行器的关键部件。第二种合金钢是用于美国海军的 Ferrium M54，它是从传统合金升级而来的，寿命是现有钢的两倍以上，同时节省了 300 万美元的总项目成本，现在使用在 T－45 关键钩柄部件上。如第二章专栏 2.2 所示，Ferrium S53 从开发（2008 年）到投入使用的周期为 8.5 年，而 Ferrium M54 仅需 4 年（2014 年验收），并且 Ferrium M54 的设计仅迭代了一次。QuesTek 还采用这种方法设计了第三种钢材：Ferrium C64，这是一种一流的齿轮钢，可提高军用直升机的功率密度、燃油效率和升力。这种钢材已获得专利，现在可以购买。

集成计算－实验－数据也已经成功应用在电池的新材料领域③，并且也有许多其他公司，如波音公司，使用这种集成方法进行高端金属的研发和其他材料的探索。液晶传感器的设计和优化是量子力学计算、实验和集成共同促进材料研发的一个典型范例④。这些传感器使用分析物对液晶分子进行选择性置换，从而导致液晶的光学性质转变。液晶通常对紫外线、毒物/污染物和应变敏感。当下已有许多液晶传感器。它们有着廉价、便携的特点，有望构筑未来关键应用中的可穿戴设备（如毒气探测仪）。

---

① 包括可持续性和回收。

② 见 B. Obama, 2016,“The First Five Years of the Materials Genome Initiative: Accomplishments and Technical Highlights,” https://www.mgi.gov/sites/default/files/documents/mgi-accomplishments-at-5-years-august-2016.pdf。

③ 例如，见 G. Ceder,“The Ceder Group,” http://ceder.berkeley.edu/，以及该网站上的许多成功案例。

④ H. Hu, Z. Lu, and W. Yang, 2007, Fitting molecular electrostatic potent ials from quantum mechanical calculations, *Journal of Chemical Theory and Computation* 3(3):1004－1013.

MGI 的一个挑战是，随着时间的推移，它倾向于材料建模、计算和数据互通之间的交互，而不注重实验。大量的数据库是由纯粹的计算结果创建的，没有对稳定性或准确性进行实验验证。需要注意的是，材料在没有实验结果支撑的情况下不能轻易地加工和测试。其中一些问题将在第 4. 3. 5 节中进一步讨论。另一个挑战是，除非研究小组沉浸在开发环境中，否则小组很难在上述从发现到投入使用的七个阶段中确保建模的连续性。正如本报告其他地方解释的那样，增加高校与产业互动将对 MGI 的目标起到促进作用，益处良多。

4. 3. 2　计算材料科学与工程

在过去的十年中，除了统计方法之外，在多尺度上的材料建模也有了显著的改进，包括量子力学、原子、介观尺度（粗粒或相场）和连续尺度，另外也包括统计思想。例如，这还包括磁性材料的朗道 – 栗弗席兹 – 吉尔伯特（Landau – Lifshitz – Gilbert）方程①，以及对吉尔伯特阻尼的理解②。这些进步是由物理科学的进步推动的，正如上一节中描述的实验和数据的整合，以及过去十年中计算能力的急剧增长所体现的那样。量子建模领域可能会有巨大的进步和未来改进的机遇，我们将首先对这一领域进行总结。

一个显著的转变是，电子结构（即密度泛函理论，DFT）计算软件无论在商业软件包（CASTEP，VASP，WIEN2K），还是在开源软件包（Quantum Espresso、Abinit）中均可使用③。这些软件有很好的在线文档，并且一些软件（如 VASP）具有良好的用户界面。由这些软件包实现的材料属性计算具有高保真度。它们被用于预测许多材料的结构 – 性能关系，发现新的结构，增强对实验数据的解读，并充实数据库。

当用 DFT 计算磁性材料的性质时，增加一个“Hubbard U”项可以给出非常精确的 d 电子材料的性质。在过去的十年中，这一领域有了许多进展④。现

---

① 例如，关于最近的一篇综述，见 M. Lakshmanan, 2011, The fascinating world of the Landau – Lifshitz – Gilbert equation: An overview, *Philosophical Transactions of the Royal Society A* 369:1280。

② L. Chen, S. Mankovsky, S. Wimmer, M. A. W. Schoen, H. S. Körner, M. Kronseder, D. Schuh, D. Bougeard, H. Ebert, D. Weiss, and C. H. Back, 2018, Emergence of anisotropic Gilbert damping in ultrathin Fe layers on GaAs(001), *Nature Physics* 14:490.

③ 关于这五个软件，见 the CASTEP website at https://www.castep.org, the Vienna Ab initio Simulation Package (VASP) website at https://www.vasp.at, the WIEN2k website at http://susi.theochem.tuwien.ac.at/, the Quantum Espresso website at https://www.quantum – espresso.org, and the ABINIT website at https://www.abinit.org, 最后访问日期：2018 年 6 月 6 日。

④ B. Himmetoglu, A. Floris, S. de Gironcoli, and M. Cococcioni, 2014, Hubbard – corrected DFT energy functionals: The LDA + U description of correlated systems, *International Journal of Quantum Chemistry* 114:14.

代 DFT 软件包可以处理完整的 3D 自旋相关性（不仅仅是自旋向上或向下），相对论效应和自旋 - 轨道耦合现在也只是一个设置输入文件中参数的问题。当存在多个磁性来源时，如 f - 电子材料，其通常也具有未填充的 d - 电子轨道（通常添加额外的参数 J，即使这样，通常也需要与实验进行比较），并且每当存在多体相互作用（超导、金属 - 绝缘体转变、Kondo 效应、复合氧化物等）时，DFT 会遇到很大的挑战。因为 DFT 是以局部密度函数为基础的，无法用单粒子状态来描述。

在过去的十年中，DFT 经历了许多有用的改进，包括将 DFT 扩展到有限温度、激发态和时间依赖性。这些改进通常将微扰理论与标准方法（如 GW 近似方法）相结合或超越了它①。但是，这些扩展增加了很多计算负荷。此外，还有一些有价值的工作，包括改进 DFT 代码中使用的交换泛函，以及在 Quantum Espresso 和 VASP 等程序中用于估计原子内核的赝势。

动力学平均场理论（DMFT）超越了 DFT，试图模拟复杂材料（如稀土）的多体物理，它将晶格问题映射到局域杂质模型。即使晶格是多体问题，它也有一组公认的解。该方法假设晶格固有能量与动量无关，这是在无穷维的极限中寻找精确解的一种近似。这种方法与 DFT 相结合，已取得一定成功，包括钚的相图②和玻色 - 哈伯德模型中的金属 - 绝缘体的相变③。通过将 DMFT 与含时 DFT（TDDFT）相结合，可以获得依赖电子态的时间演化的性质，如多电子和空穴束缚态（激子、三重态激子等）的计算。TDDFT 的优势在于它是一个时间参数函数的理论，即电荷密度。

量子蒙特卡洛（QMC）是另一种研究多体效应材料的技术。一般来说，它是一种准确可靠的方法，可以很容易地实现并行化计算，因此对高性能计算（HPC）比较友好。然而，它的计算成本很高，应用起来复杂，因此具有挑战性。在 QMC 的不同类型中，扩散蒙特卡洛（DMC）最受欢迎。它是一种随机方法，允许直接访问系统底层，有时也允许访问多体系统的激发态。原则上，DMC 是一个精确地将薛定谔方程映射到扩散方程的方法。然而，在对费米子（即电子）建模时，我们必须对计算进行合理的简化。最常见的方法是固定节点近似——搜索基态波函数的过程中，波函数的节点与原始试验波函数的节点保持固定。

---

① S. X. Tao, X. Cao, and P. A. Bobbert, 2017, Accurate and efficient bandgap predictions of metal halide perovskites using the DFT - 1/2 method: GW accuracy with DFT expense, *Nature Scientific Reports* 7: 14386.

② N. Lanatà, Y. Yao, C. - Z. Wang, K. - M. Ho, and G. Kotliar, 2015, Phase diagram and electronic structure of praseodymium and plutonium, *Physical Review X* 5:011008.

③ P. Anders, E. Gull, L. Pollet, M. Troyer, and P. Werner, 2010, Dynamical mean field solution of the Bose - Hubbard model, *Physical Review Letters* 105:096402.

对于分子固体，量子化学方法往往更加准确。其中包括配置交互、耦合簇和多参考方法。准确性的代价是它们在计算上代价高昂，而且不便于高性能计算。

从量子方法的亚原子尺度到原子尺度，分子动力学是一种在分子化学中广泛使用的技术，尤其适用于材料表面。该方法使用由DFT或基于键的振动分析表的其他更近似的方法产生的力场。分子动力学可以在有限的温度下产生原子运动的时间依赖性（在非常短的时间内）。过去十年中一个值得注意的发展是我们可以使用高度模块化、大规模并行共享软件，以进行大规模原子尺度的模拟，并高效地模拟材料的动态特性，包括热导率、机械变形和辐射以及许多其他特性。例如，美国桑迪亚国家实验室开发的分子动力学软件包——LAMMPS（大规模原子/分子并行模拟器）[①]。多物理（多个相互作用的物理效应）反应力场或势的可用性为异质材料系统的研究提供了框架，从而进一步实现了这种原子尺度的模拟。通过NIST和OpenKIM项目[②]的努力，反应势的条目化为判断这些经验方法的性能和适用性提供了重要的手段。人们有必要开发精度达到DFT水平、计算效率足够高的简单原子势，可进行实际（实验室水平）大长度尺度和时间尺度的模拟或高通量计算。如第4.3.3节所述，机器学习有助于开发这种潜力。

介观尺度模拟在过去的十年中也取得了重大进展。一个例子是软件CALPHAD（Computer Coupling of Phase Diagrams and Thermochemistry）[③]，它能够预测相图和热力学行为。相场模拟[④]对材料生长和介观尺度的结构－性能关系进行模拟。作为介观尺度的第三个例子，粗粒化模拟方法大大提高了其模拟分子材料（如聚合物）的可用性。

在过去的十年中，越来越多的计算工具转化为工业应用，第二章的专栏提供了合金开发和工业加工的例子。连续状态变量过程模型被用于铸造、锻造、轧制、气相沉积、机械加工等制造中。此外，CALPHAD和DICTRA（diffusion module of computer code for Thermo－Calc）代码和方法无处不在，并且受到工业界的大力支持。其他工具的转变，如相场、动力学蒙特卡洛等正在

---

① 见Sandia National Laboratories,"LAMMPS Molecular Dynamics Simulator," http://Lammps.sandia.gov，最后访问日期：2018年1月5日。

② 见NIST,"Interatomic Potentials Repository," https://www.ctcms.nist.gov/potentials/, and OpenKIM, "Knowledgebase of Interatomic Models," https://openkim.org,最后访问日期：2018年1月5日。

③ CALPHAD是一种计算方法,例如,见Thermo－Calc Software,"Thermo－Calc," http://www.thermo-calc.com/products－services/databases/the－calphad－methodology/, or a free development at S. Fries,"Open Calphad," http://www.opencalphad.com/，最后访问日期：2018年1月5日。

④ L. Q. Chen, 2002, Phase－field models for microstructure evolution, *Annual Reviews of Materials Research* 32:113－140.

进行中。同时，基于物理的多尺度模型在力学行为预测方面已取得进展，但这些模型尚未被工业界采用。

人们在开发和改进单尺度和多尺度方法方面已经付出巨大的努力，这些方法可以是并发、分层或混合的，并且可以以并行、顺序或耦合的方式求解。这些方法加强了材料力学和与材料生长相关的物理和化学的基础科学研究，以及与工业中材料部件的制造相关的应用工程研究。这些方法充分利用了计算机体系结构改进的能力，这种能力因方法类型、长度尺度和时间尺度而异。在过去的十年中，与时间相关的材料研究已取得很大进步（如蠕变建模），但与经典分子动力学模拟的情况一样，随着系统尺寸的增加，计算时间和内存的需求也迅速增加。因此，重新设计软件或使用方法的组合（如分子动力学和蒙特卡洛）很重要。

在过去的十年中，通过实验和计算基础设施的联合设计，我们还取得了其他进展。例如，用于微结构识别的图像识别技术的进展、利用散射方法（如 X 射线和中子散射）在亮度和功率方面的同步进展，以及有望通过提升散射实验数据的查询来推进散射科学领域的计算材料科学。

计算材料科学中的一个重大挑战是直接由第一性原理设计材料的电子结构，从物理/机械性质到结构和原子成分，而不是其他传统方法。联邦政府支持的研究中心以及选定的研究中心和私人公司正在解决计算方法能力的技术障碍，预计未来十年将在实现这一目标方面取得很大进展。

4.3.3 发现材料的机器学习

在过去的十年中，有监督和无监督的机器学习算法已被用于计算材料性质、探索材料组成空间、识别新结构、发现量子相，以及识别相和相变。尽管训练通常是必要的，但一旦建立，这些模型能够以高精度、大规模和比传统计算方法快几个数量级的速度计算广泛的属性。已应用于材料的监督机器学习算法包括随机森林、核岭回归和多层感知器人工神经网络。这些方法允许将一部分特征（如原子位置）映射到输出值，如材料属性和性能。他们的目标是将输出映射到输入。

机器学习方法已被用于切实、高效地探索材料空间，考虑所有可能的结构和组合以识别新结构以及具有特定性质的结构。例如，使用基于核岭回归的机器学习模型，以 DFT 精度计算了 200 万个可能的冰晶石［一种等距六八面体四元（Al、F、K 和 Na）矿物］的形成能。该方法确定了最强结合的钾冰晶石，提出了基于能量的新的钾冰晶石顺序，并确定了具有 90 个独特化学计量的 128 种结构。这是机器学习被用来有效地计算筛选许多晶型，以识别独特的晶体性质的众多例子之一（见图 4.7）。

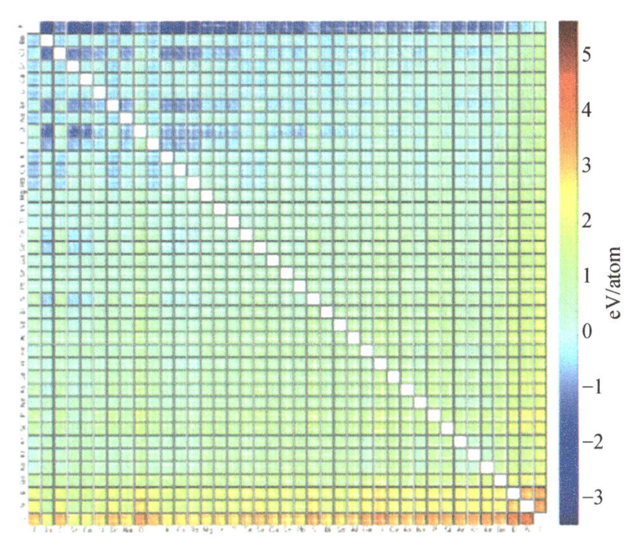

图 4.7　钾冰晶石为 $AlNaK_2F_6$，其晶体结构在无机材料中很常见。以 ABC_2D_6 的形式取代其他元素，得到钾冰晶石的大家族。作者已经使用其机器学习模型来预测由所有主族元素直到 Bi 组成的 2×10^6 钾冰晶石的形成能量。该图显示了能量的热图，以 eV/atom 为单位的比例显示在右侧。在由对角白线分隔的图左下半部分中，垂直轴和水平轴分别表示 D 和 C 的元素，在图的右上半部分中，垂直轴和水平轴分别表示 B 和 A 的元素，在每种情况下，其他两个成分在所有值上运行，给出 200 万个材料。来源：F. A. Faber, A. Lindmaa, O. A. von Lilienfeld, and R. Armiento, 2016, Machine learning energies of 2 million elpasolite (ABC_2D_6) crystals, *Physical Review Letters* 117: 135502, https://doi.org/10.1103/PhysRevLett.117.135502, https://creativecommons.org/licenses/by/3.0/.

通常，DFT 用于计算势能面。势能面是分子动力学或蒙特卡洛模拟的必要输入。而且这些程序的时间和内存需求显著地限制了模拟大型系统的时间尺度。通过为每个原子引入反映该原子局部环境的对称函数值概念，我们可以表示 DFT 势能面的广义神经网络。对于大系统尺寸，该方法将能量和力作为所有原子位置的函数，计算速度比 DFT 快几个数量级①。该方法可用于非周期系统，并且描述所有键型。例如，对于分子动力学，有人工神经网络势和高斯近似势。辅助向量机和光谱临域分析势 SNAP（Spectral Neighbor Analysis Potential）也得到了广泛的应用。最常用的方法是利用传统的全连接、前馈神经网络，将原子的排列映射作为输入。系统的总势能被分解为原子的能量贡献，其局部环境可以用径向和角向高斯对称函数来描述。这些势能是可解析的，并且容易集成到广泛使用的分子动力学模拟代码（如 LAMMPS）中，

① J. Behler and M. Parrinello, 2007, Generalized neural - network representation of high - dimensional potential - energy surfaces, *Physical Review Letters* 98:146401.

以可承受的计算成本促进大规模和长时间尺度的模拟。

无监督算法［如主成分分析（PCA）和深度卷积自动编码器］可以被训练来对未标记的数据进行分类，并且可以揭示高维材料和化学空间中的模式，否则这些模式将难以感知。

PCA 是一种用于在高维空间中减少数据的统计技术。研究人员已经发现线性旋转导致在新空间中具有较小分布的数据。非线性形式的 PCA（通过深度卷积自动编码器）已被用于探索相变，如数千个原子的铁磁伊辛模型①。值得注意的是，它表明完全连接和卷积神经网络可以在一系列凝聚态物质模型中识别相位和相变，以及非常规的低阶状态。

深度卷积自动编码器属于一类相对较新的基于多层人工神经网络的“深度学习”算法。深度学习方法让算法本身决定相关特征，直接对“原始”数据进行操作。这些技术是从计算机视觉领域发展而来的。传统的机器学习需要在训练之前进行人工特征选择。深度学习技术不需要这一步（尽管它们需要更大的训练集）。例如，研究人员在伊辛模型上使用深度卷积神经网络，获得了最近邻哈密顿量和长程屏蔽哈密顿量的精确能量与磁化强度。训练允许神经网络使用对有限样本配置的观测扩展到“未曾识别过的样本”。深度卷积神经网络已经被用于对大型系统的建模，在自旋模型和多体量子力学算符的 DFT 精度下，采用区域分解为重叠瓦片的方法进行训练和推理，得到了很好的结果。最近，一种深度卷积神经网络模型经过训练，在不需要手动特征选择的情况下，在化学精度范围内预测随机 2D 势中电子的基态能量，而不是势或基态能量的解析形式②。

4.3.4 作为计算材料工具的量子计算

第二章描述了正在改进量子比特的材料研究。本节总结了量子计算成为一种功能性计算工具所需的一些研究。量子计算机利用量子态的叠加和纠缠，同时对多个比特进行运算。通过适当的初始状态准备（这本身就是一个挑战），N 个量子比特可以保存 2^N 个经典比特的信息。有了足够的纠错量子比特（75～100），量子计算机可以计算复杂分子的性质，远远超出可预见的经典计算机的计算和存储能力。这将影响许多领域，包括医学和农业。同样，我们也有希望能够模拟激发态，以及量子材料的时间和温度依赖性，这些领域也超出了经典计算能力。量子计算的其他潜在机遇在于优化、密码学、金融和其他领域。

---

① J. Carrasquilla and R. G. Melko, 2017, Machine learning phases of matter, *Nature Physics* 13:431.

② K. Mills, M. Spanner, and I. Tamblyn, 2017, Deep learning and the Schrödinger equation, *Physics Review A* 96:042113.

目前，量子比特仍然有相当大的退相干率，这影响了精度和门深度（gate depth），限制了连续操作的次数。纠错是经典计算中的一项常规工作，也是量子计算面临的一个重大挑战。根据目前的量子位质量，估计需要数百万个量子位才能对单个逻辑量子位进行完整的纠错。即使是部分纠错也需要几十个量子比特。

尽管如此，0 容错计算方面正在取得重大进展。在超导（如 IBM、Google、Rigetti）系统中有高达约 30 个量子比特的运行量子计算机，在俘获离子系统（如马里兰大学的 C. Monroe 教授）中有高达 50 个量子比特的运行量子计算机。值得注意的是，IBM 已经将其量子计算机[①]放在网上，这是首台在线可用的量子计算机。也有在线的量子云计算机，依托于经典的硬件，但都受到大约 50 个量子比特的内存限制。IBM 是最早采用这种方法的公司之一。值得注意的是，微软也在大型云计算上进行了努力。此外，几个量子计算中心提供了使用 Python 向量子计算机提交作业的软件包和算法。

有了这个基础设施，研究人员可以进行计算，也可以在顶级期刊上发表论文。一些具有里程碑意义的例子如下。在对三个小分子的强力计算[②]进行编程时，作者避免了错误，预示了未来在真正的量子计算机上将如何进行计算。使用一维（1D）捕获碱金属原子链[③]作为 51 量子比特的量子计算机，研究人员观察到了量子相变。在 53 个捕获离子的系统[④]中，研究人员研究了具有长程相互作用的横场伊辛模型的非平衡动力学。

随着量子计算技术的成熟，它们有可能影响许多材料领域。对于这些领域和其他相关应用，在建模和算法开发以及实验实现方面存在广泛的研究机会。

4.3.5　材料数据库：成就、前景和挑战

材料数据库已存在几十年，并且可以在互联网上广泛访问。20 世纪 90 年代

---

① 见 IBM，“IBM Q”，https://www.research.ibm.com/ibm-q/，最后访问日期：2018 年 12 月 3 日。

② A. Kandala, A. Mezzacapo, K. Temme, M. Takita, M. Brink, J. M. Chow, and J. M. Gambetta, 2017, Hardware-efficient variational quantum eigensolver for small molecules and quantum magnets, *Nature* 549:242.

③ H. Bernien, S. Schwartz, A. Keesling, H. Levine, A. Omran, H. Pichler, S. Choi, A. S. Zibrov, M. Endres, M. Greiner, V. Vuletić, and M. D. Lukin, 2017, Probing many-body dynamics on a 51-atom quantum simulator, *Nature* 551:579.

④ J. Zhang, G. Pagano, P. W. Hess, A. Kyprianidis, P. Becker, H. Kaplan, A. V. Gorshkov, Z.-X. Gong, and C. Monroe, 2017, Observation of a many-body dynamical phase transition with a 53-qubit quantum simulator, *Nature* 551:601.

以来的传统工作主要特点是提供非常高质量的参考资料数据，这些数据是从同行评审的文献中手工整理出来的，这在一定程度上保证了质量。相比之下，更现代的存储库能够满足许多额外的需求，包括非专家的易用性、持久标识符的分配、广泛的可访问性和复杂的可搜索性。应用程序编程接口允许在最少人工参与的情况下进行机器与机器的交互，并且能够跨地理实现联合。通用存储库的示例包括 NIST 材料数据存储库（https://materialsdata.nist.gov）和材料数据设施（https://materialsdatafacility.org）。其他还包括由 NIST 卓越中心——分层材料设计中心赞助的 DOE 资助的预测性集成结构材料科学（PRISMS）材料共享组织（https://materialscommons.org）以及与 DOE 能源材料网络（https://energy.gov/eere/energy-materials-network/energy-materials-network）相关的众多资源。还有针对特定材料类型的数据库，如催化剂、聚合物、相位数据、电子特性等。NIST 还有一个动力学特性数据库，对加工和材料演变非常重要。包含微观结构数字表示的其他数据库也正在开发中。

第 4.3.3 节总结了过去十年在利用机器学习这种大量数据驱动的技术促进材料理解方面取得的一些成就。结合数据挖掘工具，材料数据的其他用途是搜索新的材料成分。这样的搜索可以包括新的热电化合物，并且对增材制造来说，还可以包括新的铝合金成分。与数据挖掘相结合的材料数据也可以应用于基于加工条件的微观结构开发。最近，研究人员已经将这些工具与机器人技术和原位过程监测和表征相结合，以建立自主研究装置，如空军研究实验室研究人员开发了自主研究系统，以确定碳纳米管的最佳生长条件。

材料数据价值上升最有说服力的例子是提供数据服务的营利性机构的出现。例如，Citrine Informatics 为那些愿意分享其数据的研究人员提供免费的数据存储库服务，并且基于他们正在积累的大量材料数据，为商业客户提供数据分析工具和服务。

大量数据库的另一个来源是用各种材料及其性质的密度泛函技术创建的数据库。这就引出了数据库中数据的有效性和可验证性问题。

随着更多已知材料的计算被执行并存储在数据库中，在某些物理性质的计算中，我们可以计算出误差带的分布以及平均误差。这些已知的误差，连同各种矛盾相的焓计算，允许估计新材料计算将在各种温度下给出稳定材料的可能性。相关的数据库包括热力学结构-性质关系的材料项目①，该项目正被积极用于材料选择。

① 见 K. Persson, "The Materials Project," https://materialsproject.org/, 最后访问日期：2018 年 9 月 11 日。

一个在过去十年中有着长足发展的活跃研究领域，必定具备明确的开发阶段、验证方法、校核手段和计算结果不确定性的量化手段。除了与其他学科专家合作以外，材料科学家和工程师正在确保新方法的开发与实验工作齐头并进。当跨越多个长度尺度和时间尺度的方法结合在一起时，验证方法、校核和不确定性量化的需求增加了复杂性。即使当这些尺度接近与加工和制造相关的尺度时，对这些量的稳健评估的需求仍会增加。换句话说，研究人员越接近“设计材料”，就越有必要不仅要有预测，而且要有对其相关误差的工程水平的理解。

数据驱动的方法有望大幅提高材料研究的生产率，但其真正潜力的实现必定依托于无缝材料数据基础设施（Materials Data Infrastructure，MDI）的开发。该基础设施允许存储、共享、搜索、分析和学习分布在多个站点的数据。MDI 的一个基本目标是创建一条贯穿材料生命周期（从发现到回收）的数字导线，其中关键信息在生命周期中以数字方式无缝传递，以减少信息传递的障碍，从而减少当前每个阶段所需的重新学习。已经提出的一个想法是将区块链应用于数据存储，以实现安全性、时间戳、数据版本控制、归属等，从而产生更安全、更可靠的数据库。

FAIR 数据原则在使数据可查找、可访问、可互操作和可复制方面非常重要。为了解决有关可查找性和可访问性的问题，NIST 与国际社会合作注册了这些材料资源，允许组织公布关于组织、数据收集、应用程序编程接口、信息站点和材料软件的元数据，使用 SET 模式来描述其资源，类似于在天文学社区中使用启用虚拟天文台的模式。

此外，一些组织还开发了集成或电子协作平台，使用基于网络的技术来管理材料数据生命周期，实施 FAIR 原则。这些平台的目标是简化来自实验或模拟的数据和元数据的摄取，并支持手动或自动数据分析、数据搜索和数据发布。

NIST 在开发模式方面的领先地位将非常有助于提供描述和交换数据的标准和准则。然而，挑战依然存在。科学仪器中使用的专有数据格式的流行不利于他人使用这些数据，并且通常难以从仪器中提取科学数据，尤其是支持元数据，这使数据共享对个体研究人员来说是一个巨大而费力的挑战。元数据的缺乏同样适用于许多计算程序产生的数据。

实现 FAIR 原则的解决方案将因学科而异，并且只有在经过相当长的一段时间后，才会朝着相对稳定的元数据模式发展。对于相对简单的系统，模式已经存在——例如，晶体学使用的晶体学信息文件（CIF）格式。对于一般方法，NIST 开发了一个材料数据管理系统，该系统要求每个子学科定义一个描述要管理的数据类型的模式。毫无疑问，我们还有很多工作需要去做。

4.4 合成、表征和建模的集成

正如上述讨论中已经提到的，要将材料研究人员使用的各种不同类型的工具进行集成，仍然存在着机遇和挑战，本节将对此进行进一步讨论。

4.4.1 高通量筛选

20 世纪 80 年代，GEC 赫斯特研究中心首次提出高通量筛选这一技术，即在给定条件下同时对数千个实验样本进行测试。然而在接下来的 30 年里，高通量并没有成为材料研究人员的主要技术工具。但在过去的十年中，越来越多的材料研究人员开始使用基础的高通量工具来帮助推进他们的工作①②。高通量技术的工作过程可以分为数据发现和数据优化两个阶段，二者都有其自身的风险和回报。数据发现（初步筛选）旨在对广泛多样的领域进行抽样，数据优化（二次筛选）则加速了新材料开发。与个体筛查相比，高通量发现的风险是会有更多的假阳性和假阴性样本。在优化过程中，其通常会为了速度而牺牲准确性，因为传统的表征技术很难与高通量合成在速度上保持同步③。

在过去的几年中，高通量筛选技术已经从相对简单的材料，以及 1D 和 2D 合成（如纳米颗粒和薄膜）领域发展到复杂的材料和 3D 合成（如厚膜、基于溶液的方法、增材制造等）。光谱技术和图像分析技术的进步促进了表征技术与材料合成的发展能够保持同步。然而到目前为止，材料表征和数据分析仍然在很大程度上受到速率的限制。

2014 年发表的一份关于块状金属玻璃/非晶合金的高通量合成和表征的出版物回顾了在该领域取得的进展④。研究人员通过这种具有创造性的分析方法，对 3 000 多种合金材料进行了玻璃成型能力和热塑性成型能力的分析，展示了它们对应变的响应能力。首选在硅晶片衬底中制备阱，然后通过三靶位

① E. B. Svedberg, "Innovation in Magnetic Data Storage Using Physical Deposition and Combinatorial Methods," in *Combinatorial and High - Throughput Discovery and Optimization of Catalysts and Materials* (R. A. Potyrailo and W. Maier, eds.), Critical Reviews in Combinatorial Chemistry, Vol. 1, CRC Press, Boca Raton, Fla.

② E. Chunsheng, D. Smith, E. Svedberg, S. Khizroev, and D. Litvinov, 2006, Combinatorial synthesis of Co/Pd magnetic multilayers, *Journal of Applied Physics* 99:113901.

③ W. F. Maier, K. Stöwe, S. Sieg, 2007, Combinatorial and high - throughput materials science, *Angewandte Chemie International Edition* 46(32).

④ S. Ding, Y. Liu, Y. Liu, Z. Liu, S. Sohn, F. J. Walker, J. Schroers, 2014, Combinatorial development of bulk metallic glasses, *Nature Materials* 13:494.

靶磁控溅射沉积 Cu－Y－Mg 族复合物，之后通过去除背面的硅基底，便能得到自支撑膜。这些薄膜是低玻璃转变温度（T_g）玻璃，气体可以在 100 ℃下产生足够的压力，从而在短时间内使膜发生弹性偏转。最终膜的高度可以表示热塑性塑料的可成型性，并使这种可成型性可以被量化（见图 4.8）。

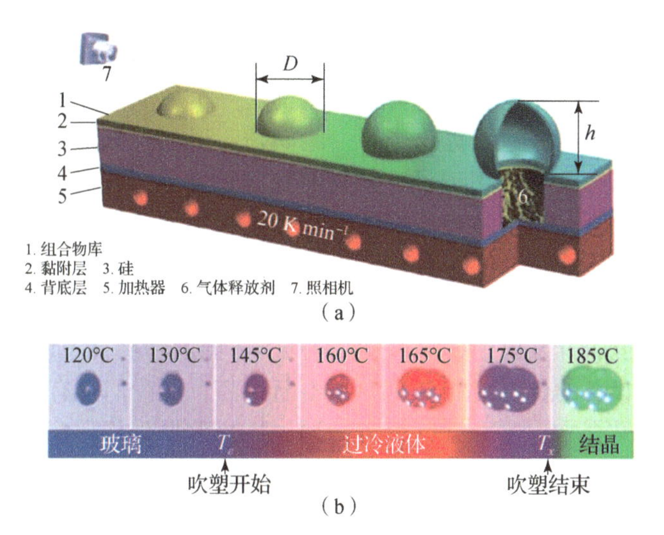

图 4.8　使用组合膜的平行吹塑成型装置及表征。（a）平行吹塑成型装置原理示意图。相对热塑性，可成型性由膜在变形后的最终高度给出。来源：经 Springer Nature 许可转载：S. Ding，Y. Liu，Y. Li，Z. Liu，S. Sohn，F. J. Walker，and J. Schroers，2014，Combinatorial development of bulk metallic glasses，*Nature Materials* 13(5)：494－500，版权 2014。

很明显，高通量筛选技术将变得越来越重要，它将改变未来材料研究的进程①。

4.4.2　可预测实验材料设计与实验/计算联合分析

随着第一性原理计算、分子动力学模拟、机器学习和其他数据分析工具的发展，可预测材料设计正迅速成为常态，这加速了新材料的发现。当然，在预测建模技术达到工业应用所需的鲁棒性之前，其仍然需要谨慎发展。例如，对于新一代尽管精确但结果仍然是近似的计算方式，其误差是什么？在某种程度上，尤其是在量子化学领域，研究人员开发出了一套标准且易于理

① 例如，见 H. Shibata，M. McAdon，R. Schroden，G. Meima，A. Chojecki，P. Catry，and B. Bardin，2014，"Heterogeneous Catalysis High Throughput Workflow：A Case Study Involving Propane Oxidative Dehydrogenation，" Chapter 4，pp. 173－196，in *Modern Applications of High Throughput R&D in Heterogenous Catalysis*，Bentham e-Books，https://ebooks.benthamscience.com/。

解的协议，但许多新技术的测试结果仍参差不齐。试验中，以一套明确的实验特性作为试验标准是十分必要的。这些大量的实验数据需要进行连续收集。以下为一些尚未解决的问题。在处理材料样本时，研究人员如何对所有差异进行编码？研究人员如何从完全不相关的对象中提取相关联系？研究人员能否预测一种物质是否可以被掺杂（溶解度），以及掺杂会带来什么影响？到目前为止，多尺度范围和对高精度的需求使这成为一个极具挑战性的问题。

由于非平衡行为高度依赖初始条件，因此无论是在理论和计算技术方面，还是在将这些技术与实验相结合方面，这都是一个挑战。许多正在使用的材料实际上是亚稳态的，这就提出了另一组问题。研究人员如何预测材料是否可以形成亚稳态，并将其用于设计新材料和实验过程？通常，根据第一性原理计算的结果并不完全与实验测量结果相等同。例如，虽然一些技术可以计算角度分辨光电子能谱，但它们通常用于理想温度和压力条件下的测试系统，以及受控的几何结构。例如，在原位测量中，确认材料在环境条件下发生重组。研究人员能否开发出计算技术来弥补压力、温度和材料之间的差距？

尽管实验设备的保真度和使用率在不断提高，但我们仍有机会通过将仪器与计算设备结合来对实验条件进行微调，加速数据分析，并实现材料的高通量筛选（见上一节）。这一领域的进步不仅将提高在短时间内完全查询从单个实验中获得的万亿字节数据的能力，还将改变实验条件，以最大限度地提高所收集数据的实用性和描述性。我们的想法是对实验数据进行实时计算分析。例如，当在实验中对纳米催化剂表面的化学反应进行测量时，获得在反应条件下的催化剂的数字化图像、反应中间体的振动频率和系统的 X 射线光电子能谱数据，都可以用于计算“光束线”，该“光束线”将计算相同数量的“真实”几何结构和状态的催化剂。实时比较两个数据集（实验的和计算的），使双方都可以调整（参数），直到获得期望的结果。鉴于本章前面讨论的过去十年中取得的进展已实现在原子尺度精度访问材料的工具以及旨在预测实验室条件下材料结构和动力学的计算技术，这种情况完全是可以实现的。

欧洲理论光谱学设施①提出了共轭实验和计算分析的早期设想。该设想促进了计算代码、库和工具的标准化，以促进研究人员，特别是实验研究人员对其广泛使用。这些想法可以通过整合这种便于分析实验光束线的计算设备得到进一步发展。如果有足够的资源，美国可以为加速材料发现的真实数据分析奠定基础。

---

① 见 European Theoretical Spectroscopy Facility website at https://www.etsf.eu/，最后访问日期：2018 年 3 月 9 日。

4.5　基础设施和设备

构建用于建模仿真、样品合成加工以及性能评估表征的基础设施是材料研究的核心。本节概述了高校内部研究设施和大型国家设施的需求情况。对高校来说，购置最先进的表征设施和仪器，目前的资助模式难以支撑，众所周知，资金缺口在400万美元到1亿美元之间①。国家基础设施建设（主要由DOE管理，在较小程度上由NSF、NIH和其他机构管理）已经并将继续对材料研究产生影响。通过高校投资和国家基础设施管理，研究人员提出了继续投资开发材料研究新仪器和新技术的方向。

4.5.1　研究基础设施

材料研究和工程领域是一个研究仪器高度密集型的学科，从仪器仪表到材料合成，以及其结构与性能表征，再到设备制造、应用和系统，其所有子领域的研究都对基础设施有巨大的需求。通常，研究人员在这几个领域都要使用高度复杂的仪器，并且需要使用数天时间。例如，活跃在电子材料领域的研究人员可以使用复杂的仪器来合成新的电子材料薄膜，然后通过X射线衍射或TEM之类的技术来表征薄膜的微结构，接着测量其电阻或磁化等物理性质，之后继续在无尘室中制造器件，并使用最先进的测量技术对器件进行表征。在这类典型的项目过程中，学生要使用价值数百万美元的仪器。

在过去的十年中，不断攀升的先进仪器购置和维护成本，以及购置仪器的资金渠道严重缺乏，最终造成了可以被称之为所有材料科学和工程危机的情况。大多数高校的校外研究都是由联邦机构、私人基金会和企业资助的，而这些机构资助研究时，并不会为购置所需仪器设备提供资金。虽然DOD有国防大学研究仪器计划（DURIP），但通常DURIP拨款的资金金额较低，无法负担材料科学和工程中所需大量仪器的使用成本。这使NSF成为研究仪器的主要支持机构（通过其主要研究仪器或MRI计划）。这个项目竞争非常激烈，获得资助的概率非常低，不足以支持主要研究型高校的研究仪器需求。

因此，采购研究仪器的经济负担很大程度上转移到了高校。现在，高校支持研究仪器的机制主要是通过新人教师的研究启动资金。由于校外资助研究仪器的困难，教师研究启动资金在过去十年中大幅增加，在实验硬物质科学领域，初级助理教授的资金达到了100万美元以上的水平。这些急剧上升

---

① 见 Findings and recommendations of Chapters 3 and 4 of the report National Academy of Sciences, National Academy of Engineering, and Institute of Medicine, 2006, *Advanced Research Instrumentation and Facilities*, The National Academies Press, Washington, D. C., https://doi.org/10.17226/11520。

的启动资金花费正在影响高校可以雇佣的教师数量——特别是那些没有获得大量社会捐赠的高校。此外，这种资助研究基础设施的机制完全不足以长期维持前沿研究。具体来说，启动资金通常用于在教员职业生涯的前五年内购买仪器。如果这仍然是设备资金的唯一来源，正如过去十年的趋势所表明的那样，随着学术研究人员进入其职业生涯的巅峰产出时期，早期采购的仪器必然会过时。如果美国要保持在材料科学和工程领域的领先地位，这种模式是难以继续维持的。

DOE 是国家实验室研究设施的主要出资者。这些实验室配备了最先进的仪器。使用 DOE 支持的散射设备（X 射线、中子）是材料学术研究的几个领域不可或缺的组成部分。甚至国际空间站（ISS）的美国部分也在 2005 年被指定为国家实验室，由 NASA 资助，进行关键材料研究（见专栏 4.1）。然而，这些国家基础设施不是替代品，也无法用来解决高校基础设施的危机，因为美国在材料方面的许多前沿研究都是在高校进行的，特别是大多数材料研究要求基础设施位于研究机构内部。举个例子，一个典型的材料项目涉及新材料的合成，需要在合成、结构检测和性能测量之间建立一个稳定即时的反馈途径，这可能需要短时间内，即几天内进行多次循环迭代。如果这项研究在远程设备支持下进行，这是几乎不可能的，对大多数材料研究来说也是如此。

专栏 4.1　在国际空间站进行的材料研究

国际空间站（图 4.1.1）是一个多国公共设施，于 1998 ~ 2011 年期间建成，自 2000 年以来一直在使用。ISS 拥有各种各样的实验室设施，以促进发现和创新，美国部分于 2005 年被指定为国家实验室。

目前用于材料科学研究的 ISS 设施包括低梯度炉、固化和淬火炉、微重力科学手套箱、孔隙形成和迁移率研究装置、密封容器中的凝结反应研究（包括完善用于 2D 材料生长的 CVD 功能）、固/液混合物中的粗化装置、透明合金实验、电磁悬浮器、静电悬浮炉、3D 聚合物打印机和 MISSE（国际空间站的材料实验，其主持外部暴露实验）。

以下是 MaterialsLab① 战略计划中推荐的新材料研究设施：颗粒材料设施、钎焊和/或焊接设施、熔融玻璃电解、扩散测量、浮区炉、生物材料设施和 3D 生物打印设施。

提交给国际空间站国家实验室的提案主要选择标准是，研究必须要求国际空间站的持续微重力或空间环境的其他独特属性，并通过适用的可行性和安全性要求。想要了解更多关于国际空间站材料研究机会的研究人员可以联系 NASA 的国际空间站项目办公室或太空科学发展中心。

图4.1.1 NASA和CASIS（太空科学发展中心，国际空间站美国国家实验室的实际管理者）支持ISS的材料科学项目。美国的研究人员可以进入这个轨道实验室进行微重力条件下的长期实验，在微重力条件下，对流、浮力驱动流和沉降等影响几乎可以忽略不计（参见ISS美国国家实验室网站 http://www.spacestationresearch.com，最后访问日期：2018年3月6日）。例如，在开发阻燃纺织品的项目中，将地球重力燃烧与扩散主导火焰的微重力燃烧进行了比较。右图显示了地球上和ISS蜡烛火焰的区别。从ISS到外部空间环境相对容易的交接也使对空间技术界很重要的各种材料暴露实验成为可能。来源：左图：NASA，2011，"We Can See Clearly Now: ISS Window Observational Research Facility," Earth Observatory, March 4, https://earthobservatory.nasa.gov/features/EarthKAM. 右图：NASA，2013，"Strange Flames on the ISS," June 18, https://science.nasa.gov/science-news/science-at-nasa/2013/18jun_strangeflames；由NASA提供。

① NASA, 2016, "NASA Selects 16 Proposals for MaterialsLab Investigations Aboard the International Space Station," August 2, https://www.nasa.gov/feature/nasa-selects-16-proposals-for-materialslab-investigations-aboard-the-international-space.

最后，高校研究基础设施的恶化也会对国家经济产生直接影响。特别是，许多大型研究型高校运营着许多开放设施，如无尘室和材料表征设施，这些设施对公司等外部实体开放。从本质上来说，高校还扮演着孵化器的角色，为小公司和大公司（包括初创公司）提供资源和技术转移机会。

4.5.2 初级实验室基础设施

高校内实验室的装备通常在教师首次入职高校时建设完成。国家实验室或工业界也有类似的情况，那里有更多的基础设施，但设备更新升级的机会有限。虽然研究人员有机会在资助机构获得拨款以更新设备，但实际机会的次数和可用资金的总水平是有限的。同样，在高校，可用于更换或升级中等规模设备或升级基础设施（暖通空调、实验室现代化等）的资源有限。这些限制导致日常实验设备（如高温炉、力学加载设施、激光器等）的购置成为一个挑战，这意味着这些实验室随着时间的推移而变得落后。在参观其他国家的高校实验室时，这种差异尤其显著，因为在这些国家，对基础设施振兴的需求往往更强烈。

4.5.3 中等规模仪器/设备

中等规模的研究设施包括许多用于表征、合成和加工的设施设备（前面的章节已讨论介绍），并与下文讨论的国家用户设施互为补充。许多研究型高校都设有表征和制造设施①，这些设施是由高校购置的，或者通过采用收费公开的方式收回成本。新仪器的购置成本虽然很高，但是其已经成为不断上升的研究设施完善成本的一部分②。每年的维护成本和对专门技术人员的需求也变得越来越高。虽然 DOE BES 纳米科学中心和 NSF 材料创新平台等一些联邦研究机构的发展已经值得称赞，但高校失去这些基础设施将发展受限，特别是在仪器和技术开发领域。美国政府迫切需要制定一项新的国家战略，明确如何向广大用户提供新的仪器，支付业务费用，并继续激发创造力和发展潜力③。

一直以来，筹集构建完整中等规模设施的资金一直是公认的挑战④，如集束或大型磁体（数千万美元）或一套完整设施（十亿美元）⑤。在极端条件下研究材料的能力——例如在极端压力下的高磁场中、在极低或极高温度下，使用光或中子散射，或使用扫描探针——已成为全球范围内材料研究的一个重要方向，也是中等规模资金短缺的一个主要方面。构建研究所需环境的资金往往超出主要研究人员所能负担的范围，也不在大规模用户设施的预算之内。例如，在 MagLab 设计领域，建造中型项目（如 SC 32 Tesla 和串联混合 41.5 Tesla Magnet）的成本高达数千万美元，运行成本高达数百万美元⑥。另一个例子是开发下一代高场磁体的挑战，其资金通常也在 400 万美元到1 亿美元的中等规模范围内。

仪器的扩展能力也是需要重点考虑的一项，特别是在为仪器集成新功能的时候。例如，复杂量子异质结构或器件的界面控制变得极其关键；界面通

---

① 例如，见 National Science Foundation, 2018, *Science and Engineering Indicators* 2018, https://www.nsf.gov/statistics/2018/nsb20181/report/sections/academic-research-and-development。

② 见第三章，Instrumentation and universities outlines the various costs for facilities, in National Academy of Sciences, National Academy of Engineering, and Institute of Medicine, 2006, *Advanced Research Instrumentation and Facilities*, The National Academies Press, Washington, https://doi.org/10.17226/11520。

③ National Research Council, 2006, *Midsize Facilities: The Infrastructure for Materials Research*, The National Academies Press, Washington, D. C.

④ Johns Hopkins University, 2016, "Workshop on Midscale Instrumentation to Accelerate Progress in Quantum Materials," http://physics-astronomy.jhu.edu/miqm/.

⑤ 例如，见 National Science and Technology Council, 1995, *Final Report on Academic Research Infrastructure: A Federal Plan for Renewal*, National Science and Technology Council, Washington。

⑥ 见 The National High Magnetic Field Laboratory, "Magnet Science & Technology," https://nationalmaglab.org/magnet-development/magnet-science-technology，最后访问日期：2018 年 12 月 3 日。

常决定异质结构的性质。对界面的控制也将有助于我们理解界面两侧的波函数，从而使我们有能力设计和合成功能量子结构。这种能力需要将先进的工具集成在一个系统中，用于材料合成、界面和表面控制以及原位表征。

4.5.4 纳米科学研究中心

在过去的十年中，美国出现了许多纳米科学研究中心，其规模超过了研究型高校的中等规模设施。在全国范围内，DOE 科学办公室的科学用户设施部运营着五个纳米科学研究中心（NSRC），并且作为国家实验室的基础设施。而 NSF 则在 16 所高校运营国家纳米技术协调基础设施。国家癌症研究所的纳米技术表征实验室是另一个中型设施，NIST 的纳米科学与技术中心也是如此。这五个 NSRC 是纳米级跨学科研究的中心。每个中心都在选定的领域拥有特定的专业知识和能力，如纳米材料的合成和表征；催化作用；理论、建模和仿真；电子材料；纳米光子学；软材料和生物材料；成像和光谱学；以及纳米级集成。

从它们的使用情况以及许多重要结果报告的产出来看，这一系列由不同机构赞助的中心非常成功。由此得出的结论是，这种类型中心的扩张将是在美国推广材料研究的宝贵财富。这些设施不仅增强了美国研究人员的实力，还吸引了宝贵的国际交流与合作。此外，在现有中心和新的中心之间根据持有和维护设施的性质和类型进行有组织的合作和规划也很有价值。

4.5.5 X 射线光源

从同步加速器科学的早期研究开始，人们就认为光源会对材料科学领域产生巨大的影响。正如实际发展情况展示的那样，这一预测已经得到多次验证。此外，光源一直在高速发展——在过去 30 年中，X 射线光源亮度的提升速度超过了同一时期晶体管的摩尔定律。同步加速器光源的出现和诸多可能性已得到充分的验证。例如，在 DOE 已经有许多报道：《下一代光子源应对科学和能源领域的重大挑战》《利用下一代光子源解决科学和能源领域的重大挑战研讨会报告》①，以及《BESAC 未来 X 射线光源小组委员会的报告》②。这种亮度的快速提升推动了 X 射线在材料结构和功能研究方面更有效的应用。

---

① 见 U. S. Department of Energy, 2009, *Next - Generation Photon Sources for Grand Challenges in Science and Energy*; *Report of the Workshop on Solving Science and Energy Grand Challenges with Next - Generation Photon Sources*, https://science. energy. gov/ ~/media/bes/besac/pdf/Ngps_rpt. pdf。

② 见 U. S. Department of Energy, 2013, "Report of the BESAC Subcommittee on Future X -ray Light Sources," July 25, https//science. energy. gov/media/bes/besac/pdf/Reports/Future_Light_Sources_report_BESAC_approved_72513. pdf。

在美国，最近新一代国家同步加速器光源Ⅱ［布鲁克海文国家实验室（BNL）］已经在进行调试，其亮度明显高于美国其他两个同步加速器光源，美国未来计划对现有的两个光源进行升级。高级光子源升级（APS - U）和高级光源升级效果，如图4.9所示。由瑞典Max - Ⅳ公司首创的用于衍射限制同步加速器的交流加速器格子设计目前正在用于升级现有的同步加速器或新设备，如北京的高能同步加速器将与大型超级计算和量子材料项目相结合。

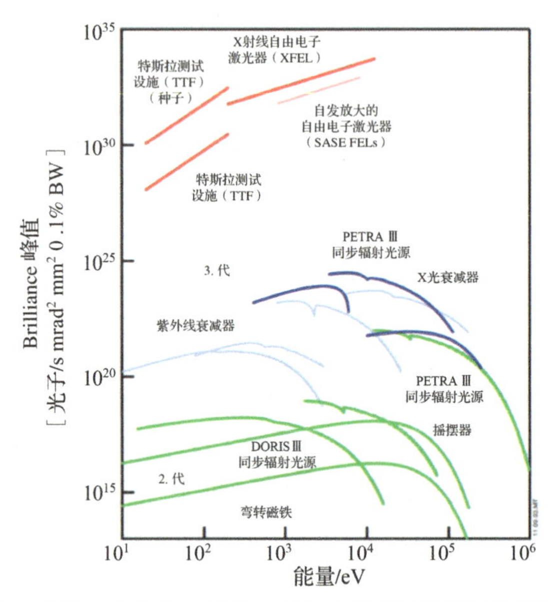

图4.9　现有（实线）和未来（虚线）美国和国际光源的时间平均亮度曲线。该图说明了同步加速器和自由电子激光光源在国际舞台上的竞争力。来源：德国电子同步加速器（DESY），媒体数据库，https://media.desy.de/desymediabank/convertassets/peak_brillianz.jpg，版权DESY。

过去十年的一个主要发展是作为加速器补充的X射线自由电子激光器的出现，特别是美国SLAC的LCLS和未来计划中的LCLS - Ⅱ及其高能升级过的LCLS - Ⅱ - HE。新的X射线自由电子激光器已经在许多地方开始建造，如德国的电子同步加速器（DESY，德国）、PSI（瑞士）、中科院上海（中国）和其他地方。

总的来说，这些新的超亮光源将推动技术的进一步发展，使在操作条件下和超快时间尺度上对具有纳米级分辨率的材料进行变革性研究成为可能。20年前，美国在全世界领先的能力中占有很大的份额，但这种领先地位已经被削弱，来自欧洲和亚洲的激烈竞争已经成为当前的格局。

除了不断提升的X射线光源亮度，第二项技术的发展已经彻底改变了X射线在材料科学中的使用，即区域探测器的使用。其有助于非常迅速地获取数据，可以对大的倒易空间条带进行调查，并可以开发新的成像模式，如相干衍射成像。例如，前者使 X 射线能够对晶体晶粒取向进行层析研究或对晶体结构中的小变形进行研究，而后者使 X 射线能够对纳米颗粒和纳米级半导体中的应变场进行研究。

可用的宽光子能量范围（从远红外到硬 X 射线）和光束的高亮度（允许光子束满足特定的实验几何结构和环境），使 X 射线成为研究材料结构和功能的理想数据来源。以 APS、ALS、BNL、LCLS 和斯坦福同步加速器光源为代表，这些具有强大能力的实验设备，在量子材料（石墨烯的超导性）、能量存储（固体电解质界面形成）、自组装、先进微电子学（极紫外光刻和应变工程）以及本报告其他章节所述的极端环境（高压和高磁场）研究方面做出了重要贡献。随着该领域向全面整合计算材料科学、合成和先进制造的能力迈进，下一代仪器和升级后的资源所带来的结构与动力学的微观表征将为材料的设计提供关键环节。

4.5.6　中子

过去十年见证了美国中子科学的复兴。其中的一个主要的因素是橡树岭国家实验室（ORNL）的散裂中子源（SNS）开始运行。该中子源现在以超过 1MW 的功率正常运行，并产生世界上最高的峰值通量中子脉冲，可以用于材料研究。SNS 一期工程现在运行着 19 台专门用于材料研究的最先进的专业仪器，涵盖了针对介观、纳米或原子长度尺度的结构，以及微秒到皮秒时间尺度的动力学技术。同时，中子的连续反应堆源，包括 NIST 中子研究中心和 ORNL 的高通量同位素反应堆，在冷中子仪器的可用性方面有了显著的改进。这大大提高了对大型结构进行独特研究的能力，如在聚合物、生物材料和固态纳米级系统，同时这些测试具有出色的分辨率和低信噪比。

现代中子散射仪器产生的大量数据反过来对仪器自身提出了挑战，研究人员开始看到结合高性能计算和中子散射数据分析的好处。这一趋势也出现在 X 射线源和显微镜上，用于将大量数据与实时建模仿真集成以指导实验，这种方式导致实验和理论更紧密的耦合。

上述讨论的中子散射源和仪器方面的进展，使研究从关于新物质性质的基本发现到具有特定技术应用的新材料都取得了重大进展。

30 年来，非常规超导一直是前沿的材料问题。在过去的十年中，铁基超导体的惊人发现极大地推动了这一领域的发展。几乎同一时间，中子衍射被用来阐明几个铁基材料家族的母化合物的磁性结构，表明在大多数情况下，有序波矢量不同于原先的铜合金。详细绘制的相图揭示了相分离的区域和条纹序的证据。非弹性中子散射表明在超导材料中存在共振磁激发，并在许多不同类型的非常规超导体中发现了转变温度和共振频率之间的显著关系。

量子材料的研究现在是固体研究的一个新兴前沿。由于对拓扑学所起的关键作用的理解不断加深，以及拓扑材料或各类量子激发可能在未来的新技术（如量子计算）中发挥重要作用，该领域已发生变化。中子散射为此提供了至关重要的信息。量子涨落，特别是分数激发的作用，一直是量子自旋液体问题中最重要的主题。非弹性中子散射显示了几种不同的分数激发的证据：氯羟锌铜（Herbertsmithite）中的自旋子①，它可能是海森堡量子自旋液体的一个例子；$\alpha-RuCl_3$ 中的磁性马约拉纳费米子，其被认为接近于 Kitaev 量子自旋液体；以及在形式上相当于自旋冰中难以捉摸的磁单极子的激发。

研究人员通过小角中子散射发现了磁性斯格明子晶格拓扑结构的证据，斯格明子现在代表了自旋电子学应用的一个有前途的新方向。各种多铁性材料中磁性结构的中子衍射测量已展示手性和阻挫如何在多铁性现象中起作用。

极化中子反射是研究掩埋界面的一种特别有价值的工具，它显示了磁性多层膜中的交换偏置如何导致磁性不同于块体的界面区域。在某些情况下，界面可以在一个原子厚度的界面层中产生铁磁性。对拓扑绝缘体和铁磁绝缘体之间界面的研究表明，研究人员可以在拓扑绝缘体中诱导出浅铁磁区，并且这种结构可以通过电场实现新型技术的磁控制。

中子对功能材料领域产生了巨大的影响，特别是在热电材料领域，对声子非谐性的仔细研究测量揭示了一条极大改进材料的途径。类似地，通过结合电池和相关材料的常规和原位衍射研究，研究人员对改进储能材料的要求有了更深入的了解。中子成像技术对了解燃料电池的内部工作原理特别有用。

中子对大多数材料的深度穿透使人们对金属合金性质的微观起源有了重要的新认识，包括传统合金的变形和塑性，以及新型高熵合金的相变行为。中子也已被用于表征微观结构和随后对增材制造的部件机械性能的影响。

研究人员使用衍射和小角散射在大范围的长度尺度上研究了多孔材料的结构。他们在金属有机骨架（MOFs）方面也做了特别重要的工作，展示了如何大大改善轻质烃的分离。中子也表明 MOFs 和页岩用于碳封存和氢储存的可能性。

中子散射非常适合生物系统的研究，因为它是一种具有强穿透力和非破坏性的探针，能够提供跨越细胞长度尺度和时间尺度的结构与动力学信息，从蛋白质中单个氢原子的位置到细胞内功能复合物和分级组装的纳米尺度结构与动力学。在原子尺度上，中子技术为深入了解关键氢原子在过氧化物酶中的催化机制和药物靶标与蛋白质结合中的作用提供了帮助。中子技术已被

① 氯羟锌铜石（Herbertsmithite）是一种矿物质，化学结构为 $ZnCu_3(OH)_6Cl_2$。

用于蛋白质及其复合物的研究，因为它们可以在近生理条件下检测构象变化和组装/拆卸过程。蛋白质 – 核酸复合物的纳米级研究揭示了甲基化行为如何被用作核糖体核糖核酸折叠的调节机制，并有助于理解心肌肌球蛋白结合蛋白碳（一种对维持正常心脏功能至关重要的蛋白质）的调节功能。中子技术还揭示了生物膜的组织和组装及其在细胞中的相互作用，提供了对脂质纳米结构域的结构和机械特性以及电压门控机制的深入了解，这对许多神经疾病以及麻醉非常有意义。中子的穿透性和非破坏性使研究植物细胞壁的结构成为可能，其提供了关于纤维素微原纤维的结构及其分解以释放用于生物燃料生产的糖的新认识。在生物复杂性这一新兴主题领域，中子技术已被用于研究活细胞中的细胞过程，这是一个直到最近才变得可行的新应用领域。这是通过靶向H/D同位素对比来实现的，以揭示质膜中纳米结构域的形成，并研究体内蛋白质的动力学过程。

4.5.7　强磁场设施

强磁场是一种连续可调、可逆、本质上具有量子和拓扑性质的材料探针。10 ~ 100 T 范围内的磁场与量子物质的相关能和拓扑材料的强自旋 – 轨道耦合竞争（从而有效地探测）。磁场，由于它既是一个热力学变量又是一个矢量，可以分离竞争的能量尺度，就像在量子流体和量子自旋液体中一样，并且可以诱导新的量子物态（如通过改变磁场在绝对零度诱导的量子相变），如磁玻色 – 爱因斯坦凝聚体和自旋超固体。100 T 以上的磁场将超过许多低载流子密度金属的量子极限，并充分抑制揭示潜在量子临界的最高温度超导性[①]。此外，强磁场技术的研究影响日益显著：尽管在硅和 GaAs 中，10 ~ 20 T 足以揭示基本的电子和光电特性（载流子质量、激子结合能等），但对新一代薄原子的 2D 半导体（如 MoS_2、磷烯和过渡金属二硫属化物）的类似研究将需要 100 ~ 200 T。

当磁场与运动电荷相互作用时，它们会探测到一个特征长度尺度，该尺度随着磁场平方根的减小而减小。20T 的强磁场可以探测与 6 nm 直径的量子点相当的空间特征，而 80T 的磁场是将该长度缩小 2 倍所必需的。因此，对电子和磁现象的研究深入到原子尺度，需要突破当前磁体技术的极限。

最近的三项研究探讨了强磁场研究的现状和未来发展的潜力。有关各种技术问题的更详细信息和讨论，委员会参考了这些报告[②]。正如强磁场科学机会委员会（Committee on Opportunities in High Magnetic Field Science）和

① 量子临界——绝对零度下量子波动带来的相变。

② National Research Council, 2013, *High Magnetic Field Science and Its Applications in the United States: Current Status and Future Direction*, The National Academies Press, Washington, D. C.

MagSci 指出的，除了磁体开发之外，一个重要的方向将是强磁场与束流的集成。这将允许我们研究材料在强磁场中的中子和 X 射线散射特性①。目前，世界上束流线上磁场最强的磁体是柏林亥姆霍兹中心（Helmholtz Zentrum Berlin）的 26T 系统，归属国家强磁场实验室（National High Magnetic Fields Laboratory）。

4.5.8 先进的计算设施

先进的计算设施在推动和促进功能材料预测建模的飞跃和开发多尺度理解材料特性的框架方面，发挥了重要作用。这些设施主要由 DOE 和 NSF 资助，是最复杂的 HPC 的所在地。它们使计算材料科学家能够对材料特性进行详细的模拟，从微观到宏观尺度，从超快（亚微秒）到实验中不容易获得的标准时域区域。

在其先进科学计算研究计划的保护下，DOE 继续维持几个世界级的高性能计算中心，实现包括材料科学在内的多领域研究协作：阿拉贡领先计算设施、劳伦斯伯克利国家实验室（LBNL）的国家能源研究科学计算中心、橡树岭领先计算设施和 LBNL 的能源科学网络。这些中心服务于 DOE 实验室、学术界和工业界科学家的高性能计算需求，并在尖端计算机硬件领域保持着较高的全球知名度。它们是最早一批获得千万亿次（每秒 10^{15} 次运算）计算能力的计算设施，现在正在努力突破百亿亿次（每秒 10^{18} 次运算）的障碍。这些计算机硬件的进步，加上全球努力开发适用于各种长度尺度和时间尺度的挑战性问题的精确计算代码，使复杂现象的模拟成为可能，这在十年前是不可想象的。材料科学一直是这些进步的最大受益者之一，因为研究人员在合作项目中使用的计算技术具有相关性，这些合作项目最初是在纳米科学和纳米技术倡议下启动的，最近是在 MGI 之下启动的。不出所料，材料科学研究人员现在是主要用户之一（占所有高性能计算用户的 18% 以上）。如果没有先进计算设施提供的资源，这两个项目促进的实验学家和计算科学家之间富有成效的互动是不可能实现的。

4.6 结论、发现和建议

在对材料研究的各项投资当中，没有什么比设备、仪器和基础设施更重要的因素了。有了先进的设备和仪器，大量重要的研究甚至可以在没有进一

① National Research Council, 2007, *Condensed-Matter and Materials Physics: The Science of the World Around Us*, The National Academies Press, Washington, D. C.

步投资的情况下继续进行。这些工具可以激发和释放创造力与生产力。以下发现和建议旨在提高美国在这一领域的竞争力。

关键发现1：3D表征、计算材料科学以及先进制造和加工方面的进展使材料研究的跨学科数字化程度不断提高，并在某些情况下大大加快和压缩了从材料新发现到纳入新产品的时间。

重要建议1：联邦机构（包括NSF和DOE）需要与增材制造和其他数字控制制造模式的步调相一致。到2020年，联邦机构应扩大对自动化材料制造的研究投资。增加的投资应跨越自动化材料合成和制造的多个学科。这些学科从最基础的研究到产品的实现，包括计算技术的进步带来的实验和建模能力，以实现到2030年美国成为该领域领导者的目标。

关键发现2：各级基础设施，从高校和国家实验室购买成本为400万至1亿美元的材料表征、合成和加工的中型仪器，到大型研究中心，如同步加速器光源、自由电子激光器、中子散射源、强场磁体和超导体，这对美国材料科学事业的发展至关重要。尤其是中型基础设施，近年来被严重忽视，维护和专门技术人员的成本也大幅增加。

重要建议2：所有对材料研究感兴趣的美国政府机构都应实施这项国家战略，以确保高校研究团队和国家实验室能够在当地开发，并持续支持使用最先进的中型仪器，同时推进材料研究必不可少的实验室基础设施建设。这些基础设施包括材料生长和合成设备、氦液化器和回收系统、无致冷剂冷却系统和先进的测量仪器。除此之外，这些机构还应继续支持大型设施的建设，如橡树岭国家实验室、劳伦斯伯克利国家实验室、阿贡国家实验室、SLAC国家加速器实验室、国家同步加速器光源Ⅱ（布鲁克海文国家实验室）以及国家标准与技术研究院（NIST）等机构的大型设施，这些机构需要参与和投资现有设施的升级和更换的长期规划。

发现1：美国非常需要受过教育的软件终端用户，以使近似值、局限性和各种算例能够被理解和应用，使其对科学和工程产生重大影响。其中特别包括应用于材料的机器学习方法。

建议1：计算材料科学培训应成为物理、化学、材料科学和相关领域本科生与研究生核心课程的一部分，这应包括一些大型计算软件包（而不仅仅是MATLAB编程）的培训。在此建议将此类培训多个部分的重心都放在应用于材料的机器学习领域。

发现2：研究人员正在接近精密合成的新世界，在这个新世界中，他们可以在原位表征、扫描探针显微镜、光谱学和角分辨光电发射下精确控制单个原子、分子和缺陷的位置和种类，以在有机和无机材料中、从序列控制聚合到分子束外延、从纳米到宏观尺度上达成目标特性。

建议 2：所有资助材料研究的机构，在 NSF 和 DOE 的协调下，都应支持材料精密合成领域的研究，特别是测试从根本上可实现的极限的新方法，以及对可实现的精度水平是否实际产生所需或感兴趣的特性的新理解。所支持的研究应阐明何时以及如何精确合成对实现材料的新功能至关重要。2020 年或更早的多机构研讨会可以启动并推动这一研究方向进入下一个十年。

发现 3：计算控制和自动化与先进的表征技术的集成使构建 3D 数据集成为可能，这些数据集以比以前想象的更高的保真度以数字方式展示材料。3D 表征和分析的方法目前是本地开发的；人们迫切需要在工艺流程、工具和分析技术上达成一致。

建议 3：联邦机构应投入大量资源，以创建和广泛使用自主实验 3D 表征，并开发通用和广泛共享的计算方法，用于数字数据集的高级配准、重建、分类和分析。

发现 4：晶体材料生长的预测设计和基本理解影响我们的材料研究和技术进步。晶体材料在现代社会和商业中扮演着重要的角色。

建议 4：在此建议建立多机构协同的材料发展中心（如 NSF、DOE、NIST、DOD），其中具有不同但互利事项的机构可以共享和资助知识，同时将专有信息分开。这些设施的工作将改进现有的方法，并开创新的方向。这些设施不仅会作为材料合成和新方法开发的铸造厂，而且还将成为可根据要求提供的数字材料数据库和现实材料库。

发现 5－1：人工智能、机器学习和“大数据”收集和分析等计算机密集型领域现在开始对材料科学产生重大影响，而研究人员才刚刚开始看到这种影响。为了充分发挥这场革命的潜力，研究人员必须能够接触到最先进的计算机硬件和软件。

发现 5－2：在未来，随着微芯片的扩展速度变慢，强调最大限度地提高浮点运算速度可能不是提高计算速度的最佳策略。相反，高级数据分析、适合特定用途的计算机和软件界面（应用程序编程界面和图形用户界面）可能会变得更加重要。

建议 5：DOE 和 NSF 应该在 2020 年开始支持一个广泛的计算项目，以开发“下一代”和“适用”的计算机。这些计算机不应只关注速度，还应包括改进的数据分析与其他功能。该项目还应支持创建和维护新的软件和软件界面（应用程序编程界面和图形用户界面），并确保广泛的材料研究界能够访问这些工具。这种对代码开发的支持不应仅限于中心，还要适用于单个研究人员或小组。

发现 6－1：国际合作在材料研究中发挥着至关重要的作用，参与范围从个人研究人员到更正式的机构和设施伙伴关系。这方面的例子包括 ISS、

CERN、SESAME和LIGO。其优势包括集中资源、促进科学进步方法的多样性以及科学外交。

发现6-2：在充分意识到国际合作的重要性的同时，同样重要的是，美国应注意到材料研究、经济竞争力和国家安全之间的紧密联系。美国的领导地位已经开始被削弱，主要的材料研究计划和投资都在美国以外的地方进行。此外，美国还需要先进的设施，如同步加速器光源、自由电子激光器、中子散射源、强场磁体和超级计算机，以吸引和留住顶尖研究人员。简单地说，如果美国不能在主要的先进设施上保持领导地位，这种侵蚀只会加速并且削弱美国在国际合作中发挥重要作用的能力。

建议6：美国政府应积极加强对大型研究设施的支持。我们的资助机构（NSF、DOE、NIST和DOD）的设施规划应反映未来十年的战略，即保持或加强美国目前在材料研究主要设施中的领导作用，同时与其他国家的发展保持同步，并在互惠互利的情况下寻求合作。

第5章
国家竞争力

当前，尤其是在经济合作与发展组织（OECD）[①] 国家以及发展中国家，人们已经清楚地认识到，由创新（STI）支撑的科学和技术（S&T）是经济增长的基本支柱，而先进材料是这些支柱中的关键支柱之一。桑福德·L. 莫斯科维茨（Sanford L. Moskowitz）在其《先进材料创新，21 世纪全球技术管理》中估计[②]，到 2030—2050 年，超过四分之三的经济增长将归功于先进材料的开发和应用，投资材料研究将直接影响国家竞争力和经济繁荣。其认为，材料的研究对人类的生存似乎从来没有像 21 世纪那样重要和关键，并就材料研究是否能够成为一种强大的市场技术的关键问题进行了探讨。创新和商业化的速度被认为是当前材料研究面临的关键问题，该书通过叙述 20 世纪和 21 世纪创新材料研究的重要故事来体现这一观点。在书中，他预测了从 1980 年到 2050 年，先进材料对信息、计算机技术、能源、生物技术和卫生保健、交通、建筑和基础设施以及制造业的影响。

正如从他的书中我们可以理解的那样，材料研究是经济增长、国家竞争力、财富和贸易、健康和福祉以及国防的关键基础。迄今为止，材料研究一直对新兴技术、国家需求和科学产生着很重要的影响。随着研究人员经过数字和信息时代，在当前和未来的全球挑战下，预计它们的影响将变得更加重要。世界上许多较大的国家和经济体都认识到了这个问题。最近的趋势表明，当下许多国家已经制定并阐明国家投资战略，以确保材料研究取得强势进展，使国家在全球经济发展中获得竞争力。在某些国家，其战略只针对特定的内部需求；而其他国家已经开始在投资策略中囊括这些方面的合作。

---

① 一个拥有 36 个成员国的政府间经济组织，成立于 1961 年，旨在促进经济进步和世界贸易。

② 见 S. L. Moskowitz，2016，*Advanced Materials Innovation：Managing Global Technology in the 21st Century*，Wiley，https://www.wiley.com。

5.1 投资金额和方向

鉴于材料科学的经济重要性，大多数发达国家和发展中国家制定了材料研究的国家战略，并将其发现尽快引入市场。经验告诉我们，基础研究是创新的一个重要组成部分，最终产生新的产业并促进经济增长。所以大多数国家支持战略研究项目从基础到应用的转化。关于材料科学投资的数据很难获得，但是对材料研究的投入应该在一定程度上遵循科学和技术总体投资的趋势。图5.1显示了2013年和2015年政府预算拨款（研发）总额和支出。

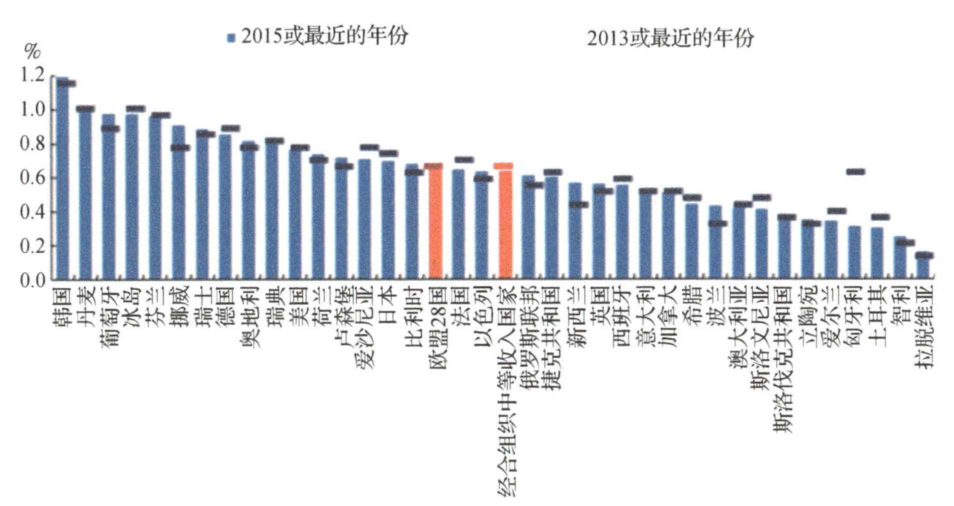

图5.1 2013年和2015年，部分国家的政府预算拨款和研发支出占GDP的百分比。与直线相比，条形图的高度反映了这段时间内各个国家的融资趋势。有关更详细的讨论，请参见正文。来源：Organisation for Economic Co－operation and Development，*OECD Science*，*Technology*，*and Innovation Outlook* 2016，OECD Publishing，Paris，https://doi.org/10.1787/sti_in_outlook－2016－en.

以下是总体发展趋势①。

1. 全球总体研发能力在过去15年里翻了一番，其中越来越多的增长归因于企业支出的增加。

2. 一些新兴经济体，特别是中国显著增加了研发支出。

3. 公共资助的研发（不包括私人和企业研发）总体支出显示占美国国内生产总值（GDP）的比重为0.4%～0.9%。OECD报告中的数据显示②，韩国

① Organization for Economic Co－operation and Development，*OECD Science*，*Technology*，*and Innovation Outlook* 2016，http://www.oecd.org/sti/.

② Ibid.

处于领先地位，2013—2015 年政府的研发支出占 GDP 的 1.2%，而美国排名第 11 位，约为 0.8%。应该注意的是，超过一半美国政府支持的研发与国防有关。美国的支出低于 2008 年和 2011 年 GDP 的 1% 左右。然而，这种下降与私人投资的增加相平衡。2015 年，美国的研发预算总额为 4 950 亿美元，约 67% 由企业提供，24% 由联邦政府提供（其余的由非联邦政府、高等教育和非营利组织提供）；而基础研究的总预算为 830 亿美元，约 44% 由联邦政府提供，27% 由企业提供①。2009 年，拥有世界第二大科学基础的中国在研发上的毛支出约为 1 540 亿美元（政府和企业），低于欧盟（2 980 亿美元）和美国（4 080 亿美元），略高于日本（1 540 亿美元）②。到 2015 年，中国的支出增加到 4 090 亿美元，而美国的支出仅增加到 4 966 亿美元，欧盟和日本的支出分别增加到 3 860 亿美元和 1 700 亿美元③。

4. 研究政策普遍转向环境和社会挑战（如欧盟“地平线 2020”框架计划），特别是实现可持续增长。然而，这种转变不太可能取代长期以来在公共科学领域的投资对国家竞争力贡献的重视。未来 15 年的趋势更加强调支持专题的、任务导向的研究，高校很可能会在这类研究中发挥更大的作用。

5. 跨学科的研究越来越受到重视，如合成生物学和神经科学。

6. 公共研究基础设施从国际合作中获益最大，加强公共研究基础设施是大多数国家科学技术创新的首要事项之一。

7. 创新已成为政策制定中更重要的不可或缺的部分。

8. 许多政府已经计划将注意力和支持从公共研究转向商业创新和企业创业。

5.2 全球视角

材料科学和工程领域的材料研究和创新现在是一个全球性的产业，对世界经济和各个地区和国家的经济都至关重要。总的来说，世界受益于这种全球化，其中重要的新思想来自一些小国（如爱沙尼亚的 Skype④）和大国。因为意识到促进材料科学和工程的创新和技术进步会增加在全球环境中发展的

---

① National Science Foundation, 2018, *NSF Science and Engineering Indicators 2018*, https://www.nsf.gov/statistics/2018/nsb20181.

② National Science Foundation, 2012, *NSF Science and Engineering Indicators 2012*, Arlington, Va.

③ National Science Foundation, 2018, *NSF Science and Engineering Indicators 2018*, https://www.nsf.gov/statistics/2018/nsb20181/.

④ Skype 由瑞典的尼克拉斯·曾斯特伦（Niklas Zennström）和丹麦的雅努斯·弗里斯（Janus Friis）于 2003 年创立。Skype 软件由爱沙尼亚人阿赫蒂·海因拉（Ahti Heinla）、普里特·卡塞萨卢（Priit Kasesalu）和扬·塔林（Jaan Tallinn）创建。第一个公开测试版于 2003 年 8 月 29 日发布。

可能性，各个国家和欧盟已经制定了支持材料研究和发展的项目，并成立了相关机构。在规划美国未来对材料研究的支持时，了解其他国家正在做什么以评估美国自己的相对优势、劣势和差距，确定可能的合作领域，并学习其他国家的政策创新，这些都是十分有用的。本节概述了一批具有代表性的国家和欧盟的材料研究政策和规划。

在对科学技术未来创新趋势评估的基础上确定了变革性技术。OECD 的一份报告综合了来自加拿大①、欧盟②、德国③、英国④、俄罗斯联邦⑤和芬兰⑥的内容。该报告列出了十种前沿技术，其中包括物联网（IoT）、人工智能（AI）、神经技术、纳米/微卫星、增材制造（AM）、先进能源存储、合成生物学和区块链。其中至少有六种与材料科学紧密相关。原始的国别报告更突出了材料科学的地位（加拿大——纳米技术和材料科学；欧盟——物理科学和制造技术；英国——先进材料）。

下面对欧洲（芬兰、法国、德国和英国）、亚洲（中国、日本和韩国）和欧盟（独立于成员国的机构和资源）的材料科学和工程做出了更深入的概述。其展现出一个广泛和公认的趋势：西方国家和日本在世界经济中的份额正在减少，而大多数亚洲国家的份额正在增加。这导致前者重新评估了其支持材料科学的战略，将这些战略与经济发展更紧密地联系起来，并强调将知识快速转化为创新的重要性。人们清楚地认识到，在极其活跃和不稳定的地缘政治环境下，国家之间的经济竞争只会加剧。虽然本研究没有包括印度，但值得注意的是，印度在2018年的材料投资也有所增加⑦。

---

① 见 Government of Canada, "Policy Horizons," https://horizons. gc. ca/en/home/ ，最后访问时间：2018年1月7日。

② European Commission, 2015, *Preparing the Commission for Future Opportunities: Foresight Network Fiches 2030: Working Document*, http://globaltrends. thedialogue. org/publication/preparing – the – commission – for – future – opportunities – foresight – network – fiches – 2030/.

③ A. Zweck, D. Holtmannspötter, M. Braun, K. Cuhls, M. Hirt, and S. Kimpeler, 2015, *Forschungsund Technologieperspektiven 2030: Ergebnisband 2 zur Suchphase von BMBF – Foresight Zyklus* Ⅱ, https://www. vditz. de/fileadmin/media/VDI_Band_ 101_C1. pdf.

④ U. K. Government Office for Science, 2012, *Technology and Innovation Futures: UK Growth Opportunities for the2020s—2012 Refresh*, https://www. gov. uk/government/collections/foresight – projects.

⑤ A. Sokolov and A. Chulok, 2012, Russian Science and Technology Foresight—2030: Key features and first results, *Foresight and STI Governance* (*Foresight – Russia till No. 3/2015*) 6(1):12 – 25.

⑥ R. Linturi, O. Kuusi, and T. Ahlqvist, 2014, 100 Opportunities for Finland and the world: Radical Technology Inquirer (RTI) for anticipation/evaluation of technological breakthroughs (English edition), *Publication of the Committee for the Future, Parliament of Finland* 11:2014.

⑦ 见 K. V. Venkatasubramanian, 2018, "India's Science and Technology Funding Raised Marginally: Proposed Budget Emphasizes Information Technology and Health Care Instead of Basic Science," *Chemical and Engineering News*, https://cen. acs. org/articles/96 /web/2018/02/Indias – science – technology – funding – raised. html。

委员会掌握的各个国家的现有信息在内容和格式上并不一致（这里欧盟可以被视为一个“国家”，具有一致的报告内容和形式），鉴于委员会研究报告的时间有限，现阶段本报告难以为每个国家的章节提供一个格式统一的报告。然而，这些章节确实尽力提供了每个选定国家材料研究规划和优先事项的可靠情况。

5.2.1 欧盟

欧盟为个体研究人员、多成员联盟以及欧洲科学和工程基础设施提供支持。它的资助一般独立于个别欧洲国家，其资助项目在本报告中独立介绍。欧盟准备了关于世界各地科技发展的深入研究报告和欧盟成员国之间的发展战略报告。先进材料是欧洲委员会确定的关键启用使能技术（Enabling Technologies）之一。与先进的制造业一起，它支撑了几乎所有其他关键的使能技术和工业技术[①]。材料科学与工程（MS&E）专家委员会（MatSEEC）确定了欧洲材料科学与工程中对知识、技术转移的需求和价值。2017 年 7 月，欧盟委员会发表了 11 项建议的总结[②]，这 11 项建议是基于“地平线 2020”和其他文件的中期评估结果。报告中提到：“我们传达的主要信息和愿景是：未来世界的成功越来越依赖知识创新的生产和转化，在一个快速全球化的世界中，投资研究和创新对塑造一个未来更美好的欧洲越来越重要。”我们的主要项目包括欧洲先进工程材料与技术平台和欧洲科学基金会。欧洲先进工程材料与技术平台涵盖了工业产品生命周期的所有元素，从设计、开发、原材料、加工、鉴定到最终退役。

欧洲先进工程材料与技术平台（EuMaT）的主要目标是“在行业和其他主要利益相关者的适当参与下，制定战略研究议程并提供基础”，以确定先进材料和技术领域的需求和优先事项[③]。上述报告的最新版本是 2017 年第三版。

- 它旨在促进新材料技术的发展，使创新产品的设计、生产和使用具有更加强大的性能和新的功能。其他目标包括保护环境，获取现有的知识，培训未来的专业人员，并获得开发新一代材料的能力。
- 它确定了八个关键的聚焦领域，每个领域都有明确的工作小组，这八个领域是：（1）建模和多尺度；（2）能源材料；（3）具有功能性和

① European Commission, 2011, *High – Level Expert Group on Key Enabling Technologies: Final Report, June*, http:// ec. europa. eu/DocsRoom/documents/11283/attachments/1/translations/en/renditions/native.

② European Commission, 2017, *LAB – FAB – APP: Investing in the European Future We Want: Report of the Independent High Level Group on Maximising the Impact of EU Research & Innovation Programmes*, http:// ec. europa. eu/research/evaluations/pdf/archive/other_reports_studies_and_documents/hlg_2017. pdf .

③ 引自 the EuMat website at http://www. eumat. eu。

多功能应用的纳米材料和纳米结构材料；（4）智能结构和功能材料；（5）生命周期、影响和风险；（6）信息和通信技术材料；（7）生物材料；（8）原材料。每个领域都确定了10～15年的研究和优先发展事项。

- 其总体政策是为了实现和保持在先进工程材料领域的领导地位和全球竞争力。EuMaT通过与该领域的主要欧洲组织（如欧洲材料研究协会、欧洲材料协会联合会和欧洲材料论坛）的合作和网络，与其他主要组织合作。企业界的参与是通过参加董事会来实现的。材料联盟（A4M）的成立是为了确保一种价值链体系，以提高欧洲创新的实施速度，应对重大的社会挑战。A4M打算成为一个针对所有相关计划的单一平台，而不是一个合并研发界的整体架构；它是使能性的，而不是控制性的。

在欧洲科学基金会（ESF），MatSEEC是一个独立的以科学为基础的委员会，由20多名专家组成，他们活跃于材料科学及其应用、材料工程和技术，以及相关的科学和研究管理领域。委员会成员由其成员机构提名，并与其提名组织和各自的科学界保持着密切的联系。MatSEEC的目标是提高材料科学和工程在欧洲的可见性和价值，帮助定义新的战略目标，并评估涵盖该领域各个方面的选择和观点①。

欧盟最近对未来技术的集中投资包括“地平线2020”材料研究计划。据报道，这是欧盟有史以来最大的研究和创新项目，七年（2014—2020年）内投入近800亿美元。该项目将吸引更多的私人投资，其目标是将伟大的想法从实验室推向市场。经济增长和创造就业机会是关键目标之一，强调的是科学卓越、工业领导和应对社会挑战。该计划的架构是为了减少繁文缛节的程序和响应时间，以实现更快速的投资和结果。“地平线2020”是实施“创新联盟”的金融工具，“创新联盟”是欧洲2020年的引领性倡议，旨在确保欧洲的全球竞争力。

5.2.2　芬兰

芬兰是一个小国家，但它在努力创造一个以知识为基础的未来，其规划有一些有趣的转折。芬兰科学院是芬兰教育、科学和文化部的一部分，是资助研究的主要机构。它的战略研究委员会资助具有社会影响的研究。卓越中心自1995年以来一直得到资助。TEKES是芬兰的创新资助机构，它直接与欧

---

① 见Earth & Space Research,“Oceanographic Research,” http://www.esr.org，最后访问日期：2018年8月2日。

盟的“地平线 2020”计划合作。

政府资助的重点是具有全球影响的基础和应用研究，强调具有社会影响的科学。总体决策指导了国家的研究资助策略。2017 年的主题是“全球流动状态下的社会和公民身份的变化”，2018 年的主题是“改革或萎缩——资源和解决方案”。这两年的领域交叉核心是决策的制定和执行，以及社会的可持续增长①。

2015 年启动的“总理战略政府计划”基于五个战略优先领域：（1）就业和竞争力；（2）知识和教育；（3）福利和医疗保健；（4）生物经济和清洁技术；（5）数字化、实验和放松管制。材料研究的具体重点领域包括对可持续增长的适应和弹性、可持续增长的关键、纳米科学和纳米技术，以及能源相关科学。

值得注意的是芬兰的国际互动。芬兰科学院致力于与研究资助机构进行全球合作。它与巴西（圣保罗研究基金会）组织材料研究联合会议，与印度（科学技术部）组织能源研究联合会议，并积极参加北欧研究理事会的联合委员会。它还鼓励国际科学家与芬兰本国的合作者共同提交关于竞争性资助的建议。

5.2.3 法国

法国支持基础材料研究的主要机构是法国国家科学研究中心（CNRS）。2016 年，涵盖其化学、工程科学和物理部门的总预算为 33 亿欧元。法国替代能源和原子能委员会（CEA）通过其可再生能源部门也提供了一些支持。CNRS 的大部分支持都流向了高校，而 CEA 的支持则集中在像萨克莱核研究中心这样的集中研究机构。

法国政府通过科学技术创新政策促进创新，以推动整体增长。2013 年，法国启动了创新 2030 委员会，以确定 2030 年世界将面临的主要挑战②，以及对法国经济具有重大影响的关键领域。该委员会确定了让法国走上长期繁荣和就业之路的六大支柱：（1）储能；（2）金属回收；（3）海洋资源开发；（4）植物蛋白质和植物化学；（5）个性化医疗；（6）为长寿服务的创新——“白银”经济。

---

① 见 Finnish Government, 2016, “The Government Adopted Strategic Research Themes for 2017 - 2018,” press release, October 6, https://valtioneuvosto. fi/en/article/ - /asset_publisher/10616/valtioneuvosto - paatti - teemat - strategiselle - tutkimukselle - vuosiksi - 2017 - 2018。

② 见 Direction Générale des Entreprises, “The Innovation 2030 Commission,” updated July 30, 2013, https://www. entreprises gouv. fr/innovation - 2030/the - innovation - 2030 - commission? language = en - gb。

法国还利用集群战略，并在2005年建立了欧洲集群协作平台（EMC2）[1]，作为一个以投资创新为动力的先进制造的工业集群，创新是经济繁荣的重要组成部分。虽然重点是制造，但材料和新材料及其加工也包括在内。其特征是跨细分市场的整合——空运、海运、陆运和能源——并专注于在研究成员之间创造协同效应。Jules Verne 红外热成像仪的建立进一步推动了 EMC2 的发展[2]。资金来源有公共的，也有私人的。欧洲集群协作平台领导着一个由小型企业和主要工业集团组成的网络，专注于主要市场和技术：航空、汽车、能源、环境和绿色技术、海洋、材料、金属加工和制造、生产技术、铁路和运输基础设施。2016 年，其研发预算为 14 亿欧元，其中 5.23 亿欧元为公共基金[3]。

5.2.4 德国

德国对材料研究的投资来自两个主要项目：德国研究部（BMBF）的“从材料到创新”和德国研究基金会的“材料科学”。2006 年，德国政府制定了一项名为高科技战略（HTS）的计划[4]，其重点随着时间的推移而演变：最初关注特定技术领域的市场潜力，后来关注社会发展和实施前瞻性政策方法的必要性（2010），最近关注“公民社会”以及工业和研究，还有一些材料研究的新主题（如数字经济和社会、可持续的经济和能源系统、创新的工作场所和公民安全）。作为这个计划的一部分，德国将研发支出从 2000 年的 85 亿欧元增加到了 2013 年的 140 亿欧元。

联邦投资采用了各种战略和举措，旨在确保德国应对未来的挑战时具备科学、技术和经济基础。目前的重点是资助创新的新工具；加强企业、高校和研究机构之间的合作；加强社会对科学、技术和创新的积极参与。

德国独特的融资模式基础已经建立起来，并使其国家的材料研究受益。其跨组织和跨行业的研发协调水平很高。高校发挥着积极的作用，对学者的持续研究支持是教师任命的一部分，这使强大的研究项目成为可能。资助模式涉及从基础研究到应用研究的特定领域。马克斯·普朗克协会世界闻名，它对高校研究项目的支持起到补充作用。亥姆霍兹研究所专注于支持大型设施（每个研究所每年得到联邦支持 300 万到 600 万欧元）。弗劳恩霍夫研究所

---

① European Union,“EMC2: European Cluster Collaboration Platform,” https://www. cluster collaboration. eu/cluster - organisations/emc2，最后访问日期：2018 年 11 月 21 日。

② French Institutes of Technology,“Institute of Shared Technology Research,” https://www. irt - julesverne. fr/，最后访问日期：2018 年 11 月 21 日。

③ European Union,“EMC2: European Cluster Collaboration Platform,” https://www. clustercollaboration. eu/cluster - organisations/emc2，最后访问日期：2018 年 11 月 21 日。

④ HTS——高科技战略（Hightech - Strategie）。

是欧洲最大的应用研究联盟组织，它为私营、公共企业和公众一般利益开展应用研究。弗劳恩霍夫研究所的独特之处在于，它们除了提供信息和服务外，还根据工业、服务部门和公共行政部门的合同进行研究。MP3① 被认为是来自这些研究所的最著名的发明之一。他们利用工业需求引导研究项目，以此跨越所谓的“死亡谷”②。这种策略已经在制造自动化等关键材料研究领域得到了认可。莱布尼茨协会将那些解决国际社会重要性问题的独立研究机构联系起来，从人文、社会科学和经济学，延伸到空间和生命科学、数学、自然科学、工程和环境研究。德国工业研究协会联合会代表中小型企业（SME）促进研发。该协会活跃于国家和欧洲层面，由行业组织组成，通过支持研发的应用来提高中小企业的竞争实力。德国各州和市政当局也资助和运营研究机构，以支持国家的研究活动。光伏、可再生燃料、电池技术和燃料电池方面的进步是受益于这种材料研究投资的一个范例（巴登 - 符腾堡太阳能和氢研究中心）。

德国负责引入工业 4.0 的概念③，通常被称为继第一次蒸汽 - 水力发电革命、第二次电力发电革命以及第三次 IT 革命之后的第四次工业革命。工业 4.0 设想的网络物理系统由“能够自动交换信息、触发行动和控制的智能机器、存储系统和生产设施”组成，旨在赋予“整个价值链的新组织和控制的水平”，包括对整个产品生命周期的监管④。这一与物联网有关的愿景，尽管许多人认为其还处于起步阶段，但他们认为它是制造业的未来，而且它正在得到工业世界，特别是中国的推动。增材制造业也被认为是第四次工业革命的一部分，这也不足为奇。

5.2.5 英国

英国在材料研究方面的集中投资受到了其可能退出欧盟的影响。负责材料研究的主要政府资助机构包括工程和物理科学研究委员会、国防部：材料和结构技术，以及近期的“创新英国：制造和材料”。

---

① MP3 是一种数字音频编码格式。最初被定义为 MPEG - 1 标准的音频格式。

② “死亡谷（Valley of death）”是风险投资领域的一个俚语，指创业公司从获得初始注资到开始创收的这段时间。

③ Communication Promoters Group of the Industry - Science Research Alliance and the National Academy of Science and Engineering, 2013, *Securing the Future of German Manufacturing Industry: Recommendations for Implementing the Strategic Initiative INDUSTRIE 4.0: Final Report of the Industrie 4.0 Working Group*, Secretariat of the Platform Industrie 4.0, Frankfurt, Germany, April.

④ U. Eul, Fraunhofer IMWS, “Materials Data Space—Werkstoffstrategie für Industrie 4.0 Eine Initiative des Fraunhofer - Verbundes MATERIALS - Werkstoffe/Bauteile,” presentation, April 26, 2017, https://www.materials.fraunhofer.de/content/dam/materials/dokumente/MDS/EuL%20-%20Materals%20Data%20Space%20Initiative%20HMI%202017_UE.pdf.

英国的工业战略基于四个支柱：绿色增长、人工智能和数据经济、未来移动、老龄化社会。一个具体的目标是，到 2027 年研发投资从占 GDP 的 1.7% 提高到 2.4%。材料研究在所关注的支柱领域之内，尤其是绿色增长部分，高效新材料的研究尤为明显，即“利用可再生生物资源生产食品、材料和能源”。值得注意的是，英国战略的重点是关注区域研究集群，包括与材料相关的主题：曼彻斯特的先进材料、利物浦的化学材料。英国材料研究的独特因素包括一个政府成立的先进材料领导委员会，其就投资影响最大化提供建议。由 EPSCR 运营的材料交流研究论坛是一个协调研究的平台。

2015 年 11 月，英国知识转移网络发表了一份全面的评论，《市场需求和增长潜力调查：先进材料研究》，它既确定了未来增长的重要材料领域，也确定了英国在相关领域的资源和弱点。调查中确定的五个优先领域是：（1）交通运输材料；（2）医疗保健材料；（3）能源材料；（4）信息和通信技术材料；（5）苛刻环境使用的材料。对于这些领域，调查讨论了特定的材料需求、英国发展和开发相关技术的能力；即时、中期和长期的趋势和驱动因素；英国工业能力的差距、市场增长机会、研发/支持基础设施、国际关系和全球市场趋势。

5.2.6　中国

中国的“中国制造 2025”是基于德国引入的“工业 4.0”概念的工业总体规划，旨在使中国在未来几十年成为工业超级大国。其目标之一是全面升级中国制造业，以创新为导向，更高效、一体化，强调质量高于数量，提高核心内容组件和材料的国产化，使其在 2020 年达到 40%，到 2025 年达到 70%。它强调了十个优先领域：（1）新信息技术；（2）自动化机床和机器人技术；（3）航空航天和航空设备；（4）海事设备和高科技运输；（5）现代轨道运输设备；（6）新能源汽车和设备；（7）动力设备；（8）农业设备；（9）新材料；（10）生物制药和先进产品①。

虽然“材料”只明确地出现在项目（9）中，但材料在许多其他项目中也发挥重要作用，特别是如果国产化的既定目标实现。毫无疑问，该项目有潜力改变世界工业和材料生产的格局，并大幅增加与当前制造业领导者的竞争。

目前的计划延长到了 2020 年，呼吁中国更加关注材料科学基础研究、前沿领域的探索以及国家经济、社会与技术发展和重大需要的多学科研究。

---

① M. Kuo, 2017, “What Is Your State’s China Strategy?,” *RealClear World*, May 8, https://www.realclearworld.com/articles/2017/05/08/what_is_your_states_china_strategy.html.

2016—2020 年，科技部在战略电子材料、关键基础材料、生物医学材料和组织替代材料、纳米科学、增材制造和激光制造以及材料基因工程等领域拨款约 190 亿元（30 亿美元）。中国国家自然科学基金计划在此期间支持约 40 亿元（6.4 亿美元），涵盖金属材料、无机非金属材料和有机聚合物材料（包括生物医学聚合物材料）。大部分资助都用于学生项目的投资。

中国对材料研究的投资集中在促进经济发展并实现独立于外国供应商的项目上。具体的投资领域包括飞机发动机、结构材料、电子材料、能源材料、生物材料、运输和量子材料。

材料研究资助来自科技部、国家科学基金、地方和企业以及专注于表征和先进制造设施的领域。2006 年发布的《国家中长期科学技术发展纲要(2006—2020 年)》确定了符合国家目标的涉及重要战略性的产品、关键通用技术和重大工程的重大特殊项目。这些项目旨在实现科技进步、整体生产力的跨越式发展，并弥补中国的战略差距。

值得注意的是，中国进行集中投资产生了巨大而有效的回报。政府提供的大量资金从世界各地招募了有才华的研究人员。2006—2015 年，中国研究人员发表的材料科学论文增加了两倍。2015 年，每十篇论文中就有一篇是材料科学论文①。

在过去的十年中，中国建立了一系列令人印象深刻的先进测量设施，包括三个同步加速器（NSRL——合肥，BSRF——北京和 SSRF——上海）、一个先进的研究中子反应堆（CARR——北京）和一个散裂中子源（CSNS——东莞，广东）。此外，中国政府通过国家发改委和科技部批准了建立三个综合性国家科学中心的计划。这些“科学城”分别是北京怀柔中心、位于张江的上海国际科技创新中心和合肥综合国家科学中心。中国还刚刚宣布将在西安设立第四个国家综合科学中心。怀柔的北京中心（15 亿美元）将专注于（中国的）巨大优势领域，包括材料科学、空间科学、大气环境科学、地球科学、信息和情报以及生命科学。新的“科学城”位于由市政府捐赠的 3 000 英亩的土地上。其中将会建设一个新的北京先进光子源、一个极端条件协同设施、地球系统模拟器（将于 2018 年或 2019 年启动）和极端条件平台。中国科学院正在组织其他几个平台；其中，物理研究所领导着材料基因组的构建（4 万平方米）和锂离子电池（8 万平方米）平台。北京城市基金资助了这两个平台的所有建设和仪器，约 9 亿元（合 1.3 亿美元），这两个平台将于明年投入运营。材料基因组平台由三个部分组成：材料计算和数据分析、高通量合成和快速表征、仪器研发和技术支持。材料基因组平台将新增 50 名工作人

---

① P. Tian, 2017, China's blue - chip future, *Nature* 545:S54 - S57.

员。中国科学院大学的新校区位于怀柔科学城的“教育区”。

5.2.7　韩国

韩国最近对材料研究的国家投资主要是为了实现商业化。2016年，韩国在科技研发（政府和私人）方面的投资位居世界第六（仅次于美国、中国、日本、德国和法国），占GDP的比例位居世界最高，为4.23%。尽管它在研发方面的投资很高，但它的回报很低，商业化的成功率只有20%，而美国和英国的成功率约为70%，日本为54%。为了弥补这一差距，韩国制定了新的“政府研发创新计划”①，以改革其研发生态系统，使“投资带来利润和商业成果”。重组研发支持系统以更加重视中小企业是该计划的一部分，为研究创造一个以用户为导向的最佳环境也是如此。材料研究肯定会从这个基础中受益。

韩国科学研究的主要资助来源包括韩国国家科学技术研究委员会（NST）。该委员会支持25个研究所，其中以下机构强烈支持材料科学：韩国科技研究所（KIST）、韩国基础科学研究所（KBSI）、电子与电信研究所、韩国机械与材料研究所（KIMM）和韩国材料科学研究所（KIMS）。政府材料研究的其他资金来源可能包括科技部、信息通信技术和未来规划部；贸易、工业和能源；国防、环境和教育。

值得注意的是，新计划在政府和私营部门的角色之间有明确的划分，政府关注基本技术和未来增长驱动因素，私营部门注重商业化。此外，韩国还计划建立一些项目，以保证中小企业获得高校和政府支持的研究机构（GBRI）的人员和设备，并将遵循有效的德国弗劳恩霍夫模式。

5.2.8　日本

科技创新理事会（CSTI）公布了日本第五个科学和技术基本计划。② 这个耗资26万亿日元（合2 300亿美元）的五年计划提出了一个十年的未来展望，重点是创建“社会5.0”，也被称为“超级智能社会”。这个概念是“一个以人为本的社会，通过一个高度整合网络空间和物理空间的系统，平衡经济进步和社会问题的解决”。虽然该计划没有包括详细的研发优先事项，但它

---

① 见 Republic of Korea, Ministry of Science and ICT,“Government R&D Innovation Plan: Development of Korean Science and Technology”, http://english. msit. go. kr /cms/english/pl/policies2/__icsFiles/afieldfile/2015/11/11/Government%20 RnD%20Innovation%20Plan. pdf，最后访问日期：2018年7月9日。

② 见 J. Iwamatsu, 2016,“The Japanese Science, Technology and Innovation Policy,” Bureau of Science, Technology and Innovation, Cabinet Office, Government of Japan, June 28, https://www. hrk. de/fileadmin/redaktion/hrk/02 - Dokumente/02 - 07 - Internationales/02 - 07 - 15 - Asien/02 - 07 - 15 - 3 - Japan/Iwamatsu_Cabinet_Office_Government_of_Japan_. pdf。

概述了政府的雄心，即确定重要的广泛研究领域，以刺激系统创新，提高日本的全球地位，并在其老龄化的公民中激发热情。

与之前的计划相比，第五个计划的一个明显趋势是使用了“开放科学”“网络科学”和“公民科学”等概念，显示了日本开放国家研究和创新体系的雄心。该计划认识到，高校和企业之间人力资源流动的障碍正在阻碍创新和日本全球地位的提升。为促进高校和企业研究人员之间的合作，政府也设定了一些 2020 年的目标：更加强调了战略知识产权（IP）的管理和标准化，期望将高校专利许可协议的数量增加一倍，并期望提高有关风险投资公司的首次公开发行（IPO）案件的比率。该计划的一个明确目标是让政府、学术界和产业界共同努力，将日本转变为“世界上最有利于创新的国家”。

总体而言，该计划异常尖锐地警告称日本的科技竞争力正在下降。这个问题的解决途径包括改善各部门（包括研究部门）内部和部门之间的政治协调，以及更明确地关注有助于推动日本开放创新模式的研发系统的基本组成部分。该计划包含了一些与未来五年研究相关的数字化目标，并确定了几个技术领域，如生物和纳米技术、物联网和人工智能作为重要的多学科推动因素。

根据 CSTI 的计划阐明的基本政策，日本有 14 个部委制定了与科学和技术有关的政策、基本战略和拨款预算。其中包括著名的教育、文化、体育、科学和技术部（MEXT），以及其他 12 个与材料研究和创新相关性较低的部门。已被列为优先事项的投资领域包括能源、下一代基础设施、本地资源以及卫生和医疗。

除了国家科技计划和这里已经讨论过的内容之外，CSTI 还选择了两个组织（SIP 和 IMPACT）来促进和推动这种多学科开放协作的具体模式。据估计，每年的运营预算分别为 500 亿日元和 550 亿日元。

- 战略创新促进计划（SIP），或跨部级战略创新促进计划，注重促进从基础研究到实际应用或商业化的端到端的研发。它还提供了一个 IP 管理系统，这将促进战略性的企业利用来自战略创新促进计划的研究成果。项目主管是从企业界和学术界的顶级领导人中邀请的，并被要求从跨部级的角度来管理项目。
- 在 SIP 管理的 12 个科技主题中，最大的两个具有材料研究和创新基础的项目是创新结构材料（SM4I）和下一代动力电子项目。这两个项目每年分别耗资约 35 亿日元和 22 亿日元。SM4I 希望开发超强、超轻耐热材料，如碳纤维增强复合材料、合金、金属间化合物和陶瓷涂层，并通过先进的计算科学，正确预测复杂的材料行为，加速它们的发展和应用。动力电子项目旨在使用下一代材料，如碳化硅和氮化镓，以推广采用改进的电子产品，从而实现能源管理和效率的飞跃。

- 通过颠覆性技术项目实现范式变革计划（IMPACT），旨在通过高风险/高影响的研究和开发，创造颠覆性创新，彻底改变行业和社会。它仿照美国国防高级研究计划模式和日本FIRST（世界前沿科学和技术创新研究和发展资助计划）模式。凭借突出的权威和预算，IMPACT项目管理者围绕社会和行业将发生的重大变革设定高目标，选择能够提供最佳研发能力的研究团队，引领旨在实现颠覆性创新的项目。IMPACT项目的“主题一”的范式改变（释放“单一制造”能力对资源和创新的限制）似乎与材料研究和创新具有最紧密的一致性。它希望通过高精度的加工，实现高附加值材料和产品的低成本生产。

深入科技影响和资助水平，日本保留了全球著名的国家先进工业科学与技术研究所（AIST），这是日本最大的公共研究机构之一。AIST的电子和制造部门（约占16%，共有320名研究人员）探索纳米电子学、光子学、先进制造、自旋电子学、柔性电子学和无处不在的微电子机械系统（MEMS）和微工程。AIST的材料和化学部门（约占20%，共有415名研究人员）研究纳米材料、碳纳米管的应用和先进功能材料的计算设计。

根据第五个计划的要求，为了促进高校和企业之间更密切的合作，AIST已经创建并正在发展两个新的合作战略。其在材料和化学方面包括以下内容。

- 开放创新实验室（OIL）的概念，在高校校园建立协作研究基地。目前，OPERANDO-OIL和先进材料数学实验室（MathAM-OIL）已投入使用。后者将先进的模拟和反问题分析应用于材料开发，根据其期望的功能快速反演出材料的结构，以缩短材料开发周期。
- 合作研究实验室（CRL），以合作伙伴公司的名义，进行与公司战略更密切相关的研究和开发。目前，有三个与材料相关的CRL正在使用，寻求加速碳纳米管生产规模、时代先进工业科学和技术纳米管合作研究实验室（Zeon-AIST CRL），用于电子产品和制造的先进材料和工艺的先进工业科学和技术合作研究实验室（TEL—AIST CRL）、面向医疗保健材料的“NGK火花⁺”先进工业科学和技术合作研究实验室（NGK Spark Plus-AIST CRL）。

根据第五个科技基础计划，AIST计划在2020财年建立超过十个OIL。可以合理地预测，随着新的科技战略和第五个基本计划的资金与日本潜在工业赞助商的科技利益相结合，日本将创建更多的CRL。

5.3 案例研究

在案例研究的帮助下，我们可以更好地观察材料研究的国际动态。案例研究表明，重要的进展往往从某一个国家发展出的最初想法开始，然后在第二个国家进行必要的发展，最后在第三个国家实现商业化。在当前工业 4.0 快速变化的状态下，材料研究经验相对较差的国家可以跨越旧技术，在新技术方面占据世界领先地位。本节将简要介绍几个这方面的历史案例。

5.3.1 案例 1——平板液晶显示器

这已经是三十多年前的老故事了，但它说明了伟大的创造力、不愿放弃旧方式、坚持不懈和错失良机是如何决定新产品的发展进程的。液晶像液体一样流动，但又像晶体一样具有各向异性，这是弗雷德里奇·雷因泽（Fredrioh Reintzer）在 1888 年首次发现的。尽管达姆施塔特（Darmstadt）的默克（Merck）公司早在 1907 年就开始销售用于分析目的的液晶，但它们远非科学研究的主流，到 1960 年只有少数机构对其进行研究。在 20 世纪 60 年代初，美国无线电公司（RCA）开启了一个研究液晶的项目，最终打算开发一种“挂在墙上的电视”。虽然它没有成功，但它确实生产了使用动态光散射模式来打开和关闭像素的第一个液晶显示器（LCD）。RCA 由于在 CRT 显示器和“硅”方面得到大量的投资，放弃了将这项技术商业化的尝试，这种做法随后被美国小型初创公司仿效，后来也放弃了。然而，RCA 无意中与扭曲向列（Twisted - Nematic）型显示器的发展联系在一起，这最终导致了今天的平板显示器的诞生。它是由 RCA 的员工沃尔夫冈·赫尔弗里奇（Wolfgang Helfrich）发明的。他在 1970 年离开 RCA，为霍夫曼 - 拉罗奇（Hoffmann - LaRoche）工作，几乎同时俄亥俄州肯特州立大学液晶研究所的詹姆斯·弗格森（James Fergason）完成了类似的发明。欧洲，特别是英国，将化学实验室制造的室温下稳定的新型液晶材料用于这项技术，但最终成功的是日本。

夏普（Sharp）等公司曾派出工程师到美国，向 RCA 和其他美国公司了解 LCD 的一切情况。日本最终成功地将这项技术商业化，部分原因是它的商业文化，即基于公司之间合作的重要性（“Keiretsu”系统），而不是美国商业的个人主义、高度竞争的本质。将液晶显示屏放大到电脑和大屏幕电视的平板显示器是一个非常复杂和昂贵的过程。美国大大小小的公司都不愿在如此危险的方案上花费这么多钱。然而，在日本，政府与不同的公司合作，创造了平板显示器，这种合作的努力使资本和人才以一种在美国无法做到的方式聚集在一起。此外，日本的公司往往规模庞大且多样化，来自其他商业领域的资金来源使这些公司能够在这个项目上与其他公司合作，而不必担心整体现金流。政府的援助也帮助减轻了资金冲击（因此，日本公司的首席执行官们认为这样做的风险很低）。到 21 世纪的头十年，日本政府和在国家努力协调下的许多公司向世界展示了它可以做到美国做不到的事情，成功地将这些显示器商业化。其他亚洲国家，尤其是韩国也效仿日本，使该地区共同成为世界平板显示技术的中心。通过这种方式，亚洲采用了一项主要来自美国人的发明，并找到了一种挖掘其商业潜力的方法①。

这个例子提供的经验教训包括以下内容：（1）突破性的应用往往需要许多不同领域的进步和新的想法；（2）坚持和远见通常是真正将产品推向市场的决定因素；（3）这种坚持和远见往往依靠少数人。此外，必要的进步往往发生在不同的国家。在液晶这个例子中，平面显示器的想法及其原理是基本的第一步，但如果没有化学技术的进步提供室温稳定的液晶，这个想法就无法实现。半导体技术的进步是我们现在认为理所当然而当时十分令人惊叹的显示器成功发展的最后一个基本因素。

5.3.2 案例2——航空航天领域中的增材制造

在过去的五年中，增材制造从某种意义上来说在航空航天领域有了自己的地位②。四大喷气发动机制造商，罗尔斯·罗伊斯、普惠、通用电气和赛峰飞机发动机公司，已经开始使用增材制造部件生产飞机发动机，其减轻了重量，减少了部件数量，缩短了开发时间。NASA 正在与 Space - X 合作开发增材制造的火箭发动机，世界各地的公司都在使用增材制造技术为飞机座椅、直升机发动机和飞行器机身减重。早在 20 世纪 80 年代末，飞机发动机的制造商已经获得将增材制造用于制造原型零件的经验。由通用航空 - 赛峰飞机发动机 CFM 联合开发的尖端航空推进器（LEAP）发动机的故事被记录在通用电气的一份在线报告中③。CFM 团队设计了一种新型发动机，可以大大减少燃料消耗和排放。它的燃料喷嘴设计内部结构非常复杂，需要 20 多个部件焊接在一起，这是几乎不可能完成的任务。穆罕默德·埃特沙米（Mohammad Ehteshami）当时是通用航空的工程主管，他去了一家辛辛那提当地的公司莫里斯（Morris）技术公司，该公司率先使用金属增材制造，并为通用电气项目制作原型，调查是否可以使用增材制造技术进行复杂部件的大规模生产。它们制作了一个复杂的喷嘴尖端的镍合金原型，超出了所有人的预期：它将所

---

① 基于 communication with S. L. Moskowitz, author of *Advanced Materials Innovation: Managing Global Technology in the 21st Century*, Wiley, 2016。有关液晶显示器和平板显示器的案例研究，请参见第 11 章和第 12 章。

② National Research Council, 2014, *Limited Affordable Low - Volume Manufacturing: Summary of a Workshop*, The National Academies Press, Washington, D. C.

③ 见 T. Kellner, 2017, "An Epiphany of Disruption: GE Additive Chief Explains How 3D Printing Will Upend Manufacturing," *GE Reports*, November 13, https://www.ge.com/reports/epiphany-disruption-ge-additive-chief-explains-3d-printing-will-upend-manufacturing/。

有 20 个部件组合成一个，比普通喷嘴的重量轻 25%，耐用性是原来的 5 倍多。通用电气航空公司在 2012 年收购了莫里斯技术公司，并于 2016 年斥资逾 10 亿美元收购了瑞典 Arcam AB 和德国概念激光（Concept Laser）公司的控股权，这是两家领先的工业 3D 打印机制造商。2013 年，它还收购了意大利公司 Avio Aero，该公司目前拥有欧洲最先进的3D 制造设施之一，并且已经在为有史以来最大的喷气发动机 GE9X 的钛铝涡轮叶片制造零部件。通用电气在亚拉巴马州的奥本建立了其他增材制造工厂，并在辛辛那提附近建立了增材培训中心，在匹兹堡附近建立了增材技术发展中心。

从增材制造作为复杂部件先进制造的重要组成部分的发展中，我们可以吸取一些教训。（1）在某种程度上，这是一个常见的故事：一个新想法通常需要 30 年左右的时间才能成熟，但当它成熟时，它就会产生深远的影响。（2）大公司获得先进技术往往通过收购较小的公司实现。（3）好的想法和国际公司不受国家或地理边界的影响——这是中国在技术阶梯上不断进步时应该记住的教训。

5.3.3 案例3——世界市场上的永磁铁

钕磁铁（$Nd_2Fe_{14}B$）是目前已知最强的永磁铁，广泛应用于电机、扬声器、手机、风力涡轮机、混合动力汽车等。1984 年，美国通用汽车公司和美国住友特殊金属公司（最终被日立公司收购）通过不同的方法独立发现了它们，以应对当时标准的 SmCo 磁铁中钐成本上升的问题。这种新材料迅速成为行业标准，有数十家公司从事其生产。中国至少从 20 世纪 90 年代起就开始控制稀土金属的生产。到 2005 年左右，由于强劲的需求和环境政策的积极执行，稀土的价格大幅上涨，给永磁铁的生产商和购买者都带来了压力。其结果是，许多生产商纷纷倒闭，那些留存的生产商纷纷逃往亚洲，以便更接近供应地，也更能吸引蓬勃发展的亚洲经济体的消费者。到 2008 年，美国已没有钕磁铁生产商。通过美国法院系统进行的专利侵权诉讼（拥有大部分钕磁铁专利的日立公司以及中国公司）和不公平市场壁垒（中国公司对日立公司）使情况变得更加复杂。

当然，美国已意识到磁铁的问题，它不愿意如此完全依赖单一技术或单一材料供应商来获得像永磁铁这样越来越重要的东西。事实上，DOE 已经通过 DOE 高级研究计划 - 能源（ARPA - E）项目资助了关于磁铁替代材料的研究，但目前还没有找到可行的替代品。另外，DOE 支持的增材制造研究开发了一种工艺，可以用更少的材料产生更好的磁体性能（见专栏 2.6）。

本案例研究的结论是，科学和工程之外的力量往往决定着优质材料及其加工在当地商业化的命运。

5.3.4 案例4——光伏

光伏（PV）是一种将光（特别是太阳光）转化为电能的半导体材料[①]。它们正成为全球电网中日益重要的组成部分，其2016年的容量为302吉瓦（GW——10亿瓦），约占全球电力消耗的1.3%～1.8%，并在1992—2017年期间呈指数级增长。1946年，太阳能电池的第一个专利被授予拉塞尔·奥尔（Russel Ohl）贝尔实验室。1954年，第一个实用的晶体太阳能电池再次在贝尔实验室诞生。晶硅（c－Si）和多晶硅（Poly－Si）仍然是光伏电池的主要材料，在2013年占有95%的市场份额。然而，有两种光伏材料，1954年[②]在RCA发现的CdTe和20世纪80年代[③]在波音公司研究的Cu(InG)Se(CIGS)已找到了商业应用价值，并显示出一些应用前景。与硅不同，CdTe和CIGS是在基体上制备的薄膜。这三种材料的峰值效率都在20%以上。

从1946年到1997年，美国主导了光伏的研究和应用。1977年，吉米·总统卡特在科罗拉多州戈尔登建立了后来的国家可再生能源实验室（NREL）。该实验室除其他事项外，还提供太阳能电池效率的独立检验。到了20世纪80年代和整个90年代，光伏在离网的独立电力系统、手表和计算器等消费产品中得到了应用。到1996年，美国的太阳能光伏装机容量为77 MW，研究重点已经开始转向并网屋顶系统。

1995年，日本神户市发生地震，导致严重停电，使整个邻近的电力基础设施瘫痪。光伏系统提供了临时的替代电源。同年，试运行的蒙杰核电站发生了钠离子泄漏，使其被迫关闭，并引起了公众的巨大愤怒。这两起事件导致日本决定大举投资光伏发电，并迅速成为世界领导者，到2004年，其光伏装机容量达到1.132 GW。继2000年的《可再生能源法案》之后，德国在2005年取代日本成为世界光伏发电的领导者，直到2015年被中国取代。中国2015年的五年规划设定了到2020年达到100 GW光伏发电的目标，而在2017年其已经超过了这一目标，达到131 GW。

国家议程的波动和正常的市场波动给光伏制造商带来了挑战，还在许多情况下使他们陷入破产。2000年，德国决定支持开发光伏系统，中国决定开

---

① U.S. Department of Energy, National Renewable Energy Laboratory, "Solar Photovoltaic Technology Basics," https://www.nrel.gov/research/re－photovoltaics.html，最后访问日期：2018年9月24日。

② N. H. F. Beebe, 2018, "A Bibliography of Publications in *Centaurus*: *An International Journal of the History of Science and its Cultural Aspects*," http://citeseerx.ist.psu.edu/viewdoc/download? doi＝10.1.1.464.3790&rep＝rep1&type＝pdf.

③ 见R. Ellingson, "Photovoltaic Technology for CIGS and Related Materials," http://astro1.panet.utoledo.edu/～relling2/teach/archives/6980.4400.2012/20120322_PHYS_6980_4400_CIGS.pdf，最后访问日期：2019年4月25日。

始投资光伏系统并补贴其生产，这导致对硅的需求增加了 75%。其结果是硅严重短缺，其价格从 30 美元/千克上涨到 80 美元/千克，甚至长期合同为 400 美元/千克，迫使太阳能行业闲置其电池和模块生产能力的 25%。多晶硅行业的反应是技术改进和加大产能投资。其结果是硅生产产能过剩，价格跌至 15 美元/千克，迫使一些生产商暂停生产或退出该领域。到 2013 年，光伏硅的实际产量与产能的比例仍仅为 63%。产能过剩导致中国对美国出口的太阳能产品越来越便宜，然后美国指控中国倾销太阳能产品，随后在 2012 年对其征收关税，一年后欧盟也采取了类似举措。作为回应，中国对美国多晶硅生产商征收了 57% 的反倾销关税。

薄膜光伏的故事提供了一个关于高科技材料商业化的警世故事。成立于 2005 年的索林德拉（Solyndra）公司开发了一种太阳能电池板技术，该技术将薄膜卷起来并封装在特殊设计的圆柱体中，允许电池板从各个方向吸收能量。到 2009 年，多晶硅价格达到高点后（2008 年约 400 美元/千克），索林德拉公布了 1 亿美元的收入，根据《美国复苏和再投资法案》，该公司获批 5.35 亿美元的政府贷款①，看起来前景光明。但未来的计划没有对增加多晶硅产量给予足够的关注，这导致在政府贷款获得批准时，多晶硅的价格已经下降到 50 美元/千克左右。由于订单数日益下降，索林德拉公司在 2011 年宣布破产，总裁员人数达到 1 100 人②。2002 年成立的纳米太阳能公司的故事也与此类似。它开发了一种 CIGS 光伏油墨，这种油墨扩散在一个柔性基底上，然后油墨中的纳米颗粒在自组装过程中排列。2007 年 12 月，它开始在圣何塞工厂生产太阳能电池，到 2012 年 2 月，已经达到每年 115 MW 的产能③，但其最终实际总产量只有 50 MW。和索林德拉公司一样，因为它的产品无法与更便宜的硅竞争，它也在 2013 年倒闭了。

当然，也有一些美国以及以美国为基础的国际公司在硅供应和外国竞争的盛宴中幸存下来。其中包括以下这些公司。

- SunPower（道达尔美国证券交易股份公司拥有 60% 的股份）——晶体硅技术和 2015 年的产能（主要在菲律宾和德国）接近 400 MW/年；
- First Solar——CdTe 技术，全球总装机容量超过 17 GW，2015 年产能为143 MW/年；
- Evergreen Solar——多晶硅，2015 年产能为 103 MW/年；

---

① 这笔贷款是奥巴马政府的政治丑闻。

② *Washington Post*, 2011,"A History of Solyndra", September 13, https://www.washingtonpost.com/politics/a-history-of-solyndra/2011/09/13/gIQA1r5qQK_story.html? noredirect=on&utm_term=.f4a99225064e.

③ Wesoff, Eric."Nanosolar, thin-film solar hype firm, officially dead." *Greentech Media* 12 (2013).

• Tesla Energy（合并了 SolarCity 和 Tesla），现在与布法罗的松下公司合作，成为一个生产电池和面板的“超级工厂”参与者。

随着 2018 年 2 月 7 日美国对 c-Si 光伏电池和组件征收 30% 的关税（到 2021 年将降至 15%），以及中国宣布对 2018 年 6 月后安装的光伏电池和组件的上网电价①降低 12% 至 15%，光伏使用和投资的状况继续处于竞争状态。

尽管经济（和政治）复杂，光伏电力的发展将继续，研究将促进效率的提升和新的设备结构的产生。对 CdTe 和 CIGS 薄膜的研究仍在继续进行；此外，新的钙钛矿和有机光伏太阳能电池也展示出相当好的前景。

5.3.5　案例 5——锂离子电池

尽管 G. N. 刘易斯（G. N. Lewis）在 20 世纪初就开始了一些探索，但锂电池最初是由斯坦利·惠廷汉姆（Stanley Whittingham）在 20 世纪 70 年代为埃克森（Exxon）石油公司工作时提出并实现的。锂是所有金属中最轻的，具有最大的电化学势，并提供单位重量最大的能量。以金属锂为阳极，由于其反应活性和固有的不稳定性而造成的安全问题是显而易见的。与锂枝晶形成相关的问题也是如此，锂枝晶随着重复循环而生长并使电池短路。电池研究转向使用插入锂离子的非金属材料。最终的产品，现在被称为锂离子电池，对个人电子产品和个人移动性产生了变革性影响，影响了通信、计算、娱乐、信息、交通，以及人们与他人互动和信息互动的基本方式。1991 年，索尼（Sony）公司第一个成功将锂离子电池商业化。据估计，2017 年，全球锂离子电池市场规模约为 250 亿美元，其中消费电子产品是最大的应用领域②，其次是汽车、工业和能源存储，预计每年增长 12%。

自最初发明以来，锂离子电池的能量密度已经提高，并继续以每年 5%~10% 的速度提高，这是由于在广泛的高校、大型企业、初创公司和政府的国家实验室中直接开展先进材料科学研究取得的逐步改进。到目前为止，关键创新的路径是由发现到设计的循序渐进。

索尼在第一个商用电池中使用了软碳主体结构（焦炭），在阳极处含有锂而不是金属锂，尽管由于可以获得更高的能量密度，对锂金属阳极的追求今天仍在继续。因此，锂金属阳极的最初概念最终被软碳嵌层阳极淘汰，而软碳嵌层阳极本身又被硬碳阳极和石墨阳极淘汰。这种演变主要基于这些碳材料与有机液体电解质的相互作用，有机液体电解质是离子在放电和充电期间

---

① 通过长期合同加快可再生能源投资的机制。

② 见 Global Market Insights, “Lithium Ion Battery Market Size By Components,” https://www.gminsights.com/industry-analysis/lithium-ion-battery-market，最后访问日期：2019 年 4 月 25 日。

在电极之间传递的介质。在阴极方面，古德诺夫（Qoodenough）和他的同事们开发了一种新的阴极材料，即层状过渡金属氧化物，如 1980 年首次报道的 $Li_x CoO_2$。1996 年，古德诺夫和同事提出了 $LiFePO_4$ 和其他磷酸橄榄石（与矿物橄榄石结构相同的锂金属磷酸盐）作为阳极材料。2002 年，蒋业明和他在麻省理工学院的团队为锂离子电池的性能带来了实质性的提升，他们通过掺杂铝、铌和锆，提高了材料的电导率。2004 年，蒋再次通过利用直径小于 100 nm 的铁（Ⅲ）磷酸盐颗粒来提升性能。这使粒子密度降低了近 100 倍，增加了阳极的表面积，并提高了容量和性能。商业化导致了更高容量锂离子电池市场的快速增长。材料基因组计划在开发超越锂离子电池的想法方面产生了重大影响，比如使用二价离子，在所有其他条件相同的情况下（事实并非如此），将使能量密度增加 2 倍。同样，硅阳极也在被积极探索，因为它们比石墨具有更强的锂结合能力。而材料开发的另一个重要领域是电解质，特别是固体电解质的开发，它既消除了可燃有机液体电解质，又为枝晶短路提供了物理屏障。

材料研究的稳步发展不仅促进了性能的稳步提升，还促进了制造成本的稳步下降。1994 年，用标准的 18650 可充电圆柱形电池制造锂离子电池的成本超过 10 美元，容量为 1 100 mA · h。2001 年，其价格跌至 3 美元以下，而容量上升到 1 900 mA · h。今天，高能密度的 18650 电池可以提供超过 3 000 mA · h的容量，而且成本还在进一步下降。成本降低、增加比能量以及有毒物质的降低，为锂离子电池成为便携式应用、重工业、电力系统和卫星的通用电池铺平了道路①。

5.4 工业科学外交和国土安全

这项十年调查的结果强调了继续开展国际合作的必要性，特别是在设施变得更大、更复杂且更昂贵的情况下。研究结果还指出，美国不应失去其在材料研究领域的全球领导地位，因为获得国际设施和前线研究成果将变得更具挑战性。这两项发现密切相关：如果美国的研究出错，美国将失去参与一线国际合作的能力。委员会在这里指出，这些国际合作带来了一个日益严峻的挑战：美国如何在维护美国国土和工业安全的同时维持国际研究？

委员会最近看到，我们的一些政府研究实验室禁止其研究人员在中国参

---

① 案例 5 部分改编自 G. Crabtree, E. Kocs, and L. Trahey, 2015, The energy - storage frontier: Lithium - ion batteries and beyond, *MRS Bulletin* 40:1067。

加会议，而美国财政部则禁止美国研究人员在国外参加一些会议①。很多美国研究人员被禁止进行国际旅行，外国科学家前往美国以及某些研究领域的中国研究生获得一年以上的学生签证也变得越来越困难②。

请注意，在20世纪60年代早期，美国物理学家去拜访了他们在苏联的同行——那是冷战的核心时期，双方都装备了核武器。这些互动交流在实质上为改变和发展理论凝聚态物理起到了决定性的作用。持续到20世纪80年代末，在所有这些互动过程中，科学家们不仅受到密切关注，而且还保持警惕，只分享他们最基本的物理原理，以共同推动这些领域向前发展。

停止国际合作将使美国在材料研究方面处于巨大的劣势，从最基础的工业研究到最具应用价值的工业研究都是如此。过去，科学家们知道如何写论文、讨论研究和主持演讲；分享需要分享的内容，同时对任何敏感材料保密。但时代已经变了，网络安全也带来了新的挑战。在这个新时代，在国际旅行时，使用笔记本电脑或手机，甚至查看电子邮件，都可能存在安全风险；而且美国有必要注意来美国的国际游客。这些新挑战也适用于美国国内的工业安全。

5.5 国家视角

曾经有一段时间，美国可以计划和实施研发项目，而不考虑其他国家。这种情况已经有一段时间没有出现了。今天，世界其他地区的许多材料研究项目已经或正在与美国的项目竞争。上述五个案例研究突出了这一趋势，它们被记录下来以突显这一问题。OECD的大多数国家和发展中国家都有具体的计划来修改和升级其材料研究投资和计划，其通常着眼于经济竞争力。中国拥有最积极的项目“中国制造2025”，该项目旨在将中国转变为一个主导机器人技术、先进信息技术、航空和新能源汽车等行业的高科技强国。在这种背景下，可以说美国的所有材料研究都应该通过冲突视角来看待：一方面通过国际分享与合作谋求互利，另一方面维持或提高美国的领导地位。事实上，前几节的一些发现都提到了采取行动以保持美国领导地位的必要性。

关于合作，有一个领域（除气候变化之外）迫切需要进行国际合作，那就是与材料的生命周期有关的问题。本章的大多数国家报告都包括一些研究

---

① W. E. Pickett and L. H. Greene, 2018, “Hard Line on Sanctions Harms Science Diplomacy,” *APS News*, March, Volume 27, Number 3.

② J. Mervis, 2018, “More Restrictive U. S. Policy on Chinese Graduate Student Visas Raises Alarm,” *ScienceMag. org*, June 11, doi:10.1126/science.aau4407.

和面对这些问题的计划，而人们可能会期望国际合作受到欢迎。不加控制地处理现代材料的问题影响着整个地球。塑料瓶和塑料袋，以及它们侵入的纳米颗粒，覆盖了海洋的大片区域，被毫无防备的鸟类和鱼类吃掉，导致它们的血管被纳米颗粒堵塞。

5.6 发现和建议

关键发现 1：未来十年，发达国家和发展中国家为争夺现代经济驱动力（包括智能制造和材料科学）领导地位而展开的竞争将更加激烈。

重要建议 1－1：美国政府在支持材料研究的所有机构的投入下，应从 2020 年开始采取协调措施，全面评估全球竞争加剧对其在材料科学和先进智能制造领域领导地位的威胁。美国政府还应建立永久的评估方案，并在 2022 年之前制定一项战略来应对这一威胁。

建议 1－2：考虑到这种竞争在可预见的未来将成为现实，美国政府在所有支持材料研究机构的投入下，应该从 2022 年开始采取协调一致的措施，确定我们在材料科学和工程方面的重点，以继续高质量的研究，促进经济发展，保护我们的知识产权。

发现 1：全球各国都明白，材料科学推动着国民经济，生产高端产品的竞争不断加剧，只有那些投资材料研究和开发基础设施的国家才能在世界经济中保持竞争力。

建议 1：美国政府应强力资助并追求一个基于战略的永久性投资项目，重点关注材料科学和智能制造，这将使美国能够保持自身在材料科学领域的世界领导者地位，而不会落后于众多竞争对手。

发现 2：国际科学合作与科学外交对美国在基础材料和应用材料研究方面的成功至关重要。在某些情况下，科学家被禁止在不同国家之间旅行。虽然许多美国研究人员了解如何保护敏感材料，但随着网络间谍活动的日益流行，这一认识还需要更新。

建议 2：为了维持国际合作，美国必须拨出资金来开发教育我们的研究人员如何在出国旅行和迎接国际同行来美国时保持警惕，以维护安全。这种教育对维护美国国内的工业安全也至关重要。

附录 A　任务说明

各学术机构应编写一份报告，阐明在世界范围内的类似努力下，美国材料研究的现状和未来发展方向。此评估将从材料类型、形式/结构、性质和现象，以及材料研究的全部方法（如实验、理论、计算、建模和模拟、仪器/技术开发、合成、表征等）广泛考虑材料研究。特别是，该报告应做到以下几点。

- 评估过去十年中材料研究取得的进展和成就；
- 确定过去十年来美国和国际上研究和发展格局的主要变化，以及这些变化对材料研究的影响；
- 确定 2020—2030 年期间可提供有前景的投资机会和新方向或存在重大科学差距的材料研究领域；
- 确定材料研究中可能适合过渡到其他学科、应用研发赞助商或行业支持的良好候选领域；
- 全面评估材料研究已经产生的影响和预计将对新兴技术、国家需求和科学产生的广泛影响；
- 确定材料研究在未来十年中可能面临的挑战，以应对前一阶段所确定的影响，并为材料研究界解决这些挑战提供指导；
- 通过对有限数量的代表性材料领域的案例进行研究，评估美国材料研究投资的近期趋势并与国际趋势比较。这些代表性领域要么最近经历了显著增长，要么预计近期将出现显著增长。根据这些趋势，提出建议美国采取的可能措施，以确保其在材料研究领域的领导地位，或在适当情况下加强对这类研究的支持、合作和协调。

附录 B　市政厅（会议）

这项十年调查除了包括业界调研之外，还举行了 9 次与不同材料研究领域相关的市政厅（会议）。这些市政厅（会议）与一些材料研究有关的主要协会及其主要的年度会议一起举行，便于尽可能多地与材料科学家进行直接讨论。在每次市政厅（会议）期间，任何参加主要活动的人也可以参加市政厅（会议），这通常不仅在会议的主要节目中，还通过海报、明信片、传单和电子媒体宣传。除此之外，本调查还举行了一次虚拟市政厅（会议），以听取那些无法参加这些活动的科学家的意见；这次虚拟活动在国家科学院的网页上做了宣传。这些市政厅（会议）的功能是为委员会讨论任务收集更多的意见。市政厅（会议）的目的是保证能听到委员会成员以外的声音。每次市政厅（会议）都有对本调查的介绍，然后在与会者之间逐项讨论任务说明，讨论委员会成员在编写报告时可能需要考虑的关键因素。市政厅（会议）由美国国家科学院的工作人员以及定期参加这些特定社会会议的联合主席和委员会成员领导。2017 年，可以举行市政厅（会议）的社会团体是材料研究协会（春季和秋季会议）；美国化学学会；美国真空学会；国际光学和光子学学会；美国陶瓷学会；光学学会；美国物理学会；以及矿物、金属和材料协会。每次市政厅（会议）持续 1.5 ~ 2 个小时。在 10 分钟的介绍之后，市政厅（会议）主要由与会者讨论，讨论人数从几位到 60 多位不等，讨论不会忽略关键方面，因为委员会考虑了任务的不同方面。每次市政厅（会议）都被记录下来，后来又被转录下来。这些材料被提供给那些无法出席特定市政厅（会议）的委员会成员。

附录 C　委员会委员简介

劳拉·H. 格林（LAURA H. GREENE），联合主席，是国家强场磁铁实验室的首席科学家和佛罗里达州立大学的弗朗西斯·埃普斯物理学教授。格林的研究是实验凝聚态物理，研究强关联电子系统，主要通过平面隧穿和点接触电子能谱揭示非常规超导的机制，以及发展新超导体预测设计的方法。她在超导体/半导体接近效应方面的工作阐明了纯高温超导和掺杂高温超导体（HTS）的物理性质，发现了高温超导中断裂的时间反转对称性，以及重费米子金属电子结构的光谱研究。格林曾是位于奥赛的国家科学研究中心（CNRS）的访问科学家、加州大学欧文分校访问科学家以及剑桥大学三一学院访问科学家。她也是首尔国立大学杰出的客座教授。她还是《物理学进展报告》（主编）、《哲学学报 A》和《固体和材料科学的当前意见》等刊物的编辑。格林是美国国家科学院（NAS）的成员，也是美国艺术与科学院、物理研究所（英国）、美国科学促进会（AAAS）和美国物理学会（APS）的成员。她是古根海姆研究员，并获得了美国能源部（DOE）E. O. 劳伦斯材料研究奖、美联社颁发的玛丽亚·戈珀特－梅尔奖以及贝尔科尔卓越奖。格林与人合著了 200 多篇论文，并受邀发表了大约 500 次演讲。

汤姆·C. 卢本斯基（TOM C. LUBENSKY），联合主席，是克里斯托弗·H. 布朗宾夕法尼亚大学杰出物理学教授。卢本斯基是一位理论凝聚态理论家，在相变和临界现象、液晶、软物质物理（胶体、膜、生物材料）和拓扑力学方面有着丰富的研究经验。他是 NAS（33 席，2008—2011 年）和美国艺术与科学学院的成员、APS 和 AAAS 的成员，以及国际液晶学会的荣誉会员。他是 2004 年美国奥利弗·E. 巴克利奖的获得者。卢本斯基从 2001 年到 2009 年担任宾夕法尼亚大学物理系的系主任。他曾在美国和韩国物理部门的许多委员会任职；曾任《物理评论 E》《物理年鉴》和《国家科学院院刊》的编委；作为卡夫利理论物理研究所顾问委员会成员；还是 APS 凝聚态物理分部执行委员会的“大会员”。卢本斯基与保尔·蔡金合著了一本最畅销的研究生教科书《凝聚态物质物理原理》。

保尔·M. 蔡金（PAUL M. CHAIKIN）是纽约大学（NYU）的白银物理学

教授。在加入纽约大学之前，蔡金曾是加州大学洛杉矶分校、巴黎大学、宾夕法尼亚大学和普林斯顿大学的教授。他还担任过埃克森研究与工程公司和NEC研究所的研究助理和顾问。他目前的研究包括自我复制和进化的人工系统、自组装和自组织、活性物质和驱动系统、二嵌段共聚物的纳米光刻技术、光子非晶体、低维导体和超导体。蔡金在《物理评论》《材料科学杂志》《物理评论快报》《物理杂志》《自然和科学》等期刊上发表了300多篇文章，并与卢本斯基（1995）合著了《凝聚态物质物理原理》一书。蔡金曾担任过众多期刊的编辑委员会成员，并在200多次会议、200多所大学和实验室发表过演讲。他还注册了两项专利。他获得了斯隆基金会奖学金和约翰·西蒙·古根海姆基金会奖学金。他是NAS和美国艺术与科学学院的成员。他1966年毕业于加州理工学院（加州理工学院），获得了理学学士学位，1971年在宾夕法尼亚大学获得物理学博士学位。蔡金曾担任美国国家科学、工程和医学科学院等几个委员会的会员，其中包括高磁场科学机会委员会（2003—2005年）、国家科学基金会（NSF）材料研究实验室项目评估和展望委员会（2005—2007年）、固体科学委员会（2007—2010年），以及空间生物和物理科学十年调查：基础物理小组（2009—2011年）。

丁洪是中国科学院物理研究所（IOP）杰出教授，北京凝聚态物理国家实验室常务主任兼首席科学家。丁洪1990年获得上海交通大学物理学学士学位，1995年获得伊利诺伊大学芝加哥分校物理学博士学位。1996年至1998年，他在阿贡国家实验室（ANL）担任博士后研究员。他于1998年加入波士顿学院物理系，担任助理教授，2003年成为副教授，2007年成为正教授。他于2008年全职加入IOP。在过去的20年里，丁博士为利用角分辨光电子能谱理解高温超导体和拓扑材料做出了重要贡献。他的主要科学成就包括在铜酸盐超导体中发现赝隙，首次在铁基超导体中观察到横波超导隙，以及在固态材料中发现韦尔费米子的实验发现。他发表了200多篇论文，总引用数超过11000，H指数53，他在国际科学会议上发表了90多次受邀演讲。丁洪于1999年获得斯隆研究奖学金奖，被选为第一批“千人专家”，并在2011年当选为APS研究员。

凯瑟琳·T. 费伯（KATHERINE T. FABER）是加州大学材料科学学院的西蒙·拉莫教授。费伯的研究兴趣包括脆性材料的断裂、增韧机制、陶瓷复合材料和涂层、多孔陶瓷和文化遗产科学。她在阿尔弗雷德大学获得学士学位。在陶瓷工程方面，她获得了理学硕士学位。她在宾夕法尼亚州州立大学攻读陶瓷科学专业博士学位。在2014年加入加州理工学院之前，费伯博士是俄亥俄州州立大学陶瓷工程系的助理和副教授（1982—1987年），美国西北大学麦考密克工程学院材料科学与工程系副教授，沃尔特·P. 墨菲教授（1988—2014年）。直到2016年，她一直是美国西北大学艺术学院芝加哥艺术科学研究中心的联合主任。她在西北大学的行政职位包括在麦考密克学院负责研究生和科研的副院长以及材料科学与工程系的系主任。费伯博士获得的奖项包括美国国家科学基金会总统青年研究者奖、美国陶瓷协会（ACerS）杰出终身会员和美国金属协会（ASM国际）会员、查尔斯·E. 麦奎格州立大学杰出教学奖、女工程师学会杰出教育家奖和基督教女青年会教育成就奖。费伯博士是ISI材料（2003）的作者，曾担任ACerS主席（2006—2007年），并被选为2014年美国艺术与科学学院的研究员。

宝拉·T. 哈蒙德（PAULA T. HAMMOND）是麻省理工学院（MIT）工程系大卫·科赫教授。哈蒙德是麻省理工学院科赫综合癌症研究所的成员，麻省理工学院能源倡议的成员，也是麻省理工学院士兵纳米技术研究所的创始成员。她最近被任命为化学工程系的新系主任。她是被任命为这个职位的第一位女性和有色人种。她还曾担任过化学工程部的执行干事（副主席）（2008—2011年）。哈蒙德是NAS、美国国家工程院（NAE）和美国国家医学院的成员。她被选为2013年美国艺术与科学学院的院士，同时也是2013年美国化学工程师学会查尔斯M. A. Stine奖的获得者，该奖每年授予先进的研究员，以表彰其在材料科学和工程领域的杰出贡献。她还获得了2014年Alpha Chi Sigma化学工程研究奖。1984年，她获得麻省理工学院化学工程专业学士学位，1988年从乔治亚理工学院毕业获得硕士学位，1993年从麻省理工学院获得博士学位。哈蒙德开发了新的生物材料，包括能够传递化疗药物组合的靶向纳米颗粒药物载体，从组织植入表面释放药物的薄膜涂层，以及针对传染病的控释微针疫苗。

克里斯汀·E. 赫克尔（CHRISTINE E. HECKLE）是康宁公司无机材料研究部门的研究主任。赫克尔负责制定材料研究战略和愿景，以提供新的材料来支持玻璃和陶瓷领域的下一代产品。她获得了阿尔弗雷德大学玻璃科学专业的博士学位。此前，她曾担任晶体材料研究的研究总监，在那里她主持了新的陶瓷产品的开发，以支持环境技术和专业材料领域，以及新的业务和探索领域。赫克尔于1997年加入康宁公司，从事康宁专业材料开发工作。然后，她转向环保技术部门，领导了各种将新产品引入市场的项目。在她的领导下，DuraTrap AT被扩展到重型市场，并为轻型市场推出了两款新产品。2012年，赫克尔获得了全国黑人化学家和化学工程师专业进步组织颁发的首届R D&E领导奖，因为她出色地运用情商和人际交往能力，同时也成为多元化倡议的关键倡导者。赫克尔是康宁公司LGBT员工资源组的成员，也是康宁公司关心残疾人员工资源组的成员。她指导和训练不同种族的员工团体，同时她还是黑人专业技工协会的成员。

凯文·J. 赫姆克（KEVIN J. HEMKER）是约翰·霍普金斯大学（JHU）的阿隆佐·格德克尔主席和机械工程教授，并在材料科学与工程系以及地球和行星科学系担任联合职务。赫姆克于 1993 年加入 JHU，是美国国家科学基金会国家青年研究员（1994），且在洛桑理工学院（1995）和巴黎十三大学（2001）担任教授，并于 2001 年获得 ASM 材料科学研究银奖。他曾担任机械工程系主任（2007—2013 年）、Scripta Materialia 编辑（2004—2011 年）、国防高级研究计划局（DARPA）国防科学研究委员会成员和副主席（2010—2015 年）。他目前是休斯研究实验室技术咨询小组和 SRI 技术委员会的成员，并且是矿物、金属、材料协会（TMS）的副主席。赫姆克已被任命为 AAAS、美国机械工程师协会（ASME）、ASM 国际和 TMS 的成员。他的团队致力于阐明潜在的原子级细节，以控制机械响应、性能和可靠性的不同材料系统，包括纳米晶材料、微机电系统材料、金属微晶格、热障涂层、装甲陶瓷、极端环境和一般的高温结构材料。这项研究的结果已在 200 多篇科学文章、4 本合编的书籍和大约 300 次邀请演讲和全体讲座中传播。

约瑟夫·P. 赫里曼斯（JOSEPH P. HEREMANS）是俄亥俄州的杰出学者，也是俄亥俄州州立大学机械和航空航天工程系的教授。赫里曼斯曾在材料科学与工程系和俄勒冈州州立大学物理系任职。他在通用汽车和德尔福研究实验室工作 21 年后，加入了俄亥俄州州立大学，在那里他的研究产生了三种商业产品。他目前的兴趣是研究固体热电能量转换技术的材料。这包括热电半导体和基于热驱动自旋通量（自旋热量电子学）的热能转换材料。在热电学方面，赫里曼斯率先在半导体中使用共振能级来提高其价值。在自旋热电子学中，研究热驱动的自旋电流，进而驱动电子电流，他是 InSb 中一个巨大的自旋－塞贝克效应的主要发起人。他目前最主要的工作目的是在热电学中应用热驱动的自旋通量，以改进其 ZT。赫里曼斯博士拥有 39 项美国专利，其中 3 套已投入生产。他是 NAE 的成员，也是 AAAS 和 APS 的成员。

芭芭拉·A. 琼斯（BARBARA A. JONES）是一名高级研究员，她领导着位于加州圣何塞的 IBM 阿尔马登研究中心的理论和计算物理项目。1982 年，琼斯在哈佛大学获得物理学学士学位，之后在剑桥成为丘吉尔大学的丘吉尔学者。1985 年和 1988 年，她分别获得了康奈尔大学的物理学硕士和博士学位，在哈佛大学做完博士后研究后，她于 1989 年加入了 IBM 公司的阿尔马登研究中心。琼斯参与了一系列基础和更广泛应用的项目，包括管理媒体和读头（read heads）的实验人员，以及量子阱和其他磁多层效应的理论。目前，她领导的研究是计算团簇或纳米晶格中的磁原子对金属/绝缘表面的影响，这是通过扫描隧道显微镜设计和测量的。除此之外，琼斯还是 2001 年工业界女性致敬奖的获得者，是 APS 的凝聚态物质物理部门的主席，是 APS/IBM 本科生研究实习项目的主席和创始人，是美国物理学妇女地位委员会的前任成员和主席（1999—2002 年），也是 IBM 阿尔马登多样性委员会的前任主席。

纳迪亚・梅森（NADYA MASON）是伊利诺伊大学香槟分校（UIUC）的物理学教授。她在哈佛大学获得物理学学士学位，在斯坦福大学的物理学专业获得博士学位。在加入伊利诺伊大学物理系之前，梅森博士是哈佛大学的博士后，后来是哈佛研究员学会的初级研究员。作为一名凝聚态物质实验专家，梅森博士的研究重点是电子在低维材料中的表现，如碳纳米管、石墨烯和纳米结构超导体。她对电子相关性和降维数之间的相互作用特别感兴趣，因为在低维数中增强的相互作用有望创造新的现象。提高对这种系统的理解对从超导电源线到纳米级电子元件再到量子计算机的应用都十分重要。梅森的工作获得了多个奖项，包括美国国家科学基金会职业奖和伍德罗・威尔逊职业提升奖。她还在 2008 年被多元化杂志评为“新兴学者”。除了她的研究和教学之外，梅森博士还致力于增加在科学领域未被代表的人数。

托马斯・梅森（THOMAS MASON）是巴特尔纪念研究所负责实验室运营的高级副总裁。早先，他是橡树岭国家实验室（ORNL）主任。他毕业于新斯科舍省达尔豪斯大学，获得物理学学士学位，并在安大略省汉密尔顿麦克马斯特大学完成了他的研究生学习，获得实验凝聚态物理博士学位。获得博士学位后，他在新泽西州默里山的 AT&T 贝尔实验室获得博士后奖学金，然后成为丹麦 Risø 国家实验室的高级科学家。1993 年，梅森加入了多伦多大学物理系。他于 1998 年加入 ORNL，担任美国能源部散裂中子源（SNS）项目的科学主任。2001 年，他被任命为 SNS 实验室副主任和巴特尔有限责任公司副总裁，该公司管理该部门的 ORNL。2006 年，他成为中子科学的实验室副主任，领导了一个新的组织，负责为材料的结构和动力学研究提供安全和高效的科学设施。2007 年，梅森被任命为 ORNL 的董事，并一直担任这个职位，直到他去了巴特尔。梅森与人合作撰写了 100 多篇论文，描述了新型磁性材料和超导体的实验研究。作为美国能源部最大的科学和能源实验室主任，他专注于将基础科学方面的突破转化为与能源技术和国家安全相关的应用，以及其对经济、环境和国家安全的优势。梅森被选为美国 AAAS、IOP、APS 和美国中子散射协会的会员。

塔拉特・沙纳兹・拉赫曼（TALAT SHAHNAZ RAHMAN）是中佛罗里达大学（UCF）的一名飞马奖教授和杰出的物理学教授。拉赫曼的研究兴趣集中在通过对功能纳米材料物理和化学性质的微观理解开展功能纳米材料的计算设计。一个相关的兴趣是化学反应和薄膜生长过程的多尺度建模。除了使用基于密度泛函理论（DFT）的方法作为她的主要理论之外，她的小组还致力于超越 DFT 的技术。拉赫曼博士的研究是由美国能源部和美国国家科学基金会拨款资助的。她是 APS 和美国真空协会（AVS）的会员，并获得了几个专业奖项，包括 UCF 颁发的研究奖励奖、亚历山大·冯·洪堡研究奖、堪萨斯大学颁发的通口研究奖和堪萨斯州州立大学颁发的杰出研究生院奖。她致力于在巴基斯坦等发展中国家建立研究倡议。拉赫曼在高影响因子的期刊上发表了 250 多篇文章，并指导了 20 多位博士生。她一直在国内和国际上努力促进妇女和少数民族（特别是通过 APS 的桥梁项目）参与科学、技术、工程和数学学科。她还参与了物理学教学方面的改革，并通过 APS PhysTEC 项目招募和培训从事教学职业的学生。拉赫曼是 APS 能源研究和应用专题小组（GERA）的主席，也是 AVS 表面科学部门执行委员会的成员。她还担任了《物理凝聚物质与表面科学进展杂志》的执行编辑委员会成员。

埃尔萨·赖希曼尼斯（ELSA REICHMANIS）是乔治亚理工学院化学和生物分子工程方面的皮特·塞拉斯主席。在加入佐治亚理工学院之前，赖希曼尼斯是贝尔实验室研究员和新泽西州贝尔实验室材料研究部主任。她获得了美国雪城大学的化学硕士和博士学位。她是 NAE 和拉脱维亚科学院的成员，并因其工作获得了几项奖项。赖希曼尼斯也活跃于专业协会。2003 年，她曾担任美国化学学会（ACS）的主席，并参加了许多国家科学院的活动。她的研究涉及化学工程、化学、材料科学、光学和电子学，跨越了技术开发和实施的基本概念。她的兴趣包括光子和电子材料技术的化学、性质和应用。赖希曼尼斯对化学结构如何影响材料功能的分子水平理解做出了贡献，促进了新的光刻材料家族和先进的非常大规模集成（VLSI）制造工艺的发展。目前，她的研究涉及活性、聚合物和混合有机/无机材料的化学性质和塑料电子学、光伏和光子技术的工艺。

约翰·L. 萨拉奥（JOHN L. SARRAO）是洛斯阿拉莫斯国家实验室（LANL）负责理论、模拟和计算的副主任（AD－TSC）。萨拉奥获得了加州大学洛杉矶分校的物理学博士学位。作为 AD－TSC，他领导该实验室致力于将基于科学的预测应用于现有和新兴的国家安全任务。TSC 跨越了 LANL 的理论；计算机、计算和统计科学；以及高性能计算组织。此前，萨拉奥博士曾担任 LANL 科学项目办公室和极端物质－辐射相互作用项目主任，LANL 的标志性设施概念将为国家安全挑战提供跨形态材料解决方案。萨拉奥在 LANL 的材料社区担任过许多领导职位，包括材料物理和应用部门组长以及凝聚态物质和热物理部门组长。他还曾在美国能源部基础能源科学咨询委员会（BESAC）的一些小组委员会任职，帮助制定材料研究的战略方向。萨拉奥的主要研究兴趣是相关电子系统的合成和表征，特别是光化物材料。他是 2013 年美国能源部劳伦斯奖和 2004 年 LANL 研究员研究奖的得主，部分原因是他发现了第一个钚超导体。他是 AAAS、APS 和 LANL 的成员。

苏珊·B. 辛诺特（SUSAN B. SINNOTT）是宾夕法尼亚州立大学材料科学与工程系的教授和系主任。辛诺特在得克萨斯大学奥斯汀分校的化学专业获得了理学学士学位，在爱荷华州立大学的物理化学专业获得博士学位。她是美国海军研究实验室的国家研究委员会博士后助理，在2000年加入佛罗里达大学之前，她曾在肯塔基大学任教。辛诺特的研究重点是利用电子结构计算和原子模拟来优化材料的加工和性能。她的研究兴趣包括通过质量选择离子束沉积来检查聚合物表面的化学修饰，探索与薄膜生长相关的动力学，开发材料的原子模拟新方法，使用原子尺度模拟来研究金属团簇的催化行为，研究界面摩擦和磨损的分子起源，以及结合电子结构和热力学计算来预测金属氧化物的缺陷形成。辛诺特发表了160多篇技术出版物，其中包括140多份期刊出版物和8本书的章节；她还发表了120多次受邀演讲。她是AVS、ACerS、ACS、APS、材料研究协会（MRS）和AAAS的成员。其中，她在2005年被选为AVS的会员。她在2011年被选为ACerS会员，在2010年被选为AAAS会员。

苏珊娜·斯泰默（SUSANNE STEMMER）是加利福尼亚大学圣巴巴拉分校的材料教授。斯泰默获得了弗里德里希根－亚历山大大学埃尔兰根－纽伦堡大学（德国）颁发的材料科学文凭。她在斯图加特（德国）的马克斯·普朗克金属研究所完成了博士学位工作，并于1995年在斯图加特大学获得博士学位。在获得博士后职位后，她于1999—2002年在莱斯大学担任材料科学助理教授。2002年，她加入了加利福尼亚大学圣巴巴拉分校。斯泰默目前的研究兴趣包括扫描透射电子显微镜技术、新型功能氧化物薄膜、分子束外延、强电子相关现象和拓扑材料。她独立撰写或与人合著了220多篇论文。荣誉包括当选为学院院士、APS院士、MRS院士、美国显微镜学会院士，以及获得万内瓦尔·布什学院奖学金。

塞缪尔·I. 斯图普（SAMULE I. STUPP）是西北大学化学、材料科学与工程、医学和生物医学工程的董事会教授。在西北大学，斯图普领导着辛普森·奎里生物纳米技术研究所和由美国能源部资助的生物启发能源科学的能源前沿研究中心。在1999年加入西北大学之前，斯图普在UIUC工作了18年。1996年，他成为斯旺伦德化学、材料科学、工程和生物工程的主席教授。斯图普于1972年在加利福尼亚大学洛杉矶分校获得了第一个化学学位，1977年在西北大学攻读材料科学专业获得博士学位。1977—1980年，在加入UIUC学院之前，他还是西北大学的生物材料助理教授。斯图普是NAE、美国艺术与科学学院和西班牙皇家学院的成员。他是APS、MRS和英国皇家化学学会的会员。他获得的奖项包括能源部杰出成就奖、夫人奖章奖、ACS聚合物化学奖、ACS Ronald Breslow生物仿生化学成就奖，以及由日本聚合物科学学会颁发的国际奖和英国皇家化学学会软物质和生物物理化学奖。他曾获得荷兰埃因霍温技术大学、瑞典哥德堡大学和哥斯达黎加国立大学的荣誉博士学位。

马修·V. 蒂雷尔（MATTHEW V. TIRRELL）是普利兹克研究所的创始主任和分子工程研究所（IME）的院长，也是 ANL 负责科学实验室的副主任。在 2011 年成为 IME 的创始董事之前，蒂雷尔曾担任阿诺德拉和芭芭拉·西尔弗曼教授，加利福尼亚大学伯克利分校生物工程系主任，以及劳伦斯伯克利国家实验室材料科学、工程和化学工程教授和科学家。在此之前，他是加利福尼亚大学圣巴巴拉分校的工程学系主任。蒂雷尔在明尼苏达大学开始了他的学术生涯，担任化学和材料工程系的助理教授，后来成为该系的系主任。他在美国西北大学化学工程专业获得学士学位，在马萨诸塞大学的聚合物科学和工程专业获得博士学位。他专门负责操作和测量聚合物的表面性能。聚合物是由长而灵活的链分子组成的材料，这使人们对聚合物表面现象有了新的见解，如黏附、摩擦和生物相容性。蒂雷尔的荣誉包括 APS 的聚合物物理奖；帕尔姆斯学院骑士奖（法国教育部）；以及威廉·沃克奖，查尔斯 M. A. Stine 奖和专业进步奖，均由美国化学工程师协会颁发。他是 NAE 和 NAS、美国艺术与科学学院和印度国家工程学院的成员，也是 AAAS 和美国医学和生物工程研究所的成员。

蒂亚·本森·托尔（TIA BENSON TOLLE）是 BCA 产品开发的总监。托尔曾在空军研究实验室（AFRL）材料和制造理事会担任几个技术和领导职位。在此之前，她曾在 NASA 约翰逊航天中心担任机组培训讲师。托尔在华盛顿大学机械工程专业获得学士学位，在代顿大学的材料工程专业获得博士学位。她还持有代顿大学的领导和行政发展硕士文凭，并在空军大学麦克斯韦空军基地完成了空军高级领导发展课程和空战学院高级领导课程。托尔是材料和工艺工程进步协会（SAMPE）的会员，并活跃于多个级别的专业协会，包括 SAMPE 的主席和 MRS 的主席。她目前是浓缩物质和材料研究委员会的成员、国家科学院的常设委员会；任职于爱荷华州立大学航空航天工程和华盛顿大学材料科学与工程工业咨询委员会；也是埃德蒙兹社区学院的理事。托尔也是波音公司在 SAMPE 和华盛顿大学材料科学与工程系的执行主管，这使她能够帮助指导材料研究并指导学生了解未来的航空航天需求。

马克·L. 韦弗（MARK L. WEAVER）是阿拉巴马大学冶金和材料工程系的教授和临时系主任。韦弗在极端环境中使用的材料表征和开发方面有着丰富的经验。他拥有佛罗里达大学材料科学和工程学的硕士和博士学位，以及华盛顿大学冶金工程专业学士学位。他是几个专业协会的活跃成员，包括 TMS。他也是高温合金和机械行为委员会的成员。

托德·杨金（TODD YOUNKIN）是联合大学微电子项目（JUMP）的执行

董事。这是一项价值2亿美元、为期5年的研究计划，得到了美国国防高级研究计划局和9家代表国防和商业工业的电子公司的支持。杨金于2001年在加州理工学院获得了有机金属化学和聚合物化学的博士学位。他的技术贡献包括新材料、集成、先进光刻和集成光子学等领域。他拥有16年的研发经验，跨越了英特尔的0.18 μm ~5 nm技术节点。杨金在新材料、集成、先进光刻和集成光子学方面担任技术领导角色，这些都为英特尔的逻辑、记忆和网络产品做出了贡献。杨金一直在寻求最大限度地提高基础学术研究的工业相关性和影响。他在IMEC工作了3年（2010—2013年），以确保极紫外光刻技术（EUVL）和定向自组装技术（DSA）都能从“竞争前的研究”工作中毕业，进入明确定义的内部开发项目。最近，在美国总统奥巴马的材料基因组计划（MGI）之后，杨金在美国国家标准与技术研究所（NIST）赞助的层次材料设计中心成立期间担任科学顾问，以此倡导更快的材料创新。2015年底，他在英特尔实验室的半导体研究公司（SRC）进行STARnet工作。STARnet是一项每年约4 000万美元的研究工作，专注于提供新型的金属氧化物半导体（CMOS）硬件和架构解决方案。扬金定义并创建了JUMP，这是一个由DARPA、国防工业和商业微电子赞助的研究项目。他现在是JUMP的执行董事。这是一项价值2亿美元、为期5年的研究项目。它将挑战和改变研究模式，专注于端到端传感、信号和信息处理、通信、计算和存储的异构电子解决方案，以产生一个基于普遍计算的更智能、自主的未来。材料是这个未来的重要组成部分。

史蒂文·J. 津克尔（STEVEN J. ZINKLE）目前是田纳西大学负责核材料问题的州长主席教授。自1985年以来，他曾在ORNL进行过一系列的研究和管理工作。津克尔获得了核工程专业学士学位、材料科学和核工程硕士学位，以及威斯康星大学麦迪逊分校的核工程专业博士学位。他的许多研究都利用材料科学来探索基本的物理现象，这些现象对先进的核能应用十分重要。他的研究兴趣包括结构材料中的变形和断裂机制，以及研究陶瓷、燃料系统和金属合金中的聚变和裂变能的辐射效应。津克尔是罗伯特·卡恩奖的获得者，也是NAE的成员。

附录 D　缩略词

1D	One Dimensional	一维的
2D	Two Dimensional	二维的
3D	Three Dimensional	三维的
4D	Four Dimensional	四维的
ABINIT	A Computational Software Package	计算软件包
AFRL	Air Force Research Laboratory	空军研究实验室
AHE	Anomalous Hall Effect	反常霍尔效应
ALD	Atomic Layer Deposition	原子层沉积
AM	Additive Manufacturing	增材制造
AMTIR	A "Glass - Like" Amorphous Material	一种"玻璃状"的非定形材料 $Ge_{33}As_{12}Se_{55}$
ANL	Argonne National Laboratory	阿尔贡国家实验室
appm	Atomics Parts Per Million	原子每百万分之一
APS - U	Advanced Photon Source Upgrade	高级光子源升级
APT	Atom Probe Tomography	原子探针断层扫描
ARPA	Advanced Research Projects Agency	高级研究计划局
ARPES	Angle - Resolved Photoemission Spectroscopy	角度分辨的光电发射光谱学
BCS	Bardeen - Cooper - Schrieffer Theory (Named After John Bardeen, Leon Cooper, And John Robert Schrieffer)	巴丁 - 库珀 - 施里弗理论（以巴丁、库珀和施里弗的名字命名）

续表

BES	Basic Energy Sciences (In DOE Office Of Science)	基础能源科学 (在美国能源部科学办公室)
BESAC	Basic Energy Sciences Advisory Committee	基础能源科学咨询委员会
BMW	Bayerische Motoren Werke	莫托伦·韦尔克 (巴伐利亚引擎工厂)
BSRF	Beijing Synchrotron Radiation Facility	北京同步加速器辐射设施
CAD	Computer – Aided Design	计算机辅助设计
CALPHAD	Computer Coupling Of Phase Diagrams And Thermochemistry	相位图与热化学的计算机耦合研究
CARR	China Advanced Research Reactor	中国先进研究反应堆
CAS	Chinese Academy Of Sciences	中国科学院
CASTEP	Cambridge Serial Total Energy Package (A DFT Software Package)	剑桥系列总能量软件包 (一个 DFT 软件包)
CEA	French Alternative Energies And Atomic Energy Commission	法国替代能源和原子能委员会
CERN	European Organization For Nuclear Research	欧洲核研究组织
CFM	Cfm International	CFM 国际
CFRP	Carbon – Fiber Reinforced Polymer	碳纤维增强聚合物
CFRP	Controlled Free – Radical Polymerization	控制自由基聚合
cGLP	Current Good Laboratory Practice	现行良好的实验室实践
cGMP	Current Good Manufacturing Practice	现行良好的制造实践
CIF	Crystallographic Information File	晶体学信息文件
CIGS	Copper – Indium – Gallium – Selenide	铜铟镓硒化物
CLP	Controlled, Living Polymerization	可控的活性聚合反应
CMC	Ceramic – Matrix Composite	陶瓷基质复合材料
CMI	Critical Materials Institute	关键材料研究所
CMOS	Complementary Metal – Oxide Semiconductor	互补金属氧化半导体

续表

CNRS	Centre National De La Recherche Scientifique	国家科学研究中心
CNY	China Renminbi	中国人民币
cQED	Circuit Quantum Electrodynamics	电路量子电动力学
CRL	Collaborative Research Laboratory	合作研究实验室
CSNS	China Spallation Neutron Source	中国散裂中子源
CSTI	Council For Science, Technology, And Innovation	科技创新理事会
CVD	Chemical Vapor Deposition	化学气相淀积
DARPA	Defense Advanced Research Projects Agency	国防高等研究计划署
DESY	Deutsches Elektronen – Synchrotron	德国电子同步加速器
DFT	Density Functional Theory	密度泛函理论
DMC	Diffusion Monte Carlo	扩散蒙特卡洛
DMFT	Dynamical Mean Field Theory	动态平均场论
DNA	Deoxyribonucleic Acid	脱氧核糖核酸
DoD	Department Of Defense	国防部
DOE	Department Of Energy	能源部
DOI	Department Of Interior	内政部
DREAM	Software Package For 3D Data	用于三维数据的软件包
DSA	Directed Self – Assembly	定向自组装
DSM	Dirac Semimetal	狄拉克半金属
DURIP	Defense University Research Instrumentation Program	国防大学研究仪器项目
EBC	Environmental Barrier Coating	环境屏障涂层
EPA	Environmental Protection Agency	环境保护局
ESF	European Science Foundation	欧洲科学基金会
ESS	European Spallation Source	欧洲散裂源

续表

EuMaT	European Platform For Advanced Engineering Materials And Technologies	欧洲先进的工程材料与技术平台
EUV	Extreme Ultraviolet	远紫外
EUVL	Extreme Ultraviolet Lithography	极紫外光刻
FA	Formamidinium, A Common Component In Some Perovskites	甲胺，一些钙钛矿的常见成分
FAIR	Findable, Accessible, Interoperable, And Reproducible	可查找性、可访问性、可互操作性和可重复性
FCC	Face – Centered Cubic Crystal Structure	面心立方晶体结构
FET	Field – Effect Transistor	场效应晶体管
FIB	Focused Ion Beam	聚焦离子束
FS	Fermi Surface	费米面
GBRI	Government – Backed Research Institute	由政府支持的研究机构
GDP	Gross Domestic Product	国内生产总值
GHG	Greenhouse Gas	温室气体
GRI	Global Reporting Initiative	全球报告倡议
HEA	High – Entropy Alloy	高熵合金
HFIR	High Flux Isotope Reactor	高通量同位素反应堆
HPC	High – Performance Computing/Computer	高性能计算系统/计算机
HTS	High – Temperature Superconductivity/Superconductor	高温超导性/超导体
HVAC	Heating, Ventilation, And Air Conditioning	供暖、通风和空调
IARPA	Intelligence Advanced Research Projects Activity	情报高级研究项目的活动
IBM	International Business Machines Corporation	国际商用机器公司
IBS	Institute For Basic Science	基础科学研究所

续表

ICME	Integrated Computational Materials Engineering	集成计算材料工程
ICME	International Council On Metals And The Environment	国际金属与环境理事会
ICMSE	International Conference On Manufacturing Systems Engineering	国际制造系统工程会议
ICT	Information And Communications Technology	信息和通信技术
IEEE	Institute Of Electrical And Electronics Engineers	电气和电子工程师学会
IMPACT	Impulsing Paradigm Change Through Disruptive Technologies Program	通过颠覆性技术项目进行冲动性的范式改变
IoT	Internet Of Things	物联网
IP	Intellectual Property	知识产权
IPO	Initial Public Offering	首次公开发售
ISI	Institute Of Scientific Information	科学信息研究所
ISO	International Organization For Standardization	国际标准化组织
ISS	International Space Station	国际空间站
JUMP	Joint University Microelectronics Program	联合大学微电子项目
KBSI	Korean Basic Science Institute	韩国基础科学研究所
KIMS	Korean Institute Of Materials Science	韩国材料科学研究所
KIST	Korean Institute Of Science And Technology	韩国科学技术研究所
LBL	Layer By Layer	逐层
LBNL	Lawrence Berkeley National Laboratory	劳伦斯伯克利国家实验室
LCA	Life Cycle Analysis	生命周期分析
LCD	Liquid Crystal Display	液晶显示

续表

LCLS	Linac Coherent Light Source	Linac 相干光源
LEAP	Leading – Edge Aviation Propulsion	尖端航空推进器
LED	Light – Emitting Diode	发光二极管
LEGO	Line Of Plastic Construction Toys Manufactured By The Lego Group (The Name LEGO Is An Abbreviation Of The Two Danish Words Leg Godt, Meaning "Play Well")	乐高集团生产的塑料建筑玩具系列（乐高这个名字是两个丹麦语单词 leg godt 的缩写，意思是"玩得好"）
LLZO	Lithium Lanthanum Zirconium Oxide	镧锂、氧化锆
MA	Methylammonium (A Common Component In Some Perovskites)	甲基铵（某些钙钛矿中的一种常见成分）
MatSEEC	Materials Science And Engineering Expert Committee	材料科学与工程专家委员会
MAX IV	Next – Generation Synchrotron Radiation Facility In Lund, Sweden	位于瑞典隆德的下一代同步加速器辐射设施
MBE	Molecular Beam Epitaxy	分子束外延
MDI	Materials Data Infrastructure	材料数据基础设施
MEA	Medium Entropy Alloys	介质熵合金
MEMS	Microelectromechanical System	微机电系统
METI	Ministry Of Economy, Trade, And Industry	经济、贸易和工业部
MEXT	Ministry Of Education, Culture, Sports, Science, And Technology	教育、文化、体育、科学和技术部
MGI	Materials Genome Initiative	材料基因组计划
MOF	Metal Organic Framework	金属有机框架
MPEA	Multiprincipal Element Alloy	多主元件合金
MR	Materials Research	材料研究
MRAM	Magnetic Random – Access Memory	磁随机存取存储器

续表

MRI	Major Research Instrumentation	主要研究仪器
NAND	Negative – AND Gate	负与门
NASA	National Aeronautics And Space Administration	美国国家航空航天局
NCFET	Negative Capacitance Field – Effect Transistor	负电容的场效应晶体管
NIH	National Institutes of Health	国立卫生研究院
NIPA	N – Isopropylacrylamide	N – 异丙基丙烯酰胺
NIST	National Institute Of Standards And Technology	美国国家标准与技术研究所
NMOS	N – Channel Metal – Oxide Semiconductor Field – Effect Transistor	N 通道金属氧化物半导体场效应晶体管
NNI	National Nanotechnology Initiative	国家纳米技术倡议
NNSA	National Nuclear Security Administration	国家核安全管理局
NOR	Boolean Operator That Gives The Value One If And Only If All Oper – Ands Have A Value Of Zero And Otherwise Has A Value Of Zero	布尔运算符，表示值为 1，当且仅当所有操作数的值都为 0，否则值为 0
NREL	National Renewable Energy Laboratory	国家可再生能源实验室
NRI	Nanoelectronics Research Initiative	纳米电子学研究计划
NSF	National Science Foundation	国家科学基金会
NSRC	Nanoscale Science Research Centers	纳米尺度的科学研究中心
NSRL	National Software Reference Library	国家软件参考图书馆
NV	Nitrogen Vacancy	氮空位
OECD	Organization For Economic Cooperation And Development	经济合作与发展组织
OIL	Open Innovation Laboratory	开放创新实验室

续表

OLED	Organic Light - Emitting Diode	有机发光二极管
ONR	Office Of Naval Research	海军研究办公室
PCA	Principle Component Analysis	原理成分分析
PCRAM	Phase - Change Random - Access Memory	相变随机存取存储器
PDMS	Polydimethylsiloxane	聚二甲硅氧烷
PI	Principal Investigator	首席调查员
PMOS	P - Channel Metal - Oxide Semiconductor Field - Effect Transistor	P 通道金属氧化物半导体场效应晶体管
PV	Photovoltaic	光伏
QIS	Quantum Information Science	量子信息科学
QMC	Quantum Monte Carlo	量子蒙特卡洛
R&D	Research And Development	研究与开发
RAM	Random - Access Memory	随机存取存储器
RC	Resistive - Capacitive	电阻电容
RF	Radio Frequency	无线电频率
RNA	Ribonucleic Acid	核糖核酸
SEM	Scanning Electron Microscopy	扫描电子显微镜
SESAME	Synchrotron - Light For Experimental Science And Applications In The Middle East	中东同步加速器辐射促进实验科学及应用科学国际中心
SIP	Strategic Innovation Promotion Program	战略性创新促进计划
SLAC	Stanford Linear Accelerator Center	斯坦福直线性加速器中心
SME	Small And Medium - Size Enterprise	中小型企业
SNS	Spallation Neutron Source	散裂中子源
SOC	Spin - Orbit Coupling	自旋 - 轨道耦合
SPM	Scanning Probe Microscopy	扫描探针显微镜
SRC	Semiconductor Research Corporation	半导体研究公司
SSRF	Shanghai Synchrotron Radiation Facility	上海同步加速器辐射设施

续表

STEM	Scanning Transmission Electron Microscope	扫描透射电子显微镜
STI	Science, Technology, And Innovation	科学、技术和创新
STM	Scanning Tunneling Microscope	扫描隧道显微镜
STT	Spin – Transfer Torque	自旋转移力矩
TBC	Thermal Barrier Coating	热障涂层
TDDFT	Time – Dependent Density Functional Theory	含时密度泛函理论
TEKES	Business Finland	芬兰国家商务促进局
TEM	Transmission Electron Microscope/ Microscopy	透射电子显微镜
TI	Topological Insulator	拓扑绝缘体
TMD	Transition Metal Dichalcogenide	过渡金属二硫属化物
TPS	Thermal Protection System	热防护系统
TRL	Technology Readiness Level	技术准备水平
TSC	Theory, Simulation, And Computation	理论、仿真和计算
USAF	U. S. Air Force	美国空军
VASP	Vienna Ab Initio Simulation Package	维也纳 Ab Initio 模拟软件包
VLSI	Very – Large – Scale Integration	超大规模集成
WSM	Weyl Semimetal	外尔半金属
YIG	Yttrium – Iron – Garnet	钇铁石榴石